U0513812

王雷泉讲国学

了凡四训

〔明〕袁了凡　原著
王雷泉　详解

上海古籍出版社

图书在版编目（CIP）数据

了凡四训／（明）袁了凡原著；王雷泉详解. 一上海：上海古籍出版社，2023.8（2025.5重印）
ISBN 978－7－5732－0754－8

Ⅰ.①了… Ⅱ.①袁… ②王… Ⅲ.①《了凡四训》—译文②《了凡四训》—注释 Ⅳ.①B823.1

中国国家版本馆 CIP 数据核字（2023）第 145165 号

了凡四训

［明］袁了凡　原著

王雷泉　详解

上海古籍出版社出版发行

（上海市闵行区号景路 159 弄 1－5 号 A 座 5F　邮政编码 201101）
（1）网址：www.guji.com.cn
（2）E-mail：guji1@guji.com.cn
（3）易文网网址：www.ewen.co

印刷　上海展强印刷有限公司
开本　787×1092　1/32
印张　12.75　插页 57　字数 204,000
印数　7,301—9,400
版次　2023 年 8 月第 1 版
　　　2025 年 5 月第 4 次印刷
ISBN 978－7－5732－0754－8/B・1329
定价：79.00 元

目录

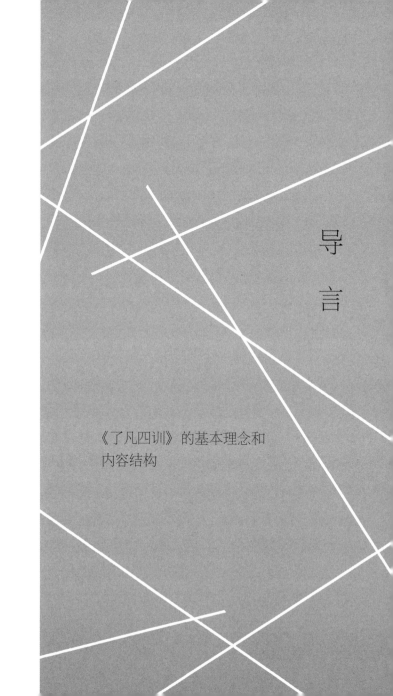

导　言

《了凡四训》的基本理念和
内容结构

一　安身立命

人生定位与生命意义

孔子将志于道，列为人生四事之首位："志于道，据于德，依于仁，游于艺。"（《论语·述而》）并自述理想的人生成长之进境："吾十有五而志于学，三十而立，四十不惑，五十而知天命，六十而耳顺，七十而从心所欲不逾矩。"（《论语·为政》）袁了凡的父亲袁仁，即以志于道德勉励自己的儿子："士之品有三：志于道德者为上，志于功名者次之，志于富贵者为下。……位之得不得在

天，德之修不修在我。毋弃其在我者，毋强其在天者。"（《庭帏杂录》卷上）

现在研习国学的成年人，包括我自己在内，很多人在当学之年不学，当立之年不立，这是人生的错位，也是时代的悲哀。亡羊补牢，为时未晚。我们在不惑之年解惑，在知命之年求道。学习，就是为了解决人生错位问题。今天我们来研习中国文化，不是为了一般的知识问题，而是探讨生命的境界，解决安身立命的问题。

何谓"安身立命"？身，指身心统一的生命主体。命，指生命的发展轨迹和规律。概言之，安身立命即确立人生在世的定位和生命的意义。人字最好写，一撇一捺，但要知道人生的意义，就必须给自己找到合适的定位，知道自己究竟算老几。人生活在天地之间和社会之中，处在纵横交错的坐标系中。学哲学，就是帮助我们把握真理，找到人生的定位。如果说真理是一个圆球，那么我们作为人的存在，以及对世界的认知，只是圆球里面的一个碎片，仅仅是沧海一粟而已。如果不能在天地之间和社会之中找准自己的位置，就永远处在浮躁和焦虑之中。

人生在世，不如意事常八九。佛教感叹人生是苦，在现象界有"八苦"之说，除了自然层面的生老病死之苦，在社会层面有"爱别离"和"怨憎会"之苦,自然和社会的种种不如意,皆属"求不得"苦,最后都归结到"五阴盛"苦,即身心逼迫之苦。这三年来的新冠疫情,使我们深刻体会到了什么叫人类命运共同体。在这个不确定的时代,我们更要追求心灵的安顿。正是因为不安,才会去追求心安。"心安理得"这个成语,要倒过来读,只有得理,才能心安。此即燕京大学校训所说的三句话:"因真理,得自由,以服务。"学哲学,是让我们从原本作为碎片化的存在,在精神上把握到全体大圆的中心,使自己回归到真理实相之中,从而安身立命,达到大自在。

山近月远觉月小,便道此山大于月。
若人有眼大如天,当见山高月更阔。
——王阳明《蔽月山房》

世界是我们观察所得的对境,有什么样的视角,面对的就是什么样的世界。比如说坐井观天、鼠目寸光,那就意味着凡人的眼光跟青蛙、老鼠等量齐观。王阳明作此诗时只有 12 岁,立意确实高远。人的生命境界,是跟认知主体相对应的,取决于眼界的高度和心量的广度。学哲学，就是让我们从缺心眼、小心眼，转成大心眼。在纵向的坐标中，人处在天地之间，若明白自己在天地人三才之间的定位，则有向上的对终极价值的追求。在儒家，是天道、天命、天理；在佛教，则是法界、真如、实相。

生命有涯，要得自在，首先就要参透生死。1993年复旦大学辩论队远征新加坡参加首届"国际大专辩论会"，我在集训中担任佛学知识的讲授。时曾戏言：好风凭借力，送君上青天。在你们壮志凌云，浮想联翩，想到成功后的鲜花与掌声时，有没有想到这样一种可能——正飞到马六甲海峡上空时，传来机长故作镇静的声音："女士们、先生们，由于不可抗拒的原因，飞机马上就要掉下去了。我们还有五分钟时间，请赶快记下要留给亲人的话。"在这生命最后的五分钟，你会想什么？又准备写什么？大概不会再写冠冕堂皇的门面话了吧。那么，这时的所思所言，应该就是你最真实本性的流露。我曾经与已故的李元松先生，就生死问题总结出两句话："随时可死，到处求生。"哪怕是今天就死，也无所愧悔，但要力求活出精彩！

我们研究哲学和宗教，就是时刻保持住生活在最后五分钟的觉知，才能使我们回归到生命的本质。只有了无遗憾地面对死亡，才能更本真地活在当下。

五伦关系与六方礼敬

在横向的坐标中，人生活于群己之间，要处理错综复杂的社会关系。儒家将社会关系展开为五伦，遵循仁义礼智信的五常准则。有天地而后有万物，有万物而后有男女，天地、万物、男女，这三层都是自然关系。人之所以异于禽兽者，在于人是社会中的人，具有精神上的灵性追求。《中庸》称"君子之道，造端乎夫妇，及其至也，察乎天地"。夫妻之道是社会最基础的关系，如《白虎通》所说，"夫者扶也，以道扶接也"，"妻者齐也，与夫齐体"，代表着两个家族的联姻。有夫妇，而后有父子，1+1≥3，家族延续得以生生不息。古人不搞计划生育，自然就有兄弟关系。从家庭推广到社会，又形成志同道合的朋友关系。以上夫妇、父子、兄弟、朋友都是伦理关系，而君臣关系则是政治关系，即统治者与群众的关系，或者领导与下属的关系。

佛教有部《善生经》，把原来婆罗门教崇拜六方神灵，转成六方礼敬的社会关系。东南西北上下六方，分别对应父子、师生、夫妻、亲友、主仆和僧俗等六种关系。前五种，跟中国的五伦关系相似，而第六种僧俗关系，则跟中国有很大的差异。僧，是宗教师；俗，是包括国王大臣在内的凡夫俗子。在印度，僧人享有崇高的社会地位，国王见到出家人，也是要顶礼的。故以最崇高的上方，象征僧俗关系。

但在中国，僧俗关系从来没有居于君臣关系之上。东晋时代，曾经兴起两次沙门要不要礼拜王者的辩论，即试图让和尚见到皇帝要跪拜。到了唐代，中国最伟大的留学生玄奘法师，尽管受到唐太宗的高度礼遇，但他写给皇帝的奏章，署名为"臣沙门玄奘"，很谦卑地把自己纳入君臣关系中。中国的五伦关系中最重要的是君臣关系（天地君亲师五种崇拜对象中，虽然把天地置于首位，君仍然是现实世界最高的存在），历来是政教不分、君师一体。只要做了领导，自然就掌控了一切知识和思想，可以指点江山，教化广大人民群众。佛教传入中国，必须适应中国的思想文化、政治制度和礼仪习俗。要了解佛教中国化，就要注意到佛教是如何在中国的社会关系中发生了转折。《了凡四训》这部书成立于晚明时期，作者袁了凡和他的佛门导师云谷禅师，皆以援儒入佛的方式宣扬佛教思想，其间关于儒佛思想的交涉，就可以置于中国"五伦"和印度"六方"的社会格局中思考。

安身立命以彻见心性为究竟

人处在天地群己的纵横坐标系中，生命存在就具有三个层面：肉体生命、社会身份和精神价值。肉体生命，是自然存在，具有生物性。社会身份，即社会性，人是一切社会关系的总和。精神价值，人为万物之灵，就在于具有精神性，或者叫做超越性、宗教性。

根据与生命的三个层面的不同关系，人生可以有三种目标：安居乐业、安身立命和明心见性。

一、安居乐业。如孟子所说，普通老百姓有恒产方有恒心。恒产，指维持安居乐业的物质基础和生活条件。现在的年轻人一出学校，就被严酷的生活环境直接逼入油腻中年。在匪夷所思的高房价下，年轻人已然失去青年阶段的理想和浪漫，迫使他必须算计要怎么才能谋求到"安居"的基础。当务之急是找工作，以维持生计，更进一步是"乐业"，找到施展才华的地方。恒心是在安居乐业的基础上产生的，任何一朝统治者，治国理政必须要解决人民的安居乐业问题。

二、安身立命。所谓安身立命，即立足经济社会的大地上，仰望精神生活的天空。对一般民众而言，有恒产才有谈恒心的基础。但对于具有君子气质的知识分子来讲，孟子则有更高的要求："无恒产而有恒心者，惟士为能。若民，则无恒产，因无恒心。苟无恒心，放辟邪侈，无不为已。"（《孟子·梁惠王上》）恒心，是指无论贫富穷通，始终坚持道义的理想主义精神，这就进入到知识分子的自我期许和自觉要求了。士以天下为己任，即便没有恒产，仍能做到守道不移。这就是左宗棠所说的"身无半文，心忧天下；读破万卷，神交古人"。世界上各种哲学和宗教所阐述的世界观、人生观、价值观，就是帮助我们解决安身立命问题的。

三、明心见性。世界上有各种各样的哲学和宗教，其安身立命的立场观点，是有高下精粗之区别的。一个唯利是图的拜物教徒，会自以为在发财致富中找到了生命的寄托。袁了凡在没有遇见云谷禅师之前，则在被命数锁定的宿命论中无奈地躺平。因为他的一生都已经被算命先生锁定了，命中无子，最多做到"县处级"，53岁寿终正寝。既然如此，所有的奋斗都失去了意义。即便是信仰正统宗教的善男信女，自以为在信仰中找到了寄托，但其安身立命之道，也是有层次高下深浅之分的。在《了凡四训》中，践行立命之学，亦有行事、明理、治心等三个层次。此即《金刚经》所说"一切贤圣皆以无为法而有差别"。无为法，就是佛教所达到的最高真理。贤圣，就是在转凡成圣的过程中，生命价值的提升有从低向高的贤人和圣人果位。这就是说，生命价值是处在凡夫位，还是三十贤人位，乃至优入圣域的登地菩萨，直到究竟成佛，跟对真理认识的程度浅深相对应。对真理认识越深入，生命价值就越向上提升。

明心见性，这里是借用禅宗的话语，指称安身立命的最高层次——求安身立命之道，必以彻见心性方为究竟。我们身处天地之际、群己之间，必须透彻领悟生命的真实本性，在生活世界中提升生命的价值。

二 广培福田与德福一致

供养和福田

佛教思想精深博大，如何把高深的佛教道理用民众喜闻乐见的方式传播开来，在历史上就出现了变文和变相的表达形式。"变"，转变的意思，把佛教不可说、不可思议的高深道理，用可见可说的形式转变出来。变相，用各种壁画、雕塑的形象反映佛教的精神境界。变文，把菩萨慈悲济世的故事、佛国净土的理想世界，通过说唱、戏剧等文艺形式表述出来，成为民间戏曲评唱的先导。中国戏曲的源头主要来自佛教的变文，通过说唱的形式，把佛教的道理和故事在民间流传开来。

敦煌莫高窟有大量佛教故事图像，在巨大的壁画、庄严的佛像旁边或下方，往往留下一定空间，绘刻一行行排列整齐的男女画像，小的仅有几寸，高的竟达数尺。这些人像是为祈福禳灾而出资开窟造像的功德主及其眷属的礼佛画像。据"敦煌石窟供养人研究"课题组最新统计，莫高窟现存洞窟中有供养人画像的洞窟281个，供养人画像总数超过了9 000身。

举办佛教事业，是需要雄厚的物质基础和大量资金投入的。所谓供养人，就是基于信仰和布施精神，提供财物、劳务或智力的虔诚信徒，以资助制作佛像、开凿石窟、修建宗教场所为主，也包括对弱势人群提供救助，以及修桥补路等社会公益事业。

供养人以此善行，弘扬佛法、利益众生。通过广培福田，为自己及家族积累现世和来世的功德。供养人为使功德不绝，也为留名后世，显示自己和家族的名望，开窟造像时，会在洞窟里画上自己和家族亲眷、部下属僚以及侍从奴仆的肖像。现在寺庙里的功德石碑，也往往以捐款多少为序，刻石留名。台湾法鼓山作了重大改进，一进山门迎面就是巨大的多媒体显示屏，功德芳名滚动显示，捐款不分大小，排名不分前后。当然也列有不留名的无名氏，公布捐款帐目以征信。

供养人的思想，建立在布施的理论基础上。有财、法、无畏三种布施，以财物、身体、智慧等，为他人造福，免除身心痛苦。布施者则通过布施，舍去悭贪，培植善根，累积功德。按照佛教的说法，行"财布施"得财富、行"法布施"得聪明智慧、行"无畏布施"得健康长寿。记得南怀瑾先生曾经讲过，布施犹如挖井一样，井挖得越深，井水用得越多，井中之水也就越多越清澈。

供养与布施，两者在理体上并无区别，都基于舍施心。如果说在事相上有区别的话，那么对境是佛菩萨，就是供养，发心是恭敬；对境是众生，就是布施，发心是慈悲。若立足更高的境界，一切众生都是过去的父母，都是未来的佛，他们都是我们做供养的对境。

通过供养和布施，就种下了福田。福田，就是可以生长福报的田地。佛教认为供养布施，行善修德，能受福报，犹如农民播种耕耘，才有收获，故以田为喻。佛、僧、父母、悲苦者，皆称为福田。有二福田、三福田、四福田、八福田等说。一般多用敬田和悲田的二福田说。敬田，起于敬心，对父母尊长的孝养，以及三宝的供养，以恭敬心来行布施，其中也含有报恩的意味。悲田，起于悲心，对鳏寡孤独等弱势群体或遭受意外灾祸的众生，以悲悯心而行布施。

福报的因果和层次

种福田，所希冀的收获，即为福报。人生在世，不如意事常八九。为摆脱不如意的生活处境，古今中外皆有对现世和未来幸福生活的追求。中国有"五福临门"的期冀，印度则有"人生四要"的追求。

"五福"说法，最早见于《尚书·洪范》："一曰寿，二曰富，三曰康宁，四曰攸好德，五曰考终命。"长寿、富贵、身心康宁、向往美德、不遭横祸而善终，这是中国人对"福"最早的具体阐释。《尚书正义》释"攸好德"为"所好者德福之道"，最早提出了道德为福报基础的思想。

中国人向往的"五福临门"，后来演化为"福禄寿财喜"，更符合世俗追求；至于心灵安宁、向往美德，则属于精神层面的更高要求。福，佑也。福不仅来自神灵保佑，更在于行善积德，故《易传》说："积善之家必有余庆，积不善之家必有余殃。"

在南传《巴陀伽摩经》中，佛陀把人类最基本的渴望分为四种。1. 富有：愿我的财富通过正当的途径一天天的增加；2. 美名：渴望美名远扬，特别要在亲朋好友、师长中流传；3. 健康长寿：进而祈求健康长寿；4. 死后幸福：不仅此生幸福，祈愿死后能生天享福。

据说南方有位老和尚在世时，逢年过节，弟子们排队跪拜奉送供养。老和尚接过大红包，用手摩顶加持，就说两句祝福话：发财，发财，发大财；升官，升官，升大官。祈愿财富通过正当途径一天天增长，这是人之常情。发了财，当然渴望美名远扬，古代供养人绘塑自己的貌像，就是要流芳百世，犹如现在校友给母校捐款，就按捐款多少给相应的大楼、教室乃至课桌冠名。有了富有和美名，当然就希望健康长寿，所以健康产业、绿色食物一定是未来的生长点。不仅此生要富有、美誉度和健康长寿，更希望生生世世永远都幸福，乃至到天上去享福。

追求幸福，乃人之常情。在世俗谛层面，佛教顺应众生追求幸福的凡情，在教典中有"求富贵得富贵，求男女得男女，求长寿得长寿"的现实承诺。同时指出：福报并非凭空而来，它来自修行的功德力，必须具备优良的前因，才能结下诱人的福果。佛教虽然承诺现世的福报，但又提醒人们：福报是有限的，所以不仅要珍惜现有的福报，还要不断培植福报。如袁了凡在《与陈颖亭论命书》所说：

> 大抵人受命于天，生来之福有限，积来之福无穷。如命中有福十分，今日受用一分，前面只有九分；又受一分，前面只有八分，受一分即销一分，此众人听命于天者也。吾辈果是用《易》君子，便当探绎圣人"积善余庆，积恶余殃"之说，而实为趋吉避凶之事，密密修持，孳孳奋励，尘尘方便，处处圆融，则受福一分，便可积福十分矣。（《游艺塾续文规》卷三）

人对幸福的向往，实因现实生活的不安，才会追求心安理得。故唯有得理，才能理解幸福的意义，从而真正得到心安。在时空维度上，佛教对福报理论，比较儒道两教，有更为宏大深入的阐释。佛教进而指出：福报包含世间福和出世间的福，有不断提升和拓宽的神圣向度，从而指向佛教的最高真理第一义谛。

如何解决德福一致难题

善有善报、恶有恶的业力因果论，建立在"德福一致"的逻辑基础上。德，是得自天道的道德行为；福，是德行主体所获得的福报。"德福一致"的理念，首先强调德行与福报的统一性，既包括精神道义的尊严，也包括物质生活的幸福。

印度有欲、利、法、道四大人生目标。欲，即人的七情六欲，"饮食男女，人之大欲存焉"。利，要满足过上好生活的欲望，那么对经济利益的追求也是合乎情理的。法，要满足欲望、获得利益，就要遵循规则，用法律和道德来规范行为。道，即出世间的解脱法，大道理包含了世间的小道理，但小道理必须符合大道理。在印度的人生四要中，在遂欲、求利之上，还有法和道的目标，规范和提升着生活品质和生命境。如果不遵守最上层的道，法将无法施展，利将无法获得，欲将无法满足。

但在现实生活中，有德行善者未必有福，而无德作恶者却享尽荣华富贵。在《圣经·约伯记》中，义人约伯在现实中屡屡受罪，上帝不断地用苦难考验他，由此引出基督教神学的神正论议题。《了凡四训·积善之方》中，亦提及儒生向中峰明本禅师质疑德福一致的命题："佛氏论善恶报应，如影随形。今某人善而子孙不兴，某人恶而家门隆盛，佛说无稽矣。"今人面对不如意事常八九的现实，不免兴起浩叹：这世界会变好吗？做好事能有好报吗？由此可见，德与福能否一致，不仅是重要的宗教学理论课题，也具有匡正社会价值的现实意义。

儒家强调"以德配天"，在社会活动和治国理政中，天命以是否符合道德而转移。在《了凡四训》中，云谷禅师以禅语别解孟子，提出"内外双得"的可能性和实践途径，皆重视德行与福报的统一性。追求精神道义上的尊严，与获得现世物质生活上的幸福，并非截然对立。

安身立命，止于何所？讨论德福一致的视域，涉及生命的高度与广度，必须超越世俗社会的范围，引向神圣的向度，以更高的理想愿景，作为对现实世界进行价值批判的根据，从而促进文明的不断发展和进步。

五乘佛法的价值提升

眼界提升了，心量放大了，原来以为了不得的痛苦，也就放下看淡了。器小则盈，现在我手中这杯茶，如果放上一包盐，足以让我们致命，因为生命格局就茶杯这么大。现在通过学习佛学，心量和眼界就放大到水缸的体量了，这包盐放进去影响就微乎其微了。进一步放大到大江大海呢？这就是把生命安住在尽虚空、遍法界的广大境界中。

我们以五乘佛法的判教体系为例，作为提升眼界、放大心量的价值坐标。"乘"，运载工具，指达到理想彼岸的修行方法和途径。五乘佛法，统摄整个佛教的思想体系和实践路径，从凡夫到成佛，具有世间安乐道、出世解脱道、大乘菩提道这三个生命价值由低向高提升的阶段。

一、人乘与天乘。人乘佛法，以恪守因果业报法则为准入条件，努力断恶行善，守住人身，不堕入三恶道。天乘佛法，进修十善业道和禅定修行，升入天道。人乘与天乘，追求的是人天善道，并未超越三界，故称作世间安乐道。因我见未断，追求的是世间福报，所发善心多为着相求福的杂染心，所行还是有漏之善。

人天乘所坚守的因果业报法则，为五乘修行的基础，故称作五乘共法。从六道流转的凡夫，到三乘解脱道的贤圣，皆可由业果的原理说明。人生在世，要多做好事，不做恶事，少做错事。如果能做到这三点，至少守住了做人的底线。故学佛先从做人起，始从人乘，终至大乘佛位。

二、声闻乘与缘觉乘。佛教的宗旨是超越世间，达到出离生死轮回的涅槃境界。声闻乘，通过听闻和阅读佛陀的言教，特别从佛陀所讲的四谛法门而悟道，成就阿罗汉果位。缘觉乘，不管有佛说法也好，没有佛说法也好，都能悟到缘起的真理，故也称"独觉"，成就辟支佛果位。声闻乘与缘觉乘，发心出离生死，趣入解脱道，勤修戒定慧，能转生死为涅槃，显现寂灭的安乐。因为这二乘追求的都是自己的解脱，故被称作小乘。

出世解脱，是大小乘共同的宗教目标，故声闻乘、缘觉乘和菩萨乘皆属出世解脱道。三乘共法，以诸行无常、诸法无我、涅槃寂静三法印，作为声闻、缘觉、菩萨三种出世圣人的标准。远离有漏流转法，求出世的涅槃之乐，为希求人天之乐者所不能及。

三、菩萨乘。在三乘解脱道中，如何超越世间，则有小乘和大乘两种进路。大乘不仅求自己超越世间的解脱，更要带领广大众生一起解脱。与大乘义理相应，缘众生苦兴大悲悯，发起为利乐有情发愿成佛的菩提心，由此趣入智慧方便双运的菩萨道，是即世间而出世间的大乘菩提道。

菩萨乘亦称佛乘，不共于人天乘及小乘二乘，故称大乘特法。此大乘佛法，以大悲菩提心，法空般若智，遍学一切法门，普度一切众生，严净无量国土，求成无上佛果，为其唯一的誓愿、唯一的事业。菩萨要生生世世在三界中，以出世的精神做入世的事业，这就是大乘世间、出世间不二的境界。大乘的善恶观基于毕竟空的哲学思维，从辨别世间的善恶，直达超越善恶的无分别实相。

近代佛教改革家太虚大师，在二十世纪 40 年代的《人生佛教开题》中，指出依当今之势，佛教的复兴只有走人生佛教（人间佛教）的道路。人间佛教并不是仅限于五乘佛法中的人乘，而是以人间为基础修菩萨道，层层升进，以臻觉悟成佛的终极目标。

一、人生改善："以五戒十善之教化，改善人间，以人生改善成功为目的。"佛教传到中国两千年来，大部分人对佛教的理解和诉求，也就停留在求得世间安乐。立足人间求人生改善的底线，是遵循因果法则，准入条件是行善积德。

二、后世增胜："依因果业报法则而修行，以希望后世增胜为目的。唯此并不限于人间，乃可由人增进而至于欲、色、无色等天。"人生改善，是求得现世的安乐。后世增胜，是来世继续维持、发展、提升生命的质量，乃至由人间而上升到天界。这两层都停留在世间安乐道，相当于人乘和天乘。

三、生死解脱："以超越三界轮回，彻底解脱生死为目的。"佛教的宗教目标是了生脱死，所谓跳出三界外，不在五行中。大小乘都以超越世间的出世解脱为目标，但如何超越，则有不同的途径。小乘中的声闻和缘觉二乘，以求得自己的解脱为目标。

四、法界圆明："此为大乘特有者，超越二乘圣者之局限，于一切法圆满通达，以菩萨成佛为目的。"会三归一，把声闻、缘觉、菩萨三乘统统会归到一佛乘。其最高境界就是"法界圆明"，把世间法和出世间法统统打通，会通到法界的广大视域，以佛的圆明知见看待世界和人生，以觉悟成佛作为终极目标。

人间佛教的路径，是以成佛为目标，立足人间善行而趋向菩萨道。不忘初心，方得终始。儒家的初心是"内圣外王"，佛家的初心是"立志成佛"。"终"，是觉悟成佛的终极目标；"始"，发立志成佛的菩提心，从当下出发，在人间行菩萨道。

生命境界的高度和广度，与生命主体的视野和心量相对应。如果说在人天乘层次，生命体量相当于江河，那么发心行菩萨道，就进入浩瀚的海洋。"一切贤圣皆以无为法而有差别"，说明成佛究竟目标的实现，以对真理的体证深浅而定。故生命价值提升的程度，皆在于对真理认识程度的深浅。在佛法中，一般以眼目代表智慧。眼者，见地之意。提升眼界，见与佛齐；扩大心量，与法界同体。法界，包含了世间和出世间。

大乘佛教基于世间而超越世间，但万丈高楼奠基在人间，所以菩萨乘以人天乘作为基础和前行，由低向高，圆通无碍。在《了凡四训》所论述的理论和事实中，有一条清晰的逻辑线索：从儒家的世间善法，进展到佛教的业力因果论思想，再提升到大乘三轮体空的般若正观。因此，对《了凡四训》的作者而言，只有站位大乘佛教的价值观，才能使德福一致难题得到终极解决。

三 理事圆融的内容结构

三种命运观与立命之学

《了凡四训》的主题，可概括为德福一致，这一命题必然指向天道的意义及天人关系。中国文化中的天，具有自然之天、主宰之天、命运之天和义理之天四层含义。命运之天，即"天行有常"的宇宙规律，表现在人事中，则为不可抗拒的天命，人必须顺此天道天命而行事。若将此冥冥中神秘不测的命数视若绝对，则如术数家所导致的宿命主义。主宰之天，如君权神授的天帝，以及天神地祇等神灵体系。在中国，并没有从对昊天上帝的崇拜中，发展出一神教所信仰的至上神，而是在包含天之前三层意义的基础上，发展出独特的义理之天。在《了凡四训》中，包含了天的四层含义，但着重阐述了从命运之天发展到义理之天的立命实践。

人在追求安身立命的过程中，如何把握自己的命运，大体上有三种命运观：一、宿命论。命运前定，人力无法改变，听天由命。袁了凡在没有遇见云谷禅师前，困厄于命理编排的茧房中，"益信进退有命，迟速有时，澹然无求"。二、邪命论。通过非法的、神秘的途径，以损人利己的邪术，以达到人生的目的。三、正命论。深信幸福安乐来自善业，故立命之道，全在自心的修养，努力修集相应的善法。

在上述三种命运观中，《了凡四训》以"正命论"行安身立命之道，以佛教的业力因果论分析人生来龙去脉。作者袁了凡早年受孔道人神奇的命理预测之影响，陷入宿命论窠臼而无所作为。37岁时，得云谷禅师传授"立命之学"。立命，出自《孟子·尽性上》："存其心，养其性，所以事天也。夭寿不贰，修身以俟之，所以立命也。"此处"命"有二义：一指不可抗拒的天命，人必须顺天而行；二指人顺天行道的使命。云谷引述儒家经典，并以佛教业力因果论解释所谓命理气数，依因果正见，改过积善，人人都可以改造自己的命运，塑造义理再生之身。

本书以作者一生行善积德而改命的传奇经历，见证德福一致的理念。因上努力，果上随缘，尽人事以俟天命，坦然面对一切顺逆境遇，靠自己的努力突破宿命。闲邪存诚，为善利他，是塑造命运的根本。

《了凡四训》的成书经过及后世影响

《了凡四训》由《立命之学》《改过之法》《积善之方》《谦德之效》四篇文章组成，写于不同时期，四个部分各自成文，而又义理贯通。《立命之学》为全书核心部分，作于万历二十九年（1601），为袁了凡69岁时总结人生经验的诫子文。《改过之法》与《积善之方》，取自袁了凡中年所作的《祈嗣真诠》一书，于万历十八年（1590）夏付梓，是年58岁，写作时间当为更早。袁了凡罢官隐居后，课子教徒，在编著指导科举的参考书《游艺塾文规》（于万历三十年刊行）卷一中，收入《科第全凭阴德》《谦虚利中》《立命之学》三篇，是为《了凡四训》最早的雏形。《科第全凭阴德》内容与《积善之方》大体相同。《谦虚利中》，即本书中的《谦德之效》，"利中"是有利于科举中试之意。

《立命之学》成文当年就有人提议印行，据周汝登《立命文序》："万历辛丑之岁，腊尽雪深，客有持文一首过余者，乃携李了凡袁公所自述其生平行善，因之超越数量，得增寿胤，揭之家庭以训厥子者。客曰：是宜梓行否耶？余曰：兹文于人大有利益，宜亟以行。"（《东越证学录》卷七）其后不久，以《立命文》《省身录》《阴骘录》等不同版本流行于世。在袁了凡身后不久，后人将《游艺塾文规》中的《立命之学》和《谦虚利中》，连同《祈嗣真诠》中的《改过第一》和《积善第二》两篇，编为现今所见的《了凡四训》四篇。清初刊刻的《丹桂籍》，把这四篇文章合称为《袁了凡先生四训》。

袁了凡的立命之说和身体力行的实践，在其问世之初，就特别能引起民间中下层读书人的共鸣，成为民间道德运动的典范。《了凡四训》所论立身处世、修德立业的理论和实践，把穷理尽性的修身落实在经世济民的事功上，包括家训、官箴和善书等丰富内容，影响辐射于庙堂与江湖、俗世与方外，乃至远播海外，被誉为"中国历史上的第一善书"和"东方励志奇书"。

林则徐（1785－1850）曾手录《了凡四训》章句，认为中峰和尚破世人"善有恶报"之谬见，乃是全书最要紧、最精彩处。林则徐坚持品德修养是做人根本，"官虽不做，人不可不做"，为此撰写"十无益"家训："存心不善，风水无益；不孝父母，奉神无益；兄弟不和，交友无益；行止不端，读书无益；心高气傲，博学无益；作事乖张，聪明无益；不惜元气，医药无益；时运不通，妄求无益；妄取人财，布施无益；淫恶肆欲，阴骘无益。"

晚清以来，在民间广为流传一书一训。"一书"即《曾国藩家书》，"一训"即是《了凡四训》。曾国藩（1811－1872）在读《了凡四训》后，即改号"涤生"，他自述改号的理由："涤者，取涤其旧染之污也；生者，取明袁了凡之言'从前种种，譬如昨日死；从后种种，譬如今日生'也。"曾国藩对袁了凡推崇备至，将《了凡四训》列为子侄必读的"人生智慧书"。

印光法师（1861－1940）善于用儒家思想作为弘扬佛法的前方便，他在《募修云谷禅师塔院序》中，即着重提示云谷禅师门下出了一僧一俗两位人物，使佛陀（灵山）

和孔子（泗水）的心法彰显于天下："其得其传而融通儒释，使灵山、泗水心法俱彰者，僧则憨山大师，俗则了凡袁公，为最显著之人也。"（《增广印光法师文钞》卷三）印光法师在接引徒众的书信中，屡屡提倡《了凡四训》，在世时即印行百万余册。尤其在《袁了凡四训铸板流通序》中，站位因果与心性不二的高度，提炼《了凡四训》的理论价值和现实意义："袁了凡诸恶莫作，众善奉行，命自我立，福自我求，俾造物不能独擅其权。受持功过格，凡举心动念及所言所行，善恶纤悉皆记，以期善日增而恶日减。初则善恶参杂，久则唯善无恶。故能转无福为有福，转不寿为长寿，转无子孙为多子孙。现生优入圣贤之域，报尽高登极乐之乡。行为世则，言为世法。"

弘一法师（1880-1942）亦常书修身格言赠人，"从前种种，譬如昨日死；从后种种，譬如今日生"。即为《了凡四训》中最著名的警句，表示改过自新的决心。他在厦门妙释寺作《改过实验谈》演讲，总结了自己50年来自省改过的心得。

《了凡四训》不仅流传于中国官民僧俗各界，也对日本政经界发挥了深远影响。阳明学大师安冈正笃对此书推崇备至，建议日本天皇及历任首相视之为"治国宝典"。著名企业家稻盛和夫即受安冈正笃的影响，他总结人生和经商的经验，说得益于早年有幸读到《了凡四训》，获得了顿悟般的感觉。在《活法》一书中，他强调命运掌握在自己手中："命运不是宿命，能够通过因果报应的法则而改变。"

本书的章节安排及解读特色

就《了凡四训》的内在逻辑而言，《改过之法》提出的行事、明理、治心三个维度，实为贯穿全书改过积善、改造命运的叙事脉络，论述个体的德福传承与社会责任。笔者在规划本书章节结构时，即依循行事、明理、治心这三个维度，同时兼顾文本解读、史实梳理和义理阐释三者的统一。就文本而言，《积善之方》占全书篇幅近半，而《谦德之效》篇幅最短。《积善之方》是袁了凡一生行善积德的经验总结，将散见于各类功过格中的条文、对善恶功过的裁量依据，提炼总结为系统的理论。为保持文本解读的相对独立性，《积善之方》《改过之法》《谦德之效》

这三篇皆单设一讲。《立命之学》作为全书的核心，以改变命运的亲身经历，论述命自我立、福自己求的人生至理，尤其是云谷禅师与袁了凡在栖霞山中论道部分，援儒释佛，是了解晚明儒佛交涉的重要史料，故分为三讲阐述。

第一讲，立命之学（上）：被命数阴影困厄的前半生。袁氏家族祖上受明初靖难之变牵累，告诫子孙后代不得从事举业，选择以医为业，故形成特立独行的家学特点，直达儒学五经之根柢，兼以佛道修身济世，旁涉象数命理等玄学，乃至天文地理兵学等实用之学。经袁氏四代隐忍蓄积，至袁了凡这一代始转入科举入仕，践行士大夫内圣外王之夙志。

孔道人神奇的命理预测，成为袁了凡人生目标从"良医"转向"良相"的契机。然而，也正因为这些预测在前期科举路上，细节奇准地一一实现，反使袁了凡陷入宿命论的窠臼而不能自拔。既然在前期科举路上，每一个细节都被算定，那么后半生的人生道路，也只能身不由己地滑向孔先生预测的轨迹：以贡生资格当知县，当了三年多就得回家，命中无子，于 53 岁死在家中。于是心灰意懒，终日静坐习禅，无心于举业。袁了凡早年即修习佛道教的静坐，后撰《静坐要诀》一书。他的宗教经验，是接受云谷禅师接引的重要契机，并对他佛教思想的形成影响甚大。

第二讲，立命之学（中）：从宿命论到正命论的转折。影响袁了凡一生的关键人物，是他 37 岁时得遇云谷禅师，为他传授"立命之学"。云谷承认命数的相对有效性，但若局限于世间的凡俗之见，把命数视为一成不变的定命，则陷入消极无奈的宿命论中。云谷从儒道两家"祸福无门，唯人自召"的承负说入手，对天命进行追本溯源的辨析，并以佛教的业力因果论，解释命理学所谓阴阳气数，说明命数只拘缚凡夫俗子，命运由人的自主行为决定。云谷进而站位佛教的法界视域，阐述正命论的理论基础和实践路径。

针对孔道人所推排的命数，云谷教袁了凡发露忏悔，从因地入手改造命运，将过往造成不发科第、不能生子的恶相尽情改刷。务必要努力培植福德，开展新的生命。"从前种种，譬如昨日死；从后种种，譬如今日生。"此改过行善所得的新生命，乃义理再生之身，即与真理相应而再造的法身慧命。在指导袁了凡禅修的基础上，云谷禅师另授予功过格和准提咒两项实修工夫，以禅宗的无念法门，在持咒行善等事上磨炼心性。

第三讲，立命之学（下）：袁了凡改造命运的实践。袁了凡遇见云谷禅师，是推动他一生命运转变的关键。自那天起，改号为了凡，即了结、了断过去凡俗的人生，再造义理之身。修身养性在我，能否成功则坦然交付天命，此所以为立命之本。袁了凡以"功过格"对自己德行生活作量化管理，几十年如一日，力行善事、广积阴德。从此，孔道人推测的命数再不灵验。以前完全随宿业流转，被命数控制，自从改过自新以后，命运开始潜移默变，显著的变相有四：中科举，得子嗣，授官职，延寿考。

袁了凡十分留意治国安邦的实学，对军事韬略有很深的造诣。通过治理县政的实践，将儒家修齐治平的理想，凝聚在《宝坻政书》中，将公门里面好修行的理念，具体量化为"当官功过格"。袁了凡的立命实践，为探讨命数与业力、神灵与人间、庙堂与江湖、儒学与佛道、出世与入世、善行的动机与效果等关系，提供了大量实证资料。

第四讲是对《改过之法》篇的讲解。本篇取自袁了凡中年所作的《祈嗣真诠》一书。《祈嗣真诠》由十篇组成，其中《改过第一》和《积善第二》，经后人增删后，编入《了凡四训》，易名《改过之法》和《积善之方》。

修身立命的前提，是实行改过之法，如果过失不改正，就会成为行善积德的障碍。须发耻心、畏心、勇心，使未断之恶令断，已断之恶令不生。以改过闭恶趣门，远离地狱、饿鬼、畜生三恶道。

改过之法，有从事上改，有从理上改，有从心上改。三种方法中，以治心一法最为根本。"以上事而兼行下功，未为失策；执下而昧上，则拙矣！"对行事、明理、治心三个层面的总结，实为改造命运的三个维度，作为贯通全书的叙事脉络。

第五讲是对《积善之方》篇的讲解，论述行善的事迹、原理与方法。以积善开善趣门，使未生之善令生，已生之善令增长。首先列举古今十件善行，说明因果报应之理。积善为转变命运之正轨，故积善之方，不仅是单纯的"行事"，须在"明理"基础上，直达"治心"根本。从真假、端曲、阴阳、是非、偏正、半满、大小、难易等八种情境，辨析为善之理。进而强调要以济世之心、爱人之心、敬人之心行善，并做到为善而心不着善，上升到佛教三轮体空的高度。最后是种德之事十大纲要，将世间和出世间善行，概括为与人为善、爱敬存心、成人之美、劝人为善、救人危急、兴建大利、舍财作福、护持正法、敬重尊长、爱惜物命十个方面。

本篇是袁了凡一生行善积德的经验总结，将散见于各类功过格中的条文、对善恶功过的裁量依据，提炼总结为系统的理论，可谓事理兼备，为物立则。

第六讲是对《谦德之效》篇的讲解。此篇即晚年所作的《谦虚利中》，与《科第全凭阴德》（即《积善之方》）、《立命之学》一起编入修习举业的参考书《游艺塾文规》。在《谦德之效》中，引述作者熟知的朋友在科举中的成功事例，说明"满招损，谦受益"的道理。以谦德对治我慢，是转变命运的有力保障，能使功德保持不退。力积善行而又虚心屈己，则受教有地、取善无穷。如是，方能达致改造命运之目的。

最后一讲为结语，通过梳理从世间善法到菩萨道的思想演进，以及将菩萨精神运用于社会生活的实践轨迹，论述袁了凡的心路历程和思想属性，并分析其会通儒释道三教的方法论特点。袁了凡身处明末三教合流的社会背景，糅儒释道三教为一体，将佛教出世的信仰，落实在经世济民的事功中。儒学是其为人处世的思想基础，道教是其修身养性的旁助，而佛教对其影响最为深远。

《了凡四训》的原始文本，主要取自《祈嗣真诠》和

《游艺塾文规》，前者基于求子的目的，后者是指导科举考试的治学方法，故所举积善得福报的事例，多集中在子孙绵延和科举功名方面。书中所举人物，遍布浙江、福建、江苏、山东各省，有名有姓的人物就有 50 多位。除古代圣人贤达，多为自己所熟悉的亲友、同乡和士林人物。如果囿于文本的叙事范围，常有人在解读《了凡四训》时，误以为袁了凡仅关心求嗣和科举，甚至批评此书以功利为导向而行善。

因此，笔者引述《游艺塾文规》《两行斋集》《训儿俗说》《宝坻政书》《静坐要诀》《祈嗣真诠》等著述，特别在第三讲"立命之学（下）"，叙述其拜师求道、结社论学、游历边关、受学兵法等事迹，尤其是科举入仕后，在治理县政、边防献策与抗倭援朝等方面，践行士大夫内圣外王之凤志。作为一个虔诚的佛教居士，无论是当官牧民还是隐逸课子，皆把滚滚红尘当作修行菩萨道的道场。

近 20 年来，笔者在复旦大学、北京大学、浙江大学、厦门大学等单位，为面向社会精英的国学班和管理学院学员讲述《大学》《了凡四训》《心经》《金刚经》《六祖坛经》等国学课程。《大学》作为儒家系统阐述修齐治平的政治哲学论文，侧重于庙堂之高的宏大格局。《了凡四训》

则以丰富的案例，诠释"居庙堂之高则忧其民，退江湖之远则忧其君"的士大夫精神。

佛教作为中国传统文化的重要组成部分，也列入国学课程的讲述范围。根据这些年在一些大学的国学班、商学院以及党政部门和工商企业讲佛学课的经验，与其在文化外延上泛泛而谈，不如直探佛学核心，依托常见文本，讲清基本概念。故按照真俗不二的方法论，选择《了凡四训》和《心经》两个经典文本，讲述佛教哲学的两大基本点：业力论与缘起论，使学员把握佛学的基本思想与方法论特征。

通过《了凡四训》，阐述五乘共法的基础，即业力因果的基本原理，侧重在世俗谛层面。有此铺垫，解读《心经》则重点阐述缘起论，侧重在胜义谛层面，并勾勒大乘佛教哲学的基本架构。紧扣四个根本概念：轮回、般若、菩提、涅槃，以四谛法门统摄世间生死的流转缘起和出世间解脱的还灭缘起。在教法的传播上讲五乘佛法，在哲学层面讲五蕴和五法，在修道层面讲六度。明白业力论，方可从儒道的修身和家族承负说，于生命价值上进趋法身。明白缘起论，方可超越世间的天人和五伦关系，空有不二，于终极真理上直达实相。

在上述《大学》《了凡四训》《心经》三类文本中，《了凡四训》处于承前启后的位置，起到沟通儒佛的作用，它借助于儒家的世间善法，讲述佛教业力因果论思想，最后导入缘起性空的般若正观。通过《了凡四训》这部书，为了解晚明三教一致背景下的佛教思想发展和社会运动，提供了生动具体的案例。

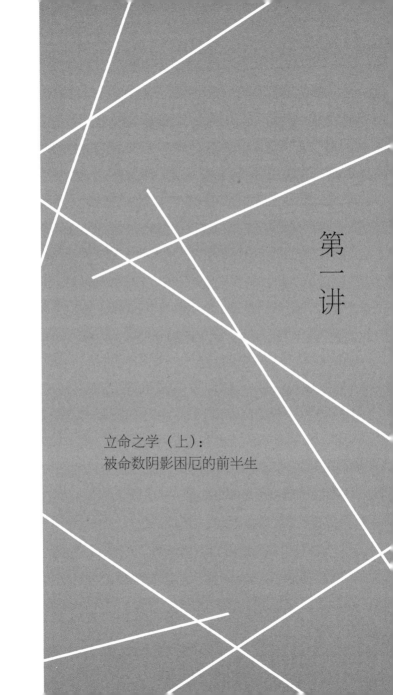

第
一
讲

立命之学（上）：
被命数阴影困厄的前半生

《立命之学》，为全书核心部分，作于万历二十九年（1601），这是袁了凡69岁时总结人生经验的诫子之文。以改变命运的亲身经历，见证命自我立、福自己求的人生至理。

　　袁了凡早年受孔道人神奇的命理预测之影响，陷入宿命论窠臼而无所作为。37岁时，得云谷禅师传授"立命之学"。立命，出自《孟子·尽性上》："存其心，养其性，所以事天也。夭寿不贰，修身以俟之，所以立命也。"此处"命"有二义：一指不可抗拒的天命，人必须顺天而行；二指人顺天行道的使命。云谷引述儒家经典，并以佛教业力因果论解释所谓命理气数，依因果正见，改过积善，人人都可以改造自己的命运，塑造义理再生之身。在指导禅修的基础上，另传授功过格和准提咒两项实修工夫，以禅宗的无念法门，在持咒行善等事上磨炼心性。

　　袁了凡以"功过格"对自己德行生活作量化管理，几十年如一日，力行善事、广积阴德，命运开始潜移默变，显著的变相有四：中科举，得子嗣，授官职、延寿考。文末勉励儿子："凡称祸福自己求之者，乃圣贤之言；若谓祸福惟天所命，则世俗之论矣。"

一　袁了凡家世及学问渊源

家族的隐痛与夙志

袁了凡（1533－1606），原名表，后改名黄，字坤仪，号学海，后改号了凡。明代嘉靖十二年（1533），出生于浙江嘉善县。生平资料主要有清代彭际清所撰《居士传》卷45《袁了凡传》，亦见于江苏吴江和浙江嘉善的县志等资料。吴江和嘉善环绕汾湖相望，相距不远。袁了凡出生在嘉善魏塘，但罢官后亦曾隐居吴江芦墟，故两地县志皆有传。

据《袁氏家乘》所记，袁氏先祖自陈州（今河南周口）迁江南，散居吴越间。南宋初年八代祖富一公开始，由语儿溪徙居陶庄净池（今嘉善县陶庄镇）。在元末明初，袁氏便是嘉善的望族。

高祖袁顺，字杞山，世居嘉善陶庄，家境富饶，有土地四十多顷，为当地大族。袁顺精通经史，行侠仗义，乐善好施，热心公益事业，但因陷入明初政治斗争的旋涡，导致家道中落。当时燕王朱棣发动靖难之变，推翻建文帝，夺取皇权。建文帝忠臣黄子澄约袁顺起事勤王，事泄后黄子澄等人遇害。袁顺受到牵连被抄家，被迫逃难，家产被没收，长子谪戍北平，一家离散。袁顺四处奔走逃亡，最终定居于与嘉善仅隔一汾湖的江苏吴江。直到永乐十一年（1413）获赦，袁顺将妻子从嘉善接到吴江，以家教为生。第二年，生下次子袁颢，因夫人体弱，送给当地徐姓医生为养子。洪熙元年（1425），朝廷颁布归还赦免者田地之令，袁顺始返陶庄，但取回田产仅原来的十分之一。

曾祖袁颢（菊泉），出生在吴江，后送于当地名医徐孟彰为养子。洪熙大赦后，袁颢恢复原姓，但并未与其父还归故里，入赘徐家为婿，传承徐家医业。袁颢将故乡陶庄的土地分给族中穷人，本人入籍吴江，当了六十多年里长。袁颢写过《周易奥义》一书，精于初兴于明代的"太素脉"，结合医卜，在看病时以脉学教孝劝忠。袁颢著《袁氏家训》，分家难、主德、民职、为学、治家五篇。在《家难篇》中，叙述父亲袁顺因陷入靖难之变的政治旋涡，导致亲人分离，家道为此中落。后虽获赦免，政治上已被打入另册，痛感官场险恶，故严禁自家子弟从政。袁颢18岁已能操举业，将欲赴县赶考，遵父命遂罢试。

祖父袁祥，字文瑞，号怡杏。六岁时，由嘉善魏塘镇医术世家夏玙抚养。后入赘为夏家女婿，生一女。夏玙的医术也杂有占测之术，曾为一病人把脉，说病虽无大碍，但脉象却显示活不久。没几天，此人竟溺水而殁。夏玙想把他的医术传给袁祥，但袁祥心不在医，性好读书，喜好与名士交往。袁祥与其父同一声气，对成祖篡位不以为然，特地到南京寻访故老遗文，撰成《建文私记》《忠臣录》。夏玙对女婿不专务医业大为失望，在袁祥女儿仅数岁时，招钱鹗为孙女婿，其后夏氏家产和医术全归钱鹗，成为江南一代名医。袁祥在妻子去世后，续娶平湖巨室朱氏女儿，资送丰厚，善于治家，袁家遂大起。于是在魏塘镇东亭桥营建庭园，生子袁仁。袁祥从父亲袁颢学卜测之学，又从精通医术和占测的岳父受珪学医。据方志记载，袁祥善六壬之术，并有著作传世，曾与人比试过占测彗星。

父亲袁仁，字良贵，号参坡。继承祖传医术，以贤能闻名于地方，博学多才，精通天文地理、历律书数、兵法水利等学问，与王阳明及门下弟子王艮、王畿等大儒，皆有学术上的交往。袁仁博极群书，手不释卷，藏书二万余卷，号称文献世家。袁氏家学跳出了官方意识形态的限制，形成兼收并蓄、注重实学的特点。袁仁著述颇丰，有《内经疑义》《本草正讹》《痘症家传》《周易心法》等。袁仁生子五人，袁衮、袁裹、袁裳、袁表、袁衰。四子袁表，即袁了凡。

家学渊源及家训转型

袁氏家族受明初靖难之变牵累，被动陷入政治旋涡，只能远离政治以避祸，从而形成独特的家学特点。袁颢在《袁氏家训·民职篇》中，确定袁氏家族的志业，在险恶的政治环境中，遵循明太祖《教民榜文》中所示"六谕"，即孝顺父母、恭敬长上、和睦乡里、教训子孙、各安生理、毋作非为，立志作希贤希圣希天的良民。在家族的职业安排上，士农工商四民中，袁家已经放弃举业，既不会力耕，又不会工商，只有医学最近仁，且可以资生养家，行有余力则可以施惠济众。

袁颢从家道的起落，痛感从政险恶，故远离官场，安分守己做行善助人的良民。这种乐天安命的态度，既有对现实政治的无奈，也与深谙命理学的家族传统有关。从此，不考科举成为袁氏家训，到袁了凡时才得以改变。袁了凡的父亲袁仁，亦对儿子们论及家族的传统：

> 汝曾祖菊泉先生尝语我云："吾家世不干禄仕，所以历代无显名。然忠信孝友，则世守之，第令子孙不失家法，足矣。即读书，亦但欲明理义，识古人趣向。若富贵，则天也。"（《庭帏杂录》）

《庭帏杂录》，是袁了凡五兄弟对父母日常言行的记述，由袁仁女婿钱晓删定而成。自袁顺以后，经袁氏家族四代隐忍蓄积，到袁仁时，政治气候有所松动。基于儒家内圣外王的使命感，袁氏家族此时也萌生了通过科举进入社会上层的愿望。袁仁在追溯家学渊源和志向时，对于不事举业的家训，论及转型科举的机缘和理由：

　　士之品有三：志于道德者为上，志于功名者次之，志于富贵者为下。近世人家生子，禀赋稍异，父母师友即以富贵期之。其子幸而有成，富贵之外，不复知功名为何物，况道德乎！吾祖生吾父，岐嶷秀颖，吾父生吾，亦不愚，然皆不习举业，而授以五经古义。生汝兄弟，始教汝习举业，亦非徒以富贵望汝也。伊周勋业、孔孟文章，皆男子当事，位之得不得在天，德之修不修在我。毋弃其在我者，毋强其在天者。（《庭帏杂录》）

　　就衡量士林人品而言，在价值取向上，有递次向上的三种标准：富贵、功名、道德。世俗人家，以富贵为上，功名次之，而不知道德为何物。袁氏家风，则强调首重道德修身。

　　由于袁氏四代皆不事举业，不必把大量时间耗费在应付科举上，故所治学问皆能深入儒家五经根本，且博涉佛道和诸子百家，对历法、地理、兵学乃至星相、占卜等实学亦极有造诣。袁家学养深邃，世代行善，有崇高的社会声望。据《嘉善县志》载："袁仁，字良贵，父祥、祖颢皆有经济学。仁于天文、地理、历律、书数、兵法、水利之属，靡不谙习。……颢尝作《春秋传》三十卷，祥作《春秋或问》八卷以发其旨，仁作《针胡编》以阐之。"

因此，袁家以祖传医术悬壶济世，经济收入丰厚，且世代行善积德，有极高的社会声望。到袁仁这一代，承祖上医儒传家之余荫，深感积善之家必有余庆，家族已经数代潜隐，后代或有跃升于渊的机会。袁仁本人虽遵祖训不走仕途，以做良医自许，但鉴于时过境迁，袁家不考科举的传统或可转向。故顺应时节因缘，鼓励儿子们在条件成熟时从事举业，以改变"积德不试"的家族传统，以抒经世济人之襟怀。

人有言：畸人硕士，身不容于时，名不显于世，郁其积而不得施，终于沦落而万分一不获自见者，岂天遗之乎？时已过矣，世已易矣，乃一旦其后之人勃兴焉，此必然之理，屡屡有征者也。吾家积德不试者，数世矣，子孙其有兴焉者乎？（《庭帏杂录》）

这一人生志向的转型，或与袁仁从学王阳明心学有关。袁仁服膺阳明知行合一之学，王阳明在政治上大起大落，虽九死而不悔，其立德立功立言而修齐治平的伟业，也成为当时士人效法的榜样。袁仁希望其子弟怀有内圣外王、修齐治平的抱负。无论是像伊尹、周公那样居庙堂之高，成就治国平天下的勋业，还是像孔孟那样，虽处江湖之远，著书立说，成就立德立功立言之三不朽，皆为大丈夫所应当从事。至于能否在功名上获得成就，则俟之天命，不须强求，但绝不能放弃自己的进德修学。

袁仁的三子袁裳想考科举，但袁仁说他福薄寿短，不主张考科举，而是要他改学医，因"医可济人，最能重德"。并告以医有八事须知：

> 志欲大而心欲小，学欲博而业欲专，识欲高而气欲下，量欲宏而守欲洁。发慈悲恻隐之心，拯救大地含灵之苦，立此大志矣。而于用药之际，兢兢以人命为重，不敢妄投一剂，不敢轻试一方，此所谓小心也。上察气运于天，下察草木于地，中察情性于人，学极其博矣。而业在是，则习在是，如承蜩，如贯虱，毫无外慕，所谓专也。穷理养心，如

空中朗月，无所不照，见其微而知其著，察其迹而知其因，识诚高矣。而又虚怀降气，不弃贫贱，不嫌臭秽，若恫瘝乃身，而耐心救之，所谓气之下也。遇同侪相处，己有能则告之，人有善则学之，勿存形迹，勿分尔我，量极宏矣。而病家方苦，须深心体恤，相酬之物，富者资为药本，贫者断不可受，于合室皱眉之日，岂忍受以自肥？戒之戒之！

袁仁夫妇对子女寄予厚望，希望他们能效法伊尹、周公和孔孟等圣贤，行内圣外王、修齐治平之勋业，故鼓励条件具备的孩子立志举业。袁仁对四子袁了凡尤为重视，临终前将藏书二万余卷，择其重要者分赐几位孙子，其余大部分悉交付了凡收藏。袁母指其遗书泣告了凡："吾不及事汝祖，然见汝父博极群书，犹手不释卷，汝若受书而不能读，则为罪人矣！"了凡"因取遗籍恣观之，虽不能尽解，而涉猎广记，则自早岁然矣"。（《庭帏杂录》）

据袁了凡之弟袁衮回忆，袁母常陪伴儿子读书到深夜："予随四兄夜诵，吾母必执女工相伴。或至夜分，吾二人寝乃寝。"（《庭帏杂录》）

从上述袁氏家族的隐痛和夙志，我们可以梳理袁了凡的成长背景，以及形成《了凡四训》此书的思想脉络。

一、袁家身处中国最富庶也是文明最发达的江浙地区，延续了古代士人耕读传家的传统。袁家在明初家难之后，基于家族的自保，规定子孙后代不得从事举业。在士农工商四民之中，选择以医为业，最适合袁家这样的书香门第。

二、在民间的乡约和家训中，袁氏家训最早采用明太祖的"六谕"（孝顺父母、恭敬长上、和睦乡里、教训子孙、各安生理、勿作非为），表明对专制统治的服从。安良民之分，尽良民之职，修身成德，一言一动皆足为世俗之师范。虽不奢望庙堂之高，但身处江湖之远，尽力尽分从事乡土建设和公益事业，世代行善，享有崇高的社会声望。

三、袁家数代政治上的压抑，不必把时间耗费在应付科举上，故所治学问皆深入儒家五经根本，且博涉佛道和诸子百家，对天文地理、经济军事乃至星相占卜等实学亦极有造诣，从而造就袁家特立独行而深厚的家学渊源，并培育出袁了凡这样的文武全才。

四、袁家不谋禄仕，并非愤世逃避，只是苟全性命的不得已举措。倘若世易时移，主客观条件具备的话，也不

妨应试入仕，以遂士人修齐治平的志向。袁了凡短暂的从
政经历，治理县政、抗日援朝，只是厚积薄发后的牛刀
小试。

五、袁家服膺儒家素位而行、修身以俟命的传统，功
名皆有定分，不必奔趋强求。袁了凡六应秋闱、六上春官
的坚忍，无论是登第入仕的风光，还是晚年削籍隐居的落
魄经历，始终秉承命自我立、福自己求的人生价值观。

六、袁了凡的立命之说和身体力行的实践，特别能引
起民间中下层读书人的共鸣。在明末三教一致的思想氛围
中，进而整合民间道德纪律和宗教信仰，成为民间道德运
动的典范，也推动了善书的流通。

袁父夙心与家庭变故

余童年丧父，老母命弃举业学医，谓可以养生，可以
济人，且习一艺以成名，尔父夙心也。

嘉靖二十五年丙午（1546）七月初四，袁了凡 14 岁
时，父袁仁去世。袁了凡在《庭帏杂录》中，记录了父亲

去世时的情景，预知时至，安然而逝：

> 丙午六月，父患微疾，命移榻于中堂，告诸兄
> 曰："吾祖吾父皆预知死期，皆沐浴更衣，肃然坐
> 逝，皆不死于妇人之手。我今欲长逝矣！"遂闭户
> 谢客，日惟焚香静坐。至七月初四日，亲友毕集，
> 诸兄咸在，呼予携纸笔进前，书曰："附赘乾坤七
> 十年，飘然今喜谢尘缘。须知灵运终成佛，焉识王
> 乔不是仙。身外幸无轩冕累，世间漫有性真传。云
> 山千古成长往，哪管儿孙俗与贤。"投笔而逝。

袁家经数代积累，有深厚的家学渊源和学术人脉。袁
了凡自幼涉猎广泛，博闻强识，按父亲指引的人生方向，
他的科举之路从一开始就具备优异的起点。

但是，在袁了凡 14 岁时，因父亲去世，从良医转向
良相的人生道路突遇障碍。袁母让了凡放弃举业，退而学
习祖传的医术，其实是无可奈何的事急从权之举。据《庭
帏杂录》记载，袁父与潘用商友善，见其子无子，遂将五
子袁衮自幼送其家为养子。但在袁父去世后，袁母认为潘
家虽良善，但其诗书礼义之习，毕竟不如自家为优，故及

早收回自家，随诸兄学习，或有可成。这说明在袁父去世后的一段时间内，袁母还是让儿子们继续读书的。

袁母在此所说"尔父夙心"，其夙心究竟何指？袁父生前教诲子女，在道德、功名、富贵三大人生追求目标中，袁家首重道德。至于功名一事，袁父告诫儿子："位之得不得在天，德之修不修在我。毋弃其在我者，毋强其在天者。"（《庭帏杂录》）意谓君子应素其位而行，尽人事以俟天命，既不能自暴自弃，也不能不顾因缘逆天而行。袁母本来也支持儿子走科举之路，现在既然时节因缘有碍，事急从权，不如子承父业，既可以维持家计，同时也一样可以医术济人。

可见，"夙心"以道德为根本，至于向良医还是良相发展，端看时节因缘。在袁了凡 15 岁时，一个偶然的相遇，使天平又转向到举业。

二 占测之术与神秘孔道人

转向举业的偶遇

后余在慈云寺遇一老者，修髯伟貌，飘飘若仙，余敬礼之。语余曰："子仕路中人也，明年即进学，何不读书？"余告以故，并叩老者姓氏里居。曰："吾姓孔，云南人也。得邵子皇极数正传，数该传汝。"

余引之归，告母。母曰："善待之。"试其数，纤悉皆验。余遂启读书之念，谋之表兄沈称。言："郁海谷先生在沈友夫家开馆，我送汝寄学甚便。"余遂礼郁为师。

正当袁了凡致力于岐黄之术时，15 岁那年发生了改变他人生道路的一次偶遇。他在嘉善县衙门后的江南名刹慈云寺，巧遇一位仙风道骨的老人，自称来自云南的相士孔先生，劝令读书："子仕路中人也，明年即进学，何不读书？"孔先生得北宋理学家邵雍"皇极数"的正传，现因缘际会，要把这套命数之学传付给他。邵雍精通易学，对先天象数学多有发明，撰有《皇极经世书》行世。所谓"皇极数"，指以《周易》六十四卦来分配"元会运世，年月日时"，推算三皇以来历代治乱，以证自然人事之变化，数皆前定。

孔道人这番话，重启了袁了凡心中读书求功名的夙愿。本来，袁父就有从良医转向良相的家族安排，只是因袁父去世，这一转向无奈中止。现在遇见这位神机妙算的高人，说他命中就是仕途中人，且明年就能考进县学读书。恰恰袁家也有精通占测术的传统，听闻此说正中下怀，故延请到家，希望能得到母亲的支持。孔道人为袁家推算命理，占卜事无巨细，皆非常灵验。于是，在孔道人神秘预言的加持下，袁了凡的人生道路再次转向科举入仕的道路。

孔道人言之凿凿的"进学"，即进入地方上各级官学。

只有经过县考和府考的逐级考试，并通过由省提学使主持的院考，才能获得国家承认的生员资格，即俗称秀才。在官办学校之外，民间大量的私塾、学馆、义学，则承担起普通的教书育人职能，亦为科举考试作前期准备。当时，乡贤沈友夫在魏塘镇开学馆，请同为嘉善望族的郁海谷（郁钦）先生执教，经表兄沈称的帮助，袁了凡在郁先生门下就学。

古人有易子而教的传统，私塾学馆所收学生，大都为乡邻和亲友子弟。袁父与沈友夫是好友，郁氏为嘉善望族，与袁氏为世交。沈称与袁家比邻而居，是自幼与袁了凡切磋学问的好友。袁了凡的母亲李氏，贤淑有识，磊磊有丈夫气。她作为继室嫁入袁家，对丈夫前妻的孩子视如己出，而且化解了袁沈两家的世仇。据《庭帏杂录》中袁襄记述，"比邻沈氏，世仇予家。吾母初来，吾弟兄尚幼"。袁家的桃树生出墙外，被沈家锯掉，有羊走入沈园，也被沈家扑死。但当沈家的枣树越过院墙，或有羊窜到袁家时，袁母皆告诫不得有报复行为，并将枣和羊送还沈家。沈家有人生病，袁父前往诊治并送药。袁母还发动邻里集银相助，自家独助米一石。

正是袁了凡父母以德报怨，鼎力相助处在困境中的沈家。"由是沈遂忘仇感义，至今两家姻戚往还。"袁仁还将小妹嫁给已成孤儿的沈扬（心松），沈心松生子沈科和沈称。袁仁对这两个外甥关怀备至，《庭帏杂录》记录有袁仁教诲他们为学做人的道理。沈氏兄弟皆以孝友闻名乡里，万历《嘉善县志》有传。

神奇的命理预测

> 孔为余起数：县考童生当十四名，府考七十一名，提学考第九名。明年赴考，三处名数皆合。复为卜终身休咎，言：某年考第几名，某年当补廪，某年当贡，贡后某年当选四川一大尹，在任三年半，即宜告归。五十三岁八月十四日丑时，当终于正寝，惜无子。余备录而谨记之。

袁了凡在慈云寺遇见的孔道人，言之凿凿，说他明年即进学，扭转了他的人生方向，立志读书，以求取功名。从此，人间少了一位悬壶济世的袁医生，多了一位经世济民的袁了凡，一个立德立功立言的缩微版王阳明。

明代的官员选拔制度，主要来自荐举、科举、学校和吏员四个方面。荐举，仅盛于明初，特别是洪武时期，正统朝后就基本不行，天顺朝后几乎名存实亡。从而形成了以科举为核心，学校为基础，吏员为补充的选官来源体系。

据《明史·选举志》："科举必由学校，而学校起家可不由科举。学校有二：曰国学，曰府、州、县学。府、州、县学诸生入国学者，乃可得官，不入者不能得也。"欲走科举之路，须经由官办学校为主体的考试选拔。国学，即北京和南京的国子监，为中央级的太学；府、州、县学，即地方上各级官学。凡习举业的读书人，不论年龄大小，都称为童生。童生要获得参加科举考试的资格，必须经过科考的入门考试。经县考和府考，选出合格者送交由省提学使主持的院考，因院考由各省掌管学政的提督使主持，故又称提学考。院考合格者称生员，即俗称秀才。

除了国子生及州县学的生员参加考试外，还有不在学校的儒生，通过提学考者，亦有资格参加各省每三年一次的乡试，中式者即为举人。在宋元时代，举人是一次性的资格，但是到了明代，举人是终身制的功名，具有选官的资格。举人参加每三年一次在京城举行的会试，中式者为贡士，参加由皇帝主持的殿试后即为进士。

袁了凡翌年起赴考，三年中参加县、府、院三级考试，与孔先生预测的名次果然一一相符。县学考，得第 14 名；参加府学考试，得第 71 名；参加提学使主持的院考，得第 9 名，从而获得生员资格。袁了凡 18 岁当上了秀才，被分配到所属府县官学中，继续学习。生员的学籍分三等，有廪生、增生、附生。廪生，是学业优秀由官府供给膳食的廪膳生员。增生，定员以外的增广生员。附生，于廪生、增生外再增名额，附于诸生之末，称为附学生员。考取生员，仅仅是功名的起点。由提学官举行岁考、科考两级考试，按成绩分为六等。科考列一、二等者，取得参加乡试的资格，称为科举生员。

孔道人复为他起课，推算一生命运的吉凶善恶。某年的岁考、科考可考上第几名，某年可补为享受官费奖学金的廪膳生员，某年以优异学业升入京师国子监，成为在太学读书的贡生。在府、州、县学的生员中，经历年的岁考、科考，选拔优异者，升入国子监（太学）成为监生，亦称贡生，意谓以人才贡献给皇帝。贡生的地位，在廪生之上、举人之下。贡生经过出贡和廷试，或是立即获得官吏身份，或是继续留在国子监修业，然后走上仕途。贡生在明代具有固定的选官资格，其入仕数量大致是进士的十倍，但大多担任州县的学官，少量可担任州县的辅佐官乃至正官。

按孔道人的预测，袁了凡的科举之路，到贡生就到头了。推测他以贡生资格，被选拔为四川的一任知县。以贡生资格出任知县，在仕途上已经算是很好的出路。但以贡生入仕的道路艰辛而漫长，且非进士正途出身，故许多生员宁愿选择科举道路。使袁了凡心灵长期蒙上阴影的，是命数推测的结局：在任三年半，即宜告归。于53岁八月十四日丑时，当寿终正寝。可惜命中无子。这些预测终身休咎的命理运程，袁了凡皆完整记录下来，谨记在心。

关于神秘孔道人

那个能算尽袁了凡一生命运际遇的孔道人，《了凡四训》中仅说他来自云南，后亦不知去向。据清乾隆《云南县志·隐逸》，孔道人即擅长邵子神数的杨向春：

杨向春，字野崖，邑庠生，博洽经史，好性命

之学，得邵子先天皇极数理，颇有前知。常隐县之九峰山，御史李元阳累有诗相访。后修白盐井路孔仙桥成，更号孔道人。以数理灵奇，行动济人，著有《心易发微》等书，名于世。遨游武当山，袁了凡《立命篇》内有先生事迹。经百年后或有人见，竟不见其所止。

《四库全书总目提要》著录杨向春著作《皇极经世心易发微》："是书推衍《皇极经世》旧说，立占卜之法，惟论干支生克，五行制化。盖方技家言，非说《易》之书也。"

据云南方志所载，杨向春确实擅长占测术，曾经为云南的学政、沐王等政要测字、易占，多有灵验。且能预知事项，进行规避。如算出被他送进监狱的人，出狱后必来寻仇。于是事先算好仇人来的时间和方位，送其银两以求和解。经此事后，"不轻与人卜"。又经推算云南五十年后有战乱，全家迁往姚安。路上偶遇赴任姚安知府的大思想家李贽，并为他化解一场祸事。由此看来，杨向春的先天皇极数理，颇擅长趋吉避祸，并非如袁了凡当时所理解的命数不可更改。晚年遇到袁了凡，为其算尽平生，之后潇洒云游，神龙见首不见尾，莫知所终。

袁家善占的传统

　　孔道人对袁了凡一生命运的推测，推动他立志读书，以求取功名。他之所以接受孔道人命数推测的影响，也在于袁氏家族从高祖袁顺开始，即以善龟卜闻名。

　　袁顺的表弟胡濙，亦从袁顺学占卜之学，二人曾同游南京，以占卜助人找到金杯。永乐八年，胡濙被推荐钦天监博士，所占无不验，一时名重朝野。胡濙应召进京前，袁顺曾为他卜得一卦，为乾卦变小畜卦，预测他将得皇帝赐名，此名应与水有关，《乾卦》九四爻辞说"或跃在渊"，难道是"渊而大"吗？后果然被明成祖赐名为"濙"（yūn）。但袁顺又预测，一介草民而居极尊之位，结局未必吉利，若遇到火就会有生命危险。明成祖建成北京皇宫三大殿后，命胡濙卜算新殿风水，亦含预测国祚之意。结果测得"今年四月初八午时"三大殿当毁，值此迁都大庆，令人极其扫兴，明成祖听后勃然大怒，遂将他下狱。四个月后，当这天午时过后并未见火，胡濙当场服毒自尽。但到午时正三刻，忽遭雷击起火，三大殿皆被焚毁。当时人们都认为朱棣得国不正，大殿被焚实为天谴。胡㵗占卜虽然奇准，但伴君如伴虎，白白丢了性命，胡氏子孙从此弃占筮而学绘事。这一故事，说明袁顺高超的占卜术，也印证其垂训子孙慎勿出仕的智慧。

袁了凡本人也承继家族传统，对星占堪舆之术颇有研究，亦偶为友人卜算命理。他的父亲袁仁，继承了医卜皆精的家学传承，曾为其子解说避忌之故、禄马贵人之意，并认为象纬之学，乃学者所应具备的修为。袁仁的三子袁裳想考科举，但袁仁说他福薄寿短，要他改学医。据袁了凡的弟弟袁衷回忆："三兄早世，吾母哭之。哀告余曰：'汝父原说其不寿，今果然。'"

据《庭帏杂录》记载，有位王姓江湖奇士造访袁仁，恰巧袁仁的外甥沈科来访。相者闻门外履声，说来了个三品官。入门后，相者仔细为沈科看相，说他肉胜于骨，要减肥后才能发达。沈科当时听了不悦，不料那年冬天生场大病，大肉尽脱。袁仁依"肾水旺则骨坚"的医理，为其开了药方。后果然精神日旺，而浮肉不生。沈科于次年中举，甲辰（1544）登第，终于官至三品。袁仁曾赋五言律诗《沈科登第》，以示祝贺。

三　艰难冷酷的科举之路

自此以后，凡遇考校，其名数先后，皆不出孔公所悬定者。独算余食廪米九十一石五斗当出贡，及食米七十一石，屠宗师即批准补贡。余窃疑之，后果为署印杨公所驳。直至丁卯年，殷秋溟宗师见余场中备卷，叹曰："五策即五篇奏议也，岂可使博洽淹贯之儒老于窗下乎！"遂依县申文准贡。连前食米计之，实九十一石五斗也。余因此益信进退有命，迟速有时，澹然无求矣。贡入燕都，留京一年，终日静坐，不阅文字。

孔道人对袁了凡命理的推测，特别对前期入学名次的精确预测，对本身也有占测术家族传承的袁了凡，显然是有说服力的。但若说就此不求进取，完全躺平，也不尽然。从 18 岁考中秀才起，到 35 岁被选拔入国子监，他一共参加了五次乡试，全部失败。既然孔道人说他命中与举人无缘，是以贡生资格当知县的，他为何还要屡败屡战，把近二十年时间耗费在科举路上呢？说明他还是想突破命数的拘限，以图转运。

袁了凡有深厚的家学渊源，本人又聪明博学，但科举之路却极不顺利。23 岁时参加第二次乡试，已经被预选为第一名，"本房取首卷，以《中庸》义太凌驾，不得中试"。不过，袁了凡的学问是公认的，他的文章获奖于有司，那年新任嘉善知县许镃在城内新辟书院，令青年才俊跟从袁了凡学经。他科场虽然失败，但所著辅导科举考试的《四书便蒙》《书经详节》等书却陆续刻行，成为畅销书。

他在科场中屡战屡败，到 32 岁时，第五次乡试还是失败。到这时，他有点怀疑科举之路走不通了，开始把精力放在广泛参学上。正如他晚年在《举业三昧》中感叹："从古以来，文之佳者未必遇，遇者未必佳。得不得有命。" 33 岁时，与周梦秀（继实）、蔡天真（复之）等共结文社，砥砺道德，修习克己工夫。34 岁时，与丁宾一同拜入王畿之门。王畿（号龙溪）是王阳明最著名的弟子之一，也是袁父好友，撰有《袁参坡小传》。王畿对袁了凡亦颇为赞许，"最称颖悟，余爱之"。

自袁了凡以生员资格进学以后，历次年考和科考的名次先后，皆不出孔道人悬定（预测）的范围，唯独有一项预测稍有点出入。当时孔道人算定，享受廪生奖学金 91 石 5 斗后才能补上贡生。但在 33 岁那一年，领取廪米 71 石米之后，即由浙江省提督学政的屠宗师批准补贡。对这提前到来的补贡机会，"余窃疑之"，就不能简单地理解为怀疑孔道人的预测是否灵验。袁了凡一直在学问的道路上努力奋斗，他不想自己的命运就此被精确算定。可是不久后，这次增补贡生的资格果然被代理提学使杨公驳回，可想当时袁了凡的内心有多么挣扎。

直至次年丁卯（1567），袁了凡 34 岁时，新上任的提学使殷秋溟宗师翻阅场中备卷，即乡试考官在发榜前，于未录取者中选取一些尚可之卷，以供候补。殷秋溟对他的五篇策论大为赏识，赞叹见解深刻，文章写得融会贯通，对政治和经济问题所提供的对策，竟如上呈皇帝的五篇奏议。为不使此学识渊博的俊秀埋没于寒窗之下，遂批准了他的贡生资格。

让袁了凡哭笑不得的是：连同以往所领取的奖学金，确确实实是 91 石 5 斗。命运精确得近乎冷酷，虽然补上了国子监贡生，他实在高兴不起来。后来他在考上进士之后，在《寄夏官明书》中，回顾艰难曲折的举业之路，可一窥他的切肤之痛："弟凡六应秋试，始获与丈齐升，又六上春官，仅叨末第。秦袭履敝，齐瑟知非，落魄春风，孤舟夜雨，此时此味，此恨此心，惟亲尝者脉脉识之，未易为傍（旁）人道也。"

袁了凡到 35 岁时，虽然如期取得贡生资格，进入北京国子监读书。但这十多年的艰难科举路，每一个细节都被孔道人算定，那么，后半生的人生道路，也只能身不由己地滑向孔道人所预测的轨迹：以贡生资格充任知县，并非正途出身，当了三年多就得回家，命中无子，于 53 岁死在家中。当生命被如此精确地测定之后，人生陡然失去了神秘性和奋斗意义。袁了凡益发相信冥冥中自有定数，功名沉浮，交运迟早，皆是命中注定，非人力所能决定。于是兴味索然，对科举之路也就看淡了。在京一年多时间中，除了四出参学，广交朋友，终日静坐习禅，无心于举业。

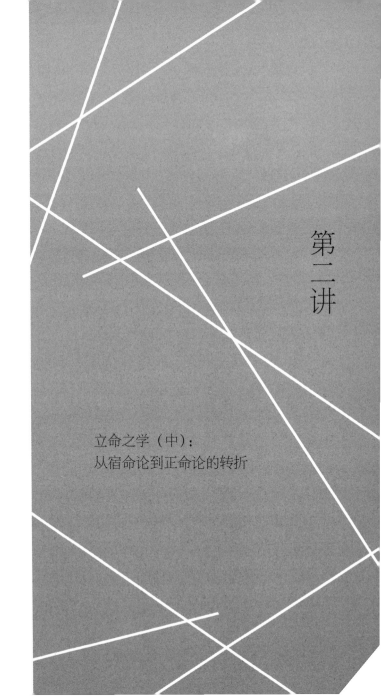

第二讲

立命之学（中）：
从宿命论到正命论的转折

一 引儒入佛阐释立命之学

栖霞山中访云谷禅师

己巳归游南雍。未入监，先访云谷会禅师于栖霞山中。对坐一室，凡三昼夜不瞑目。云谷问曰："凡人所以不得作圣者，只为妄念相缠耳。汝坐三日，不见起一妄念，何也？"余曰："吾为孔先生算定，荣辱生死，皆有定数，即要妄想，亦无可妄想。"

隆庆三年（1569），在袁了凡37岁时，遇到生命中的贵人云谷法会禅师，从而改变一生命运。明初建都南京，成祖朱棣迁都北京后，原设在南京的中央机构依然留存。他那年从北京转学到南京国子监，在报到之前，先去栖霞山拜访同乡云谷法会禅师。

云谷法会（1500－1575）是嘉善县胥山人，明代中兴禅宗之祖，73岁时由嘉兴名贤从南京栖霞山请归故里，后葬于嘉善大云寺右。明末四大高僧之首憨山德清，亦从云谷学习。据德清所撰《云谷先大师传》，云谷驻锡栖霞山之最深处"天开岩"，住山清修，四十年如一日。每遇闻风前来参请者，无论贵贱僧俗，云谷必掷蒲团于地，令其端坐，返观自己本来面目，甚至终日竟夜无一语。临别必叮咛曰："无空过日。"

云谷禅师有此接引学人的风范，故当袁了凡前来参学，照例令其在禅堂打坐。二人在禅堂对坐，三昼夜不瞑目。云谷禅师观其定功，对袁了凡的禅修工夫颇为赏识，说凡人所以不得成圣作贤，只为分别妄念所缠缚，问他为何三昼夜中能做到不起妄想。了凡坦言自己一生早被孔先生算定，以往所推测的运程都已一一应验，既然荣辱得失乃至生死大事，一切都有定数，纵有意图改变的想法，也无力改变命运的安排。知道妄想无益，故心如止水，澄寂无念。

　　袁了凡自幼即习静坐，杂糅儒道教的静坐工夫。他弟弟袁衮曾记述："四兄善夜坐，尝至四鼓。余至更余辄睡，然善早起。四兄睡时母始睡，及吾起母又起矣，终夜不得安枕。鞠育之苦，所不忍言。"（《庭帏杂录》）袁了凡所著《静坐要诀》和《祈嗣真诠》，虽于 58 岁时付梓，但修习静坐的工夫，当始于早年。他的静坐修行转向佛教，特别是天台止观的契机，则得自于云谷禅师的传授。

命数只拘缚凡夫俗子

　　云谷笑曰："我待汝是豪杰，原来只是凡夫。"问其故。曰："人未能无心，终为阴阳所缚，安得无数？但惟凡人有数。极善之人，数固拘他不定；极恶之人，数亦拘他不定。汝二十年来被他算定，不曾转动一毫，岂非是凡夫？"

　　云谷禅师见袁了凡禅修工夫了得，故把他当豪杰看待。看他如此消极地自陷于命数的惯性中，如茧自缚，哀莫大于心死，故批评他原来也只是一个凡夫俗子而已。"汝二十年来被他算定，不曾转动一毫，岂非是凡夫？"云谷禅师所讲的这一大段话，说明了四层意思：

一、佛教并不否认命理、风水等术数的作用，但认为其效用及适用范围有限。阴阳，原为儒道家用语，意谓宇宙间阴阳两种力量，由对立面的推移转化，从而推动人生命运的发展轨迹。云谷借用阴阳这一术语，以说明佛教业力因果的原理。"人未能无心，终为阴阳所缚"，即因人心中的分别妄念，造作种种善恶之业，依因果律而在世间生死流转。

二、虽说定业顽固，难以在短期内改变，但佛教所说因缘果报，并非机械、单向度的线性关系，而是由极其繁复的条件形成的关系网络。在时空维度上，有共业与别业、正报与依报的复杂关系。在因果关系中，起能动作用的是心，一切造业行为，皆由心念所发动。故云谷禅师进而指出："极善之人，数固拘他不定；极恶之人，数亦拘他不定。"佛经中特别强调，因缘果报不是一成不变的，有两种极重的善恶业首先发挥作用，而得现法果。

当人对佛法生起正信正解，以佛法为指导作大善行，就能在现世获得福寿安乐等果报。故极善之人做了极大善事，即可转苦为乐，贫贱短命转成富贵长寿。极重的恶业，指五种必堕无间地狱的重罪：奸污阿罗汉和生母、打最后身菩萨、出佛身血、劫夺僧财寺产、诽谤大乘佛法，当下得现世恶报。故极恶之人，就算命中注定享福，但因为做了大恶事，当下可令福转变成祸，富贵长寿转变成贫贱短命。

三、所谓"凡人有数"，即命理学所讲的命运、气数，实指凡人被既往的业力牵引，而于现世承受相应果报。此处借用命理学所讲的命运、气数，以说明凡夫起惑、造业、受苦的生命轨迹。若局限于凡俗之见，把命数视为一成不变的定命，不思进取，听凭业力的惯性推动，则被命数限定，陷入消极无奈的宿命论中，故命数只拘缚凡夫俗子。凡夫之所以被称作凡夫，就在于被烦恼所缚，起惑造业，从而沉沦于生死流转中。

四、由此可见，所谓"定数"，只存在于凡夫的世俗生活中。对佛教而言，命运由人的自主行为决定，故必须进行转凡成圣的修道。

以业力因果解析命数

余问曰："然则数可逃乎？"曰："命由我作，福自己求。《诗》《书》所称，的为明训。我教典中说：'求富贵得富贵，求男女得男女，求长寿得长寿。'夫妄语乃释迦大戒，诸佛菩萨，岂诳语欺人？"

袁了凡被云谷禅师这一当头棒喝，撼动了宿命论的定见。问禅师："然则数可逃乎？"人能否从命数的困缚中挣脱出来？云谷禅师引述儒佛经典，斩钉截铁地断言："命由我作，福自己求。"命运由自己掌握，幸福靠自己争取，这是确定不移的真理。

在世界三大宗教中，基督教和伊斯兰教属于一神论，他们所信仰的唯一主神，指的是世界的创造者，人间秩序的主宰者，未来命运的审判者。在佛教里，没有这样决定世界和人类一切的唯一主神。那么，世界和生命是怎么形成的？世间生死流转、祸福苦乐的一切，其发展动力的根源何在？佛教把世界和生命的演化，统统决定于众生的行为，即"业"。业是生命主体有意识的行为，并由此行为带来相应的后果。业以思为体，"思"指决定并发动身口行为的意志。在身口意三业中，意业起决定性作用，称为"思业"；身业和口业称为"思已业"，由主观意志而表现为身体和语言的行为。

从宇宙万有的生灭变化，直至主体境遇的苦乐顺逆，无不贯穿着因果规律；罪福响应，如影随形。业力因果律是佛教人生观的基石，是佛教进行社会伦理教化的出发点，是普遍的宇宙人生规律。按照佛教的业力因果论，业报并非个体之间点对点的线性因果关系，而是个体和群体各种错综复杂的关系网络所致。

一、正报与依报

根据行为的道德属性，业分为善、恶、无记三种。善或恶的业力，按因果律法则，承担相应的乐或苦的果报。承担此果报的生命主体为正报，生命所依存的环境则为依报。世间生命有六道：我们现在处在人道，人之上是天道；在人天之间是阿修罗道，具有天神一样的能力，但不具备天的道德，老是跟天神作对。天、人、阿修罗这三善道，属于比较好的生命趋向。在人之下，是畜生、饿鬼、地狱三恶道。

世间六道的存在，是生命行为的果报。在六道轮回中，只有人类是造业和受报的双行道，因此人必须为自己的行为负责，并且有改变自己命运的自由。

二、三时业报

在时间维度上，因果遍于过去、现在、未来三时，因果相应，如环无端。"假使经百劫，所作业不亡，因缘会遇时，果报还自受。"佛教的业报理论，要放在无限的时间向度中来审视。现世中由于各种辅助条件还没成熟，到下一世乃至几生之后因缘成熟，善报才开始结果，或者对恶贯满盈的恶人执行迟到的审判。故有现生受报、次生受报、后生受报的三时受报法则，以确立因果报应的公平性原则。

陈毅外长曾说中国有句古话："善有善报，恶有恶报，不是不报，时间未到。时间一到，统统都报。"这里说的"时间"，即指三时受报。而所谓中国古话，其实就是佛教传来的业力因果论。

三、共业与别业

在空间维度上，众生是处于交互活动中的存在。世间的人类社会、各种天界和地狱等生命体，皆处于错综复杂的业力因果网络中。出世间的佛菩萨，亦与世间凡夫存在着宗教救度意义上的感应关系。十法界众生，皆同处命运共同体中。

个体所造之业及果报，称为别业，每个人必须为自己的行为负责，这是因果关系中的主要因素，同时还须有大量辅助因素才能产生作用。人身处复杂的社会中，个体的荣辱福祸，并非完全取决于自己，而是受社会诸多因素形成的合力所影响，这就是共业所感。共业，是无数个体行为所聚集起来的命运共同体。每个人的行为构成了共业的一部分，同时又受到共业的制约。故从世间相依相待的缘起关系，引出人与人之间皆有相对的义务，处处提到"利人""慈愍""布施"等关怀众生的教诲。

四、世间福与出世间福

在生命价值上，有世俗的世间善行和神圣的出世修行。云谷禅师先从世间善法入手，行善积德，就会有相应的果报，而且可以延续到无限的未来。不仅在儒家的《诗经》《尚书》等经典中，处处皆有明训，在佛教经典中，亦在在强调行善可得富贵长寿的福报。对人间凡夫而言，所谓幸福，无非是希求富贵、生男育女、健康长寿等世俗诉求。佛教不仅有追求出世解脱并救度一切众生的最高理想，为顺应众生追求幸福的凡情，对于行持世间善法的众生，亦做出获得现实幸福的承诺。比如《药师经》言："求长寿得长寿，求富饶得富饶，求官位得官位，求男女得男女。"

佛教对获得现实幸福的承诺，前提是行善积德。现在的福报，比如享有健康和财富，是过去无数世努力的结果。要守住福报，就要不断经营福田，使生命的土壤不至于贫瘠。佛教所说的世间福报，比儒家有更广阔的时空范围，在时间上贯通三世，在空间上通达天人等六道。如《善生经》所说："长者、长者子离四恶行，礼敬六方，今世亦善，后获善报。今世根基，后世根基。于现法中智者所称，获世一果。身坏命终，生天善处。"不仅追求现世幸福，还要追求来世的幸福，乃至到天上享福。

在世间六道中，修世间善法，是守住三善道的底线，避免下三恶道。按照五乘佛法的判教体系，属于"人天乘"。但是，佛教的宗教目标是超越世间，求出世间的解脱。出世的圣者，有小乘的声闻、缘觉二乘，和大乘的菩萨和佛。《善生经》建立人天乘的修行，其终极目标还是为解脱轮回、证得涅槃作准备。

佛教所称的福报包含世间福和出世间的福，有不断提升和拓宽的神圣向度，这就指明生命发展的动力和走向。

佛教的终极目标，是解脱轮回、证得涅槃。因此，不仅要珍惜并培植世间的福报，更要追求出世解脱，并以救度一切众生作为最高理想。从因地上入手改造命运，务必要努力培植福德，开展新的生命。佛菩萨面对的宇宙视域，称作法界，包括世间六凡和出世间四圣。无论是追求凡俗的平安喜乐，还是超越三界的出世解脱，乃至以出世精神修入世济度的菩萨道，因果律都发生作用。

内外双得的释义转换

余进曰："孟子言'求则得之'，是求在我者也。道德仁义，可以力求；功名富贵，如何求得？"

云谷曰："孟子之言不错，汝自错解了。汝不见六祖说：'一切福田，不离方寸；从心而觅，感无不通。'求在我，不独得道德仁义，亦得功名富贵。内外双得，是求有益于得也。若不反躬内省，而徒向外驰求，则求之有道，而得之有命矣！内外双失，故无益。"

袁了凡听闻"命由我作，福自己求"的道理，颇有感触。但孟子所说的"求则得之",乃指仁义礼智四端,为我人内心固有的善端,故必须收回向外的放逸之心,反身向内求于己心。他向禅师请教:道德仁义是内在的自觉,固然可以通过自身修养努力追求,但身外的功名富贵,单靠自己如何求得?袁了凡此处所发的疑问,从现实来看不无道理。正如孟子所说:"无恒产而有恒心者,唯士为能。"士大夫作为天道的传承者,固然应该反求诸己,过自觉的道德生活,且有身无分文而心忧天下的胸怀。至于功名富贵,并非人人可得,既需要现实中贵人相助,也仰仗冥冥中的命运眷顾。

云谷禅师则从佛教立场,引禅语别解孟子。他所引"一切福田,不离方寸;从心而觅,感无不通"这段话,并未见于惠能现存著述。不过,《坛经》中处处可见这类说法。孟子"求其放心",六祖云"不识本心,学法无益","佛向性中作,莫向身外求。"儒佛两家圣贤,皆强调反躬内省,而不是向外驰求。

"一切福田,不离方寸":福田,佛教以供养布施、行善修道,即能获得福报,犹如农夫耕田乃有收获。方寸,指心。禅宗四祖道信说:"百千妙门,同归方寸;恒沙功德,总在心源。"以田地比喻心,则一切修行的智慧功德,皆本于心田。

"从心而觅，感无不通"：感，指感应。佛教认为修行者与佛菩萨之间，存在上下感应的亲密关系。感，是自下而上对佛菩萨的信靠；应，是佛菩萨自上而下对众生的救济帮助。只要以至诚心反观心源，一心修道，就能与佛菩萨形成感应道交的现实效应。

经过引儒入佛的释义转换，治心不仅是内修道德仁义，亦有益于改善命运处境。业果，包括正报和依报。这意味着行善的福报，同时具足精神和物质的因素。正如《维摩经》所说"心净则国土净"，生命价值的提升，同时带来依报环境的改善。基于心源的修行，不独得道德仁义的内心自觉，亦可得功名富贵的身外福报。云谷禅师这番内外双得的教诲，亦是对"德福一致"理念的论证。

虽说内外双得，但依报随正报而转，根本在于治心。如果不是反求诸己，省察内心而修道德仁义，只是向外驰求功名富贵，纵然机关算尽获得短暂的好处，也没有长享功名富贵的命。正是基于佛教的理论自信，云谷禅师断言：求之于心，则内外双得；向外驰求，则内外双失。

二 立志塑造义理再生之身

发露忏悔，心中清零

因问："孔公算汝终身若何？"余以实告。云谷曰："汝自揣应得科第否？应生子否？"

余追省良久，曰："不应也！科第中人，类有福相。余福薄，又不能积功累行以基厚福，兼不耐烦剧，不能容人，时或以才智盖人，直心直行，轻言妄谈。凡此皆薄福之相也，岂宜科第哉！地之秽者多生物，水之清者常无鱼，余好洁，宜无子者一。和气能育万物，余善怒，宜无子者二。爱为生生之本，忍为不育之根，余矜惜名节，常不能舍己救人，宜无子者三。多言耗气，宜无子者四。喜饮铄精，宜无子者五。好彻夜长坐，而不知葆元毓神，宜无子者六。其余过恶尚多，不能悉数。"

云谷禅师运用启发式的教学方法，针对孔先生所推排出来的终身命数，引导袁了凡反求诸己，照他现在为人处世的行为，自我评估究竟能不能登科第、生子嗣？如果不能，原因何在？

袁了凡追忆反省良久，坦承不能。关于不宜科第的原因，他说但凡能登科第之人，大致上都有福相，而自己福薄，又不能积功累行以培厚福田根基。袁了凡以才学之士自诩，但不耐烦剧，对日常烦杂琐碎之事，缺少坚忍不拔的执行力。度量狭隘，不能容人，常恃才智过人而贬抑他人。又自以为是，率性而为，未经深思熟虑，贸然而说而行。在公众场合高谈阔论，轻言妄谈。凡此种种，都是读书人所犯的通病，皆为薄福之相。这些毛病自己都摊上了，岂宜科第哉！

至于命中无子的原因，袁了凡也作了深刻反省。社会是复杂的环境，鱼龙混杂，良莠不齐。犹如只有施加肥料的田地上才能长出庄稼，故古人早就明白"水至清则无鱼，人至察则无徒"的道理。总结造成命中无子的原因，有如下六条：一、有洁癖，与含垢纳污的社会环境格格不入。二、和气能育万物，而自己善怒，容易得罪人。三、仁爱为生生之本，苛察为不育之根，而自己只顾珍惜名节，常不能舍己救人，缺少悲悯心。四、多言损耗元气，而自己经常轻言妄谈。五、好饮嗜酒，销损精气，影响生育功能。六、好彻夜长坐，而不知保养元气，培育元神。还有很多毛病，不能一一列举。

袁了凡这一番自我检点，在佛法中叫做发露忏悔。就是在佛前或法师前，坦白自己的缺点、过失乃至于罪恶，痛加忏悔，在心中清零，不再造作新业。忏是梵文忏摩的简称，是自愧做错，请人恕罪的意思。悔含有改过的意思，即不再重犯。

袁了凡经此反省，在接受云谷禅师教诲之后，经过十多年的改过行善，终于在 49 岁时生下儿子，起名为天启，并将此亲身经验撰成《祈嗣真诠》一书。

特殊语境下对机说法

云谷曰："岂惟科第哉！世间享千金之产者，定是千金人物；享百金之产者，定是百金人物；应饿死者，定是饿死人物。天不过因材而笃，几曾加纤毫意思？即如生子，有百世之德者，定有百世子孙保之；有十世之德者，定有十世子孙保之；有三世二世之德者，定有三世二世子孙保之；其斩焉无后者，德至薄也。

云谷禅师说道，不但科第功名有其因缘，世间的荣华富贵、子孙绵延，都是造作善业才能获得的福报。享有千金、百金产业者，定是修成千金、百金福业的人物。反之，贫困饿死者，也定是造下饿死恶业的人物。就以传宗接代此事而言，也以所积福德的厚薄而定。积有百世、十世的福德者，定有百世、十世的子孙以保有这份福报；积有三世二世的福德者，则相应有三世二世的子孙以保有这份福报；至于那些断嗣无后者，则是福德极薄的结果。

云谷禅师此言，是在特殊语境下的对机说法。针对袁了凡被不登科第、没有子嗣的命数所困，云谷运用世俗谛方法，劝勉他行善积德，努力把握自己的命运，才能有荣华富贵、子孙绵延的福报。我们不能执著文字之相，从断嗣无后者的现象，推导出无德福薄的必然结论。独身修道的宗教师、为国捐躯的烈士，他们没有后代，绝非福薄的原因所致。儒家崇尚舍生取义，佛教更是强调为法忘躯、舍己救人。站在更高的道义维度，仁人志士的功德，绝非世人俗眼所能度量。

"天不过因材而笃"，此话引自《中庸》第17章。孔子称赞大舜："大德必得其位，必得其禄，必得其名，必得其寿。故天之生物，必因其材而笃焉。"笃，确定、落实。意谓天地生成万物，必因其天命之性而加厚充实。遵循天道而行的有德之人，必有相应的地位名望、健康长寿等福报。在中国的儒道两教中，承认有鉴临人间的天地鬼神，特别是天帝，具有赏善罚恶的超自然力量。但同时也强调"祸福无门，唯人自召"，人的凶吉祸福，主要取决于本身的善恶行为。天道恢恢，疏而不漏，上天只是根据各人的行为而落实其相应的果报，并不会单凭自己私意好恶，而对人命运作任意的加重减轻等变化。

云谷禅师引证《中庸》"天不过因材而笃"这段话，强调的是"因材而笃"这四个字，进而上升到佛教因果论的理论高度。材者，生命自身的品性、材质和行为；笃者，确认并落实相应的吉凶祸福。造成现实生活中祸福的果报，主要取决于众生自身的造业行为。与其说上天是主宰者，不如说是因果律的代名词，履行业报的公平性法则。就像人的体重，取决于本身的重量，而非磅秤的刻度。或者说，上天是铁面无私的法官，根据人的善恶行为，执行奖善罚恶的职责。

明朝末年，意大利耶稣会传教士利玛窦从澳门进入广东，他的传教策略，是努力与中国社会和思想传统相适应。他最初在肇庆建立的传教据点，取名带有浓重佛教色彩的"仙花寺"，自己则穿上僧服，以洋和尚面目展开传教活动。三年以后，他发现在中国思想领域占主导地位的并非佛教，而是儒学。利玛窦是旁观者清，敏锐地观察到在三教合流的思想背景中，佛教依附于儒教的现实。于是，他脱下僧袍戴上儒巾，以"西儒"的形象进入社会上层，影响了徐光启、李之藻等士大夫精英，从而为基督教在中国的传播取得突破性的进展。

与利玛窦同时代的云谷禅师，作为明末禅宗中兴之祖，他对袁了凡的接引和教诲，如同教科书般精彩，循循善诱，丝丝入扣，鞭辟入里。佛教讲对机说法，孔子讲因材施教，既不失言，亦不失人。云谷禅师面对的袁了凡，是在最高学府国子监读书的贡生，出身于医卜俱通的家庭，有深厚的家学渊源，富有士大夫经世济民的抱负，还有相当不错的静坐工夫。但此时，他正被命数所困，面临无法化解的生命困境：不发科第，命中无子，不得长寿。所有的心结，都系于命数。

命数、神通、鬼神这一类超自然现象，现在的科学还不能做出令人信服的解释，却是宗教必须面对并给出合理解释的事实。云谷禅师不否认命数的局部有效性，孔道人神奇的预测也并非信口开河。因此，要解开袁了凡的心结，必须超越术数家僵硬呆滞的层次。云谷娴熟引用《诗经》《尚书》等儒家经典，借助阴阳推移、天命靡常、以德配天这类儒生耳熟能详的哲学概念，引入佛教的业力因果论以解释命数。承认命数是为了转变命数，正视轮回是为了超越轮回。

佛教的业力因果论，有极其复杂的条件关系，必须联系佛教的哲学基础缘起论，才能得出合乎实际的结论。云谷禅师接下来依然援引儒道的术语，阐发佛教哲学的三个重要范畴：法身、实相、心性。运用更加高维的解释视角和方法，从儒家的义理之身升华到佛教的法身慧命，从儒家的格天途径深入到佛教的终极真理实相，然后归结到佛教境智不二的心性。

肉身与法身

> "汝今既知非，将向来不发科第，及不生子之相，尽情改刷。务要积德，务要包荒，务要和爱，务要惜精神。从前种种，譬如昨日死；从后种种，譬如今日生。此义理再生之身也。夫血肉之身，尚然有数；义理之身，岂不能格天！

云谷禅师见袁了凡发露忏悔，肯至诚剖露自己过失，进而勉励他要从因地上入手改造命运，努力洗心革面，将过往造成不发科第、不能生子的恶相尽情改刷。务必要努力培植福德，扩充德性，宽恕包容，爱人如己。务必要珍惜精神，开展新的生命。从前种种，譬如昨日死；从后种种，譬如今日生。此改过行善所得新的生命，乃义理再生之身。

"血肉之身"，在儒家指身体发肤受之父母的肉身，在佛教指凡夫的色身，由烦恼和造业而来。因为不了知因果和空性的真理，受无明支配，造作罪业，承受具有痛苦和缺憾的生命状态之果报，从而流转生死。

"义理再生之身"，指与真理相应而脱胎换骨再造的生命，此即佛教所说的法身。法身，为智慧所证得的真理之身，以智慧为体。

"格天"，以至诚感通上天。在儒家语境中，指人以自身的善行感通上天。父母所生的血肉之身，尚且承载奖善罚恶的天道法则，那么当我们再造义理之身，以至诚之心，岂不能感通上天！在佛教语境中，则指修道者与佛菩萨感应道交，转变凡俗境界。

生命境界的提升，是与真理相应而逐步升华的过程。前说"义理再生之身"，是生命从凡俗的血肉之身，因证得实相真理，转成神圣的法身。现说"格天"一语，更以"义理"指向佛教的终极真理——实相。

云谷在儒家的"义理""格天"等话语框架下，阐述的是佛教的修道路径。学佛，首先立足世间的人乘善行，然后把儒家的行善修福纳入大乘菩萨道。大乘菩萨道是福慧双修的过程，修慧则以通达实相而为究竟。因此，从血肉之身进趋法身慧命，就必须以般若智慧而领悟终极真理实相。

天命与实相

"《太甲》曰：'天作孽犹可违，自作孽不可活。'《诗》云：'永言配命，自求多福。'孔先生算汝不登科第、不生子者，此天作之孽，犹可得而违。汝今扩充德性，力行善事，多积阴德。此自己所作之福也，安得而不受享乎？

前面说"义理之身，岂不能格天！"义理之身，是生命主体希贤希圣的升华，相当于佛教的法身。作为主体的义理之身，以至诚之心所感通的天理，相当于佛教的实相。中国思想界能接受外来的印度佛教，并发展为独擅胜场的大乘佛学，即是在终极真理层面，将儒家的义理之天与佛教的实相会通。天，在中国文化中，有自然之天、命运之天、主宰之天和义理之天四层含义。

天的第一层含义，自然之天。此即如孔子所说："天何言哉？四时行焉，百物生焉，天何言哉？"（《论语·阳货》）天虽然无言，日月星辰的运转、寒来暑往的四时秩序、草木万物的生长，就体现出天道的规律。倘若孤取此自然之天，则发展出如王充所说唯物主义的观点。佛教将此物质性的自然界称作"依报"，是依众生"正报"的业力行为决定的。

天的第二层含义，主宰之天。此即高居上苍，监临天下，接受人间祭祀的上帝，以及天神地祇等神灵体系。"鬼神之为德，其盛矣乎！视之而弗见，听之而弗闻，体物而不可遗。使天下之人，斋明盛服，以承祭祀，洋洋乎如在其上，如在其左右。"（《中庸》16章）在中国，并没有从主宰之天发展出一神教所信仰的至上神，成为世界的创造者，人间秩序的主宰者，未来命运的审判者。儒家的上帝和天神地祇，在佛教中相当于天人和天龙八部等众生，虽然具有超自然的力量和远超人类的寿命，但并无一神教意义上的神格，而皆纳入法界众生中。

天的第三层含义，命运之天。此即"天行有常"的宇宙规律，表现在人事中，则为不可抗拒的天命，人必须顺此天道天命而行事。若将此冥冥中神秘不测的命运，视若绝对不变的定数，则沦为如术数家所执著的宿命论观点。孟子论命，将天命与人的存心养性结合起来："存其心，养其性，所以事天也。夭寿不贰，修身以俟之，所以立命也。"（《孟子·尽性上》）此处"命"有二义：一指不可抗拒的天命，人必须顺天而行；二指人顺天行道的使命。因此，天命与人的德性生活具有紧密的因果联系，即以德配天。

天的第四层含义，义理之天。儒家在包含天之前三层意义的基础上，突出仁义道德的价值，发展出独特的义理之天。孔孟著作中，对儒家典籍中所称天理、天道、天命，多诠释为具有人文精神的义义。此义理之天，作为终极存在和最高价值，无声无嗅，并不像一神教那样，从上帝启示给先知。那么，《中庸》所说"道不远人""道不可须臾离"的天道，圣贤如何得知？孟子所说"修身以俟命"的天命，圣贤又如何守望？

云谷教化的对象，既然是在国立太学读书的儒生，故尽量运用儒家经典的术语，以阐发佛教的义理。故引证《诗经》《尚书》《周易》等经典，以论证"命自我立，福自己求"的思想，在儒家义理之天的最高层面上，与佛教的实相会通。

先引证《尚书·太甲》，说明孔先生所测算的不登科第、不生子等命数，皆为过往德行不修而受的罪孽果报。太甲是商朝贤君，早年失德，后得到贤相伊尹的教导而改过自新。所言"天作孽犹可违，自作孽不可活"，此为太甲悔悟之语，指天灾犹可避免，人祸不可挽回，痛感过去的自作之孽，远甚于天灾。

"天作孽"，本意为上天所加的罪孽。以佛教业力因果论解释，指既往所造恶行之业，因而在今世所承受的果报，相当于命理学所说的命数。"自作孽"，指今世新造恶业所受的果报。全句意谓：今生所承受的过去宿业，还有可能通过行善积德，从而转变这种苦报；若今世继续作恶而不再增加善行，那就必然会沉沦恶道，任谁也挽救不了。

再引证《诗经·大雅·文王之什》："永言配命，自求多福。"诗的本意，指殷商统治者在未丧失人心时，尚能与上帝所授天命相配，后来暴虐无道，引起天怒人怨。周武革命，革除殷商的天命取而代之。故必须以殷商的亡国教训为鉴戒，牢记保持天命之不易，应广修德行，行仁政爱民，以期永远与天命相配。

云谷以此诗，激励了袁了凡力行以德配命的君子之道。从今往后扩充德性，力行善事，多积阴德，才能真正拥有并安享福报。

因果与心性

"《易》为君子谋,趋吉避凶。若言天命有常,吉何可趋、凶何可避?开章第一义,便说:'积善之家,必有余庆。'汝信得及否?"

东方哲学的精髓是以终为始,终极目标体现在行善积德的过程中,要在滚滚红尘中探究实相之理,成就义理之身。《易经》是为君子服务的,谋划如何趋吉避凶的道理和方法。如果说天命是恒常不变的,那吉如何可趋、凶又如何可避呢?《易经·坤卦》开章第一义便说:"积善之家,必有余庆。"积善之家,不仅本人受福,后世子孙亦有绵延的福报。云谷引《易经》一段名言,勉励袁了凡把高超的佛法落实在日常行事中,以达到福慧双修的效果。

因果报应之事,在中国的《诗》《书》《易》及史书中亦有记载,皆谈趋吉避凶之理。但佛教深刻揭示了因果轮回的事实真相。积善积不善,即造业力之因;余庆余殃,则为果报延及子孙后代。既有余庆余殃,当有本庆本殃，说明造业者主体的果报，当更大于余庆余殃者。基于别业与共业的相互关系，祖上的行为，当然会对子孙后代产生影响。但是，余庆余殃充其量起增上缘的作用，子孙自己的命运，归根结底还是要靠自己把握。

业力因果论强调生命主体必须为自己的行为负责，从心性的根源上，拨正转凡成圣的生命轨道。业由心造，心必达性理。正如印光法师引梦东彻悟禅师语"善谈心性者，必不弃离于因果，而深信因果者，终必大明夫心性"（《袁了凡四训铸板流通序》），从因果之事理，必然引入更深层的心性论。

至此，云谷禅师引经据典，所阐发的"命由我作，福自己求"道理，使袁了凡跳出原来的凡夫窠臼，开始接受立命之说。云谷与袁了凡经过数番辩对，觉得孺子可教，遂进而教授他具体的修行之法。

三 静坐、功过格与准提咒

静坐、忏悔与发愿

余信其言，拜而受教。因将往日之罪，佛前尽情发露，为疏一通，先求登科，誓行善事三千条，以报天地祖宗之德。

袁了凡经过云谷这一番教诲，对禅师的道德、学问、行履、功夫佩服得五体投地，深信其所授立命之说。于是拜而受教，行皈依之礼，于佛像前尽情发露以往一切罪愆过失，痛切忏悔。并作一通忏悔文疏，在佛前宣读。忏悔文中，为求登科，发愿誓行善事三千条，以报天地祖宗之德。

忏悔，在佛、菩萨、师长、大众面前，坦白从前所有恶业，保证从今后永不更作，以达到身心清净的目的。禅宗六祖惠能，对忏悔有直截了当的定义："忏者，忏其前愆。从前所有恶业、愚迷、骄诳、嫉妒等罪，悉皆尽忏，永不复起，是名为忏。悔者，悔其后过。从今以后，所有恶业，愚迷、骄诳、嫉妒等罪，今已觉悟，悉皆永断，更不复作，是名为悔。"（《坛经·忏悔品》）

袁了凡早年即嗜好静坐，他在栖霞山参访时，与云谷禅师在禅堂中对坐三天，其一念不起的禅修工夫得到云谷赞赏。《了凡四训》中，对于云谷禅师是如何指导禅修的，并未过多着墨。不过，袁了凡在致友人书信中多次详述禅修境界，并明言其禅修工夫得自明师指授。他后来在宝坻知县任上付印的《静坐要诀》，于自序中表明佛学传承，从云谷禅师得天台止观传授，从妙峰法师学天台教理，从而确立禅净双修、教禅一致的修学途径：

吾师云谷大师，静坐二十余载，妙得天台遗

旨，为余谈之甚备。余又交妙峰法师，深信天台之教，谓禅为净土要门。大法久废，思一振之。二师俱往矣，余因述其遗旨，并考天台遗教，缉为此篇，与有志者共之。

《静坐要诀》一书，撮取天台宗止观法门的前行方便及修证次第，参酌自己家传的医学知识和道教养生方法，编著为辨志、豫行、修证、调息、遣欲、广爱等六篇，堪称天台宗《童蒙止观》的缩微版。比如，天台止观为确立真正的大乘菩提心，必须简别并剔除凡夫外道和小乘的十种虚假之心。计有世间三种恶道：地狱、畜生、鬼；世间三种善道：阿修罗、人、天；世间三种外道：魔罗（色界四禅天）、尼犍（人间出家的外道）、梵心（色界四禅和无色界四定）；出世间的小乘道。对上述十种非心，袁了凡称为"十种邪修"，并简化为地狱、阿修罗、人天和小乘四类。

天台止观是完整严谨的修学体系，在正修止观之前，有二十五方便的前行；在止观修证中，有能观的十乘和所观的十境。袁了凡在二十五方便（具五缘、呵五欲、弃五盖、调五事、行五法）中，主要撮取具五缘（持戒清净、衣食具足、闲居静处、息诸缘务、得善知识）中的持戒，以及调五事（调和其眠、食、身、息、心等事）中的调心，展开重点论述。由于本书对象是从事士农工商世俗事业的在家人，故于十乘十境的正修止观体系中，仅摄取部分禅法内容，分成修证、调息、遣欲等篇叙述。在此书的广爱篇中，更是以儒家的现世关怀诠释大乘菩萨精神，呈现出以儒解佛、三教互证的色彩。全书的六篇要旨，简述如下：

一、辨志篇。首先辨明佛教禅修的志向，须去除四类邪修：（一）为名闻利养，志属邪伪，种地狱之因；（二）为聪明胜人，属好胜之志，种阿修罗之因；（三）如畏尘劳苦报、慕为善安乐，则属欣厌之志，种人天之因；（四）为了生死，惟求正道疾得涅槃，则发自了之志，种二乘之因。简别上述四类凡夫小乘之心后，将所发的大乘菩提心，与儒家的"仁"相提并论。菩萨的志向是觉有情、度众生；儒家的仁心是"以天地万物为一体，而明明德于天下"。因此，辨志者，即发大乘心，走菩萨之道。菩萨以中道智慧，动静一如，显微无间。静处修定，求万物一体之志，念念不离；入世度众，行万物一体之道，时时不错。

二、豫行篇。即正修止观前的预行阶段。凡坐禅，须先持戒。持戒的目的，使身心清净，罪业消除。持戒方法分深达罪源、大心持戒、不住于戒等三项叙述，归结为悲智双运，修大乘菩萨戒。修禅之法以坐禅为主，然于行住坐卧中，皆须随时调息持心，勿令放逸。为此提出调心三法：（一）系缘收心，系心一处，无事不办。以念佛、持咒、参公案等方式，消除妄念。（二）借事炼心，在日常难忍、难舍、难行、难受处，随事磨炼，此即古语所云"静处养气，闹处炼神"。（三）随处养心，无论是行住坐卧、语默动静，皆须调和气息，收敛元气，做到心定、心细、心闲。

三、修证篇。通过调身、调息、调心的修行程序，在身心上皆会产生相应变化。在生理上，从欲界定进入色界定时，构成身体的地水火风四大，在从粗重四大向微细四大转化过程中，会产生触动反应，有粗八触（动、痒、凉、暖、轻、重、涩、滑）和细八触（掉、猗、冷、热、浮、沉、坚、软），总称十六触。在心理上，则有粗心住（不复缘念名利冤亲等外境）和细心住（内心流注，愈凝愈细，乃至内外双泯）二种住心之相。书中以较多篇幅描述从欲界定、未到地进入色界初禅的身心变化。然后，从初阶到进阶，分述色界四禅的修法及所证境界。离色界定则进入无色界四定。最后，修灭受想定，超出三界，证阿罗汉果。修禅为大小乘证果的基础，由此得生西方、入净土。本篇提供了简明扼要的禅修路线图，对修世间禅与出世间禅的每一阶段，皆开列相应的体验和心性变化。在修禅过程中，切忌执著境界，得少为足："得一境界，即自以为奇特，爱恋不舍，安能上进？故须节节说破，事事指明，方不耽著，方肯厌下欣上，离苦而求胜，去粗而即妙，舍障而得出。"

四、调息篇。依天台禅门口诀，调息为修禅之要，依次介绍六妙门、十六特胜、通明观等三种法门。六妙门，一数、二随、三止、四观、五还、六净，详述调息的功夫次第，观呼吸由粗入细，调整心念返妄归真。"息之出入，皆根于脐，一心谛观：心息相依，心住息缘。"凝静其心，是名修止。观定中善恶等法，悉无自性，是名修观。"此六妙门，乃三世诸佛入道之本，因此证一切法门。"十六特胜和通明观，与六妙门一样，皆属亦世间亦出世间禅。通明观，通过观息、色、心三事以安心，"若了三事无生，则一切诸法，本来空寂矣！"

五、遣欲篇。于禅门修证体系中，另辑出不净观、九想、十想以及白骨观等修法，介绍佛教断欲离爱的方法。篇首指出："周濂溪论圣学，以无欲为要，欲生于爱，寡欲之法，自断爱始。"故切入佛教不净观与白骨观的详实阐述，通过观想人死亡时肉体腐坏四大无主的惨状，以及化为白骨之怖畏境象，悉皆消归于空，从而破除对贪欲的执著。袁了凡特别重视清心寡欲对于修身的重要性，在《祈嗣真诠》一书中列有聚精、养气、存神三章阐述。后将此三章单独成书，以《摄生三要》行世。

六、广爱篇。引述孔子所说老者安之、朋友信之、少者怀之的泛爱众之心，以解释佛教慈、悲、喜、舍的四无量心。慈者，从最亲近的父母开始，到天下一切老幼乃至怨仇蛮貊，无不愿其安乐。悲者，见天下一切受苦之人，而思济拔。喜者，愿天下之人皆获涅槃常乐，皆令欢喜。舍者，以无所得心态，为众生与乐拔苦，而不计较恩德。培育慈悲心，放大自己的心量。由亲而疏，由近及远，乃至博施济众。

袁了凡参学云谷禅师，于次年即中举，是年38岁。他曾自述经修习静坐后，达到下笔成章的境界。庚午年（1570），于春天读书于南京燕子矶，胸中无一毫杂累，终日作文沉思，达到颓然如醉，兀然如痴，蠢蠢然又如不晓事的境界，然后在临江眺远之际，灵感如涌泉般爆发，"自后题目到手便能成章，从前许多苦心极力处皆用不着矣!"是年参加浙江省秋闱，于乡试中举。(《与于生论文书》，《游艺塾续文规》卷三)

袁了凡在与陈颖亭、邓长洲等友人书信中，披露了师从云谷老师习禅的经历，认为学问之道，只是收心。当将平日孟浪精神，归并向里，而静坐一法，乃是捷径要门。信中细述在法师指导下，从欲界定进入初禅、二禅、三禅的修定体验。并坦承有此禅修经历，对于他思想境界的提升有极大帮助。"从此而读五经四书，见孔孟之言，句句皆是家常实话，而宋儒训诂，如举火焚空，一毫不着。"(《与邓长洲》，《游艺塾续文规》卷三)

《静坐要诀》中所述修证境界，不仅仅是摄取天台宗止观著作，也是袁了凡经本人实修，能够部分验证到的。他在致陈颖亭信中，谈到有整坐十个月，朝暮未尝交睫的经历，并再次提及修到三禅的悦乐境界。可惜，因俗事所累，遂中道而废:

弟幼受云谷老师之教，即知静坐摄心，或经夕不寐，或经旬不出，而人事多魔，不能打成一片。

后因出游有暇，得整坐十个月，朝暮未尝交睫。于禅门工夫，先息粗细二尘，次过欲慧二定，然后备证十六触，而入初禅，大觉大悟，如梦之方醒。然有觉有悟，犹为幻为病，离此觉悟，方入第二禅。始知向来为聪明所迷，觉照所误，如鸟之出笼，廓然见天地之远大，而悦不自胜。然悦在犹为患为病，离悦而后入第三禅。凡人为学，惟内无所悦，故外面可喜可慕之事，得以动之，到得内有真悦，则充然自足矣。若三禅则不徒悦，而且乐焉。盖喜从心生曰悦，喜从外畅曰乐，故二禅之悦以心受，三禅之乐以身受，不但手足舞蹈，熏然顺适，觉得一呼而与六合上下同其通，一吸而与六合上下同其复，真与天地万物同其和畅者。当时正欲究竟其功，而弟偶因事归家，遂中道而废，至今悔之。

（《与陈颖亭论命书》，《游艺塾续文规》卷三）

云谷禅师在指导袁了凡禅修的基础上，另授予功过格和准提咒两项实修工夫，以禅宗的无念法门，在持咒行善等事上磨炼心性。

功过格的量化管理

> 云谷出功过格示余，令所行之事逐日登记，善则记
> 数，恶则退除。

云谷禅师出示自己践行的功过格，指导袁了凡如何在日常生活中改过行善。功过格是我国民间流传的善书，为一种记录个人善恶功过的簿册，对日常的德行生活进行量化管理。每日就寝前，将自己所行之事分类登记，善言善行记入功格，恶言恶行记入过格。"善则记数，恶则退除"，指不得明功隐过，须将所计之功与过错的数量相抵扣。月末小计，至年末则作总结算。功过相抵后，累积之功过，转入下月或下年，以期勤修不已。依功过的数值，作为权衡鬼神赐福降祸的依准。

实行功过格的根据，是"祸福乃依其行为之善恶而定"的因果报应原则。儒道两家皆根据《易经》所说"积善之家必有余庆，积不善之家必有余殃"，认为善恶的报应不仅决定个人的祸福寿夭，还会福庇或殃及子孙，即

由家族共同承担报应的"承负"法则。儒道两家皆以天地鬼神作为监督者，尤其是道教和民间信仰发展出一套复杂的神灵系统，认为冥冥中有天神地祇乃至家庭灶神等神灵，昼夜不停地监察人的善恶行为，并给予应得的赏罚。佛教传入后，引入佛教的业力因果说，并与中土的承负说相结合，成为功过格这一操作工具的理论基础。

早在汉代道教经典《太平经》中，有一种名为《天券》的小册子，用来记录教徒日常善恶行为，神亦以此录人功过。如果人和神的记录一致，便称为"天微相符"，上天根据善恶决算，对教徒实行赏罚。东晋道士葛洪（约283－343）在《抱朴子·内篇》中，明确提出赏善罚恶的计量标准。《对俗》篇指出"欲求仙者，要当以忠孝和顺仁信为本"，天上神仙需要下凡历劫才能修成正果，凡人欲成仙必须先在人间立功行。并将得道升仙的功德量化，积300件善行可成地仙，积1 200件善行能成天仙。然而，若过程中行有一恶，则以前功德全部归零，须重新计算。"若有千一百九十九善，而忽复中行一恶，则尽失前善，乃当复更起善数耳。"《微旨》篇则强调欲修长生之道，以不做伤损大众的恶事为最高禁忌。天地有司过之神，人身中有三尸之神，皆为无形体而实有魂灵的鬼神之属，监察人的行为，并根据所行善恶之事计算其祸福寿夭。积累功德不仅为了成仙，亦可获得俗世回报，这种对现世抱有积极肯定态度的宗教伦理，扩大了在民间传播的影响。

《抱朴子》这种赏善罚恶的观念和计量方法，几乎一字不差地植入北宋末年形成的《太上感应篇》。感，指人的行为感动天地鬼神；应，指神灵对人的善恶行为给予等值的吉凶报应。《太上感应篇》于道教成仙主题中，亦融入儒家和佛教思想。篇首开宗明义指出：

> 太上曰：祸福无门，唯人自召。善恶之报，如影随形。是以天地有司过之神，依人所犯轻重，以夺人算。……凡人有过，大则夺纪，小则夺算。其过大小，有数百事，欲求长生者，先须避之。

人的寿命为本数，人活 100 天为 1 算，12 年为 1 纪。天地之间有无数神灵，对人的行为进行全方位无死角的监察。在人头顶上，有三台北斗神君，录人罪恶，夺其纪算。三台星神，上台司命，中台司福，下台司禄；北斗神君，主掌人生死寿夭。在人身体中驻有三尸神，上尸神彭倨、中尸神彭质、下尸神彭矫，分别居于脑胸腹三丹田中司察善恶，每隔 60 天，于庚申日上天检举人的罪过。在家中亦有灶神，逢每月最后一日上天报告一家所作所为。对于书中所列 170 项罪过，司命之神按罪之大小，大则夺纪，小则夺算。若夺尽其寿数，死后尚抵不过罪恶，就由子孙承当灾祸之报。故于篇末告诫，人于起心动念之时，虽善恶之事尚未实行，神灵已经洞察纤毫，吉凶之报如影随形。"其有曾行恶事，后自改悔，诸恶莫作，众善奉行。久久必获吉庆，所谓转祸为福也。"故吉人于语言、视听、行为上，日行此三善，三年后天必降福庆。若凶人日行语、视、行三恶，三年后天必降祸殃。

《太上感应篇》虽简单列出善恶条目，主要还是偏重于宣说天人感应、因果报应之理。最早具有完备的功过格形式，并对后世产生深远影响的，是作于金大定十一年（1171）的《太微仙君功过格》，由神仙"太微仙君"传给净明派道士又玄子。序中引儒道经典，表明两家远恶迁善、自修诲人的精神，实殊途同归。"《易》曰：积善之家，必有余庆；积不善之家，必有余殃。道科曰：积善则降之以祥，造恶则责之以祸。故儒道之教，一无异也。古者圣人君子、高道之士，皆著盟诚，内则洗心炼行，外则训诲于人，以备功业矣。"作为一种道教戒律，包括功格

36 条，分为救济门、教典门、焚修门、用事门四类；过律39 条，亦分为不仁门、不善门、不义门、不轨门四类。对人的善恶行为计量考核，帮助奉持者远恶迁善，跻身仙列。《太微仙君功过格》在战乱时代，提供了更为详尽清晰的拯救方法。

宋代范仲淹、苏洵等人亦作有功过格，名闻一时。南宋以降，功过格逐渐超越道教领域，在儒生和佛教徒的共同推动下，广泛走向士庶社会。历代编制的功过格种类繁多，如《十戒功过格》《警世功过格》《石音夫功过格》等，日益呈现儒释道三教汇通融合的思想特色。尤其在晚明年间，因云谷禅师授袁了凡功过格、云栖袾宏著《自知录》之后，以佛教思想为主导的功过格，始走出僧人和士人范围，普及到社会一般民众。

晚明四大高僧之一云栖袾宏（1535－1615），早年读《太微仙君功过格》，以其有益于世道人心，即印赠布施大众。晚年于万历三十二年（1604），将此书内容按佛教思想重新删定，将天尊、真人、神君等道教神灵，摄入佛教的诸天中，为三界中的天道众生；将章奏、符箓、斋醮等道教科仪，改为礼佛、诵经、供僧等佛事。将功格改为"善门"，分为忠孝、仁慈、三宝功德、杂善等四类，特别强化了敬重佛法僧三宝的内容。"过门"，分为不忠孝、不仁慈、三宝罪业、杂不善等四类。云栖有感于世人苦不自知福善祸淫的原理，为强调人的道德自觉，故将功过格易名为《自知录》。"唯知其恶，则惧而戢；知其善，则喜而益自勉。不知，则任情肆志，沦胥于禽兽而亦莫觉其禽兽也！"（《自知录序》）

云栖基于佛教真俗不二的方法论，在序中分析世人对这部书可能产生的三种态度，从上中下三层维度，表明佛教从空入假、依体起用的中道智慧，善巧运用功过格这种工具，以达到深入社会生活各个层面，教化士农工商大众的目的。

"下士得之，行且大笑，莫之能视，奚望其能书？"下士，指冥顽不灵之徒，不必指望他们会照此实行。或者是自以为上士而刚愎自用者，借口善恶都不思量，嘲笑其琐碎烦心而不屑为之。

"中士得之，必勤而书之。"所谓中士，指资质中等而又能依教奉行者，则会循迹而行，积功累德。

"上士得之，但自诸恶不作，众善奉行，书可也，不书可也。"上士，指深达实相的上根利机者，明白众生一体之理，止恶修善当为本分，并非出于畏罪邀福的功利性考量。以离相无住的空性智慧，外不执著善恶之相，内不执著能止能修之心。则功过格这一类有相的形式，用亦可，不用亦可。

因此，使用功过格这类善书的主要对象，是有志向善的中士，并感化带动下士一起行善积德。即便是上士，虽然超越了形式和表相，也须知理事不二，藉事而明理的道理。故在儒为四端百行，在释为六度万行，在道为三千功八百行。袾宏亦引历史上圣贤君子精勤修身的事例以劝勉："昼勤三省，夜必告天，乃至黑豆白豆，贤智者所不废也。"孔门弟子曾参，一日三省自身："为人谋而不忠乎，言不信乎，传不习乎？"宋朝的"铁面御史"赵阅道，每夜将日间所行，焚香以告天帝。"千部论主"龙树菩萨，被尊为中国大乘八大宗派共祖，平时亦用黑豆白豆记录自己的善恶。可见，功过格适用于上中下三士，堪称三根普被，雅俗共赏。

袁了凡得云谷禅师传授功过格，时在隆庆三年（1569），当时 37 岁。他任职宝坻知县期间，据《太微仙君功过格》，撷取其中入世济众的内容，编撰了《当官功过格》。他 69 岁作《立命之学》，时在万历二十九年（1601）。当年即以《立命篇》刊行于世，后人以《省身录》《阴骘录》《了凡四训》等名义流行后,《了凡功过格》则附在文末刊行,其条文在不同版本中略有出入。现在通行的是《云谷禅师授了凡功过格》,旁注"参云栖大师《自知录》"。云栖祩宏编《自知录》,时在万历三十二年(1604),问世时间稍晚于袁了凡。不过,《了凡功过格》和云栖《自知录》两者的文本源头,皆与《太微仙君功过格》有紧密联系。为方便论述,先将《云谷禅师授了凡功过格》列表如下:

功 格		过 格	
准百功	1. 救免一人死。2. 完一妇人节。3. 阻人不溺一子。4. 为人延一嗣。	准百过	1. 致一人死。2. 失一妇人节。3. 赞人溺一子女。4. 绝一人嗣。
准五十功	1. 免堕一胎。2. 当欲染境,守正不染。3. 收养一无倚。4. 葬一无主骸骨。5. 救免一人流离。6. 救免一人军徒重罪。7. 白一人冤。8. 发一言利及百姓。	准五十过	1. 堕一胎。2. 破一人婚。3. 抛一人骸。4. 谋人妻女。5. 致一人流离。6. 致一人军徒重罪。7. 教人不忠不孝大恶等事。8. 发一言害及百姓。
准三十功	1. 施一葬地与无土之家。2. 化一为非者改行。3. 度一受戒弟子。4. 完聚一人夫妇。5. 收养一无主孤儿。6. 成就一人德业。	准三十过	1. 造谤诬陷一人。2. 摘发一人阴私与行止事。3. 唆一人讼。4. 毁一人戒行。5. 反背师长。6. 抵触父兄。7. 离间人骨肉。8. 荒年积囤五谷不粜坐索。

功　格		过　格	
准十功	1. 荐引一有德人。2. 除一人害。3. 编纂一济众经法。4. 以方术活一人重病。5. 发至德之言。6. 有财势可使而不使。7. 善遣妾婢。8. 救一有力报人之畜命。	准十过	1. 排摈一有德人。2. 见一冤可白不白。3. 荐用一匪人。4. 平一人塚。5. 凌孤逼寡。6. 受蓄一失节妇。7. 蓄一杀众生具。8. 恶语向尊亲、师长、良儒。9. 修合害人毒药。10. 非法用刑。11. 毁坏一切正法经典。12. 诵经时心中杂想恶事。13. 以外道邪法授人。14. 发损德之言。15. 杀一有力报人之畜命。
准五功	1. 劝息一人讼。2. 传人一保益性命事。3. 编纂一保益性命经法。4. 以方术救一人轻疾。5. 劝止传播人恶。6. 供养一贤善人。7. 祈福禳灾等，但许善愿不杀生。8. 救一无力报人之畜命。	准五过	1. 讪谤一切正法经典。2. 见一冤可白不白。3. 遇一病求救不救。4. 阻绝一道路桥梁。5. 编纂一伤化词传。6. 造一诨名歌谣。7. 恶口犯平交。8. 杀一无力报人之畜命。9. 非法烹炮生物使受极苦。
准三功	1. 受一横不嗔。2. 任一谤不辩。3. 受一逆耳言。4. 免一应责人。5. 劝养蚕渔猎人屠人等改业。6. 葬一自死畜类。	准三过	1. 嗔一逆耳言。2. 乖一尊卑次。3. 责一不应责人。4. 播一人恶。5. 两舌离间一人。6. 欺诳一无识。7. 毁人成功。8. 见人有忧，心生畅快。9. 见人失利失名，心生欢喜。10. 见人富贵，愿他贫贱。11. 失意辄怨天尤人。12. 分外营求。

	功　　格		过　　格
准一功	1．赞一人善。2．掩一人恶。3．劝息一人争。4．阻一非为事。5．济一人饥。6．留无归人一宿。7．救一人寒。8．施药一服。9．施行劝济人书文。10．诵经一卷。11．礼忏百拜。12．诵佛号千声。13．讲演善法，谕及十人。14．兴事利及十人。15．拾得遗字一千。16．饭一僧。17．护持僧众一人。18．不拒乞人。19．接济人畜一时疲顿。20．见人有忧，善为解慰。21．肉食人持斋一日。22．见杀不食，闻杀不食，为己杀不食。23．葬一自死离类。24．放一生。25．救一细微湿化之属命。26．作功果荐沉魂。27．散钱粟衣帛济人。28．饶人债负。29．还人遗物。30．不义之财不取。31．代人完纳债负。32．让地让产。33．劝人出财作种种功德。34．不负寄托财物。35．建仓平粜。36．修造路桥。37．疏河掘井。38．修置三宝寺院，造三宝尊像及施香烛灯油等物。39．施茶水，舍棺木一切方便等事。（自"作功果"以下，俱以百钱为一功。）	准一过	1．没人一善。2．唆一人斗。3．心中暗举恶意害人。4．助人为非一事。5．见人盗细物不阻。6．见人忧惊不慰。7．役人畜不怜疲顿。8．不告人取人一针一草。9．遗弃字纸。10．暴弃五谷天物。11．负一约。12．醉犯一人。13．见一人饥寒不救济。14．诵经差漏一字句。15．僧人乞食不与。16．拒一乞人。17．食酒肉五辛诵经登三宝地。18．服一非法服。19．食一报人之畜等肉。20．杀一细微湿化属命以及覆巢破卵等事。21．背众受利，偷用他钱。22．负贷。23．负遗。24．负寄托财物。25．因公恃势乞索、巧索，取人一切财物。26．废坏三宝尊像以及殿宇器用等物。27．斗秤等小出大入。28．贩卖屠刀渔网等物。（自"背众受利"以下，俱以百钱为一过。）

从上表可知，《了凡功过格》作为《了凡四训》的附录，仅以简单的条文呈现。大部分条文内容，与前人时贤的各种功过格相同，但在价值评判和文本处理方面，也有一些与众不同的特点。

一、按数值的高下排序。从《太微仙君功过格》到云栖《自知录》，皆按内容分成四类。以功格为例，《太微仙君功过格》分为救济门、教典门、焚修门、用事门；《自知录》则改为忠孝类、仁慈类、三宝功德类、杂善类，四类之外还有补遗。虽说后者改编自前者，但这四种分类并不能一一对应，比如忠孝类，就溢出了救济门的范畴，而特具儒家的政治与伦理意味。这说明任何分类范畴都无法涵盖丰富的社会生活，每种功过格的分类都面临捉襟见肘的窘境，从而留下改编和补遗的空间。《了凡功过格》则化繁为简，干脆撤销分类，按功过数值大小，由高向低排列，使操作起来更为简捷便利。

二、计量单位趋于一致。各类功过格皆采纳货币经济的会计方式，使功过的数值有统一的标准，便于折算、抵扣、互换。以计算善行的最小单位 1 功而言，大体是以人、事、时、钱，作为计量标准。

（一）人：作为行善的对象，通常以 1 人次为 1 功，如赞一人善、掩一人恶、济一人饥、救一人寒等；亦以受惠效果的人数来定，如讲演善法谕及十人、兴事利及十人。

（二）事：通常以 1 件为 1 功，如劝息一人争、阻人一非为事、施药一服、见人有忧善为解慰等；亦以行事的数量来定，如诵经一卷、礼忏百拜、诵佛号千声、拾得遗字一千。

（三）时：通常以 1 日或 1 宿来定，如留无归人一宿、肉食人持斋一日等。

（四）钱：诸如赈灾济贫、修造路桥等社会公益，供养三宝、超荐沉魂等宗教活动，所费钱财多少不一，则计钱论功，统一以 100 钱为 1 功。

不过，以人、事等论次数计功，云栖《自知录》则规定了上限。比如，注释正法大乘经律论，每注释 1 卷为 50 善，以 1 500 善为上限，不超过 30 倍；为人讲演大乘经律论，在席 5 人为 1 善，人数虽多，悉以 100 善为上限，不超过 20 倍。

三、拯救生命为最高善。佛儒两家皆重视护生惜命，但基于儒家爱有差等的伦理，人的生命位列众生最高地位。《自知录》中，"救死刑一人为百善，免死刑一人为八十善，减死刑一人为四十善。若受贿徇情者非善"。救，谓非自己主事，用力扶救是也。免，谓由自己主事，特与恕免是也。《了凡功过格》中，凡救免一人死，皆准百功。《自知录》中，"见溺儿者，救免收养，一命为五十善。劝彼人勿溺，一命为三十善"。《了凡功过格》中，阻人不溺一子，以及为人延一嗣，皆准百功。而且，袁了凡将阻止溺婴和延人后嗣，与拯救成年人生命，置于同等的地位。

对于抛骸荒野的死者，也基于慎终的理念，强调入土为安的实质。《自知录》中，葬无主之骨，每 1 人为 1 善，而《了凡功过格》和《太微仙君功过格》，皆是 50 功。至于施地予无坟墓家，上述 3 种功过格都一样，都是 30 功。

四、视淫欲为万恶之首。《自知录》中，列为百过的重罪共有 12 项：1. 修合毒药害人致死；2. 咒祷厌诅害人致死；3. 故意错断人死刑；4. 诉讼谋人死刑；5. 杀降、屠城；6. 以平民作俘虏致死；7. 受贿而制造冤案判人死刑；8. 故意杀人；9. 欲害人命放火烧庐舍山林而致人丧生；10. 以词讼取利致人死刑；11. 恶语向圣人；12. 报冤过分致死者。其中有 11 项与害人致死有关，皆以 1 命为100 过；只有 1 项，是恶语侮辱圣人，与杀人同罪。

然而，在《了凡功过格》中，作为顶格的百过，只列4 项：1. 致一人死；2. 失一妇人节；3. 赞人溺一子女；4. 绝一人嗣。其中 3 项与杀害生命或断绝生命延续有关；

而第3项"失一妇人节",则将淫欲提高到与杀人一样的重罪。淫欲,指不正当的两性关系。"当欲染境,守正不染",如果处于异性美色诱惑时,能做到坐怀不乱,《自知录》与《了凡功过格》皆是50功。就发生邪淫行为的过格而言,《自知录》则按伦理关系的亲疏远近,而有轻重的区别:与至亲为50过,与良家为10过,与娼家为2过,与尼僧、节妇为50过。《太微仙君功过格》则有更详尽的区分。而在《了凡功过格》中,只要有邪淫行为发生,使一妇人丧失名节,则一律顶格判为100过。与此相关,破一人婚姻,为50过。

五、加强世俗道德比重。《太微仙君功过格》中,功格四门中,教典门和焚修门皆属于宗教道德内容。《自知录》将善门列为四类,将其道教修行的内容,改编整合为"三宝功德类";而将属于世俗道德性的内容,扩展为忠孝、仁慈、杂善三类。虽然增加了世俗道德的内容,但以佛教思想处于高位,且按大乘、小乘、人天乘和世间善法,判分高下。比如,同样是弘扬佛法,以注释正法大乘经律论功德最大,每注释1卷为50善,以1 500善为上限。至于注释小乘及讲述人天因果的佛经,每注释1卷为1善,以300善为上限。为人讲演大乘经律论,在席5人为 1 善，人数虽多以 100 善为上限。讲演小乘及人天因果的功德则递减，以在席 10 人为 1 善，以 80 善为上限。如果讲演正法时，任己僻见，违经旨、背先贤者，在席 5 人为 1 过。至于讲演邪法惑众，罪过更重，在席 1 人为 1 过；往彼听受，1 席为 1 过。在《了凡功过格》中，则淡化了宗教色彩，不管是大乘、小乘、人天因果还是儒道善法，皆以是否有益于社会大众的效果而定功德的大小：讲演善法（谕及 10 人 1 功）、编纂一保益性命经法（5 功）、编纂一济众经法（10 功）、发至德之言（10 功）、发一言利及百姓（50 功）。至于以外道邪法授人，与毁坏一切正法经典、诵经时心中杂想恶事、发损德之言，皆是 10 过。

六、平衡天理、国法、人情，视情境而裁量功过。功过格所列条文，相当于国法中的法条，而依法条判案的从轻从重，则根据天理、国法、人情三者的平衡关系，法官有很大的裁量空间。各种功过格在对善恶功过的数值上，皆视具体情境而作出从轻从重的裁量，至于裁量空间的不同，则基于不同的思想背景。《太微仙君功过格》与《自知录》对于功过轻重的裁量，皆附在相关条目下，并没有形成系统的说明。如在伦理关系中，儒家讲亲亲尊贤，爱有差等。《自知录》受儒家的影响，对嫡亲父母和兄弟行孝悌，是为人本分，故孝养父母、敬兄爱弟的行为，以 1 日 1 事为 1 善。同样的孝悌行为，对于关系稍疏的继母和异父母兄弟，其功则加倍。反之，嫡亲兄弟相仇者，1 事为 2 过；而欺凌同父异母兄弟及庶出的兄弟，则 1 事为 3 过。

在善行中，亦视主动与被动、难行与易行、助人之效果等情境，而作弹性处理。比如，主动免除穷人债负，以 100 钱为 1 善；若偿还无望，经人哀求而被动饶免者，则功德减半，须 200 钱才算 1 善；至于打官司也讨不回债，不得已而饶免者，则不计善行。又如，不义之财不取，所值 100 钱为 1 善。然而，对于无害于义的财富，可取而不取，则功德翻倍，100 钱为 2 善。处极贫地而不取，更是难能可贵，100 钱则增为 3 善。同样是帮助人，则视社会价值而功德递进，成就一人家业为 10 善，成就一人学业为 20 善，成就一人德业为 30 善。

在恶行中，盗取财物，每 100 钱为 1 过。然而，若是以官府权威或暴力逼取，或以欺诈手段骗取，则每 100 钱为 10 过。就官员贪赃枉法而言，因受贿嘱托而为他人擢升官职、洗出罪责者，每 100 钱为 1 过；但若是因受贿嘱托而破坏他人官职、陷人入罪者，则罪过加 10 倍，每 100 钱为 10 过。

《了凡功过格》仅是作为《了凡四训》的附录，简明扼要地列出法条。至于裁量的法理依据，古今案例的援引，则在《改过之法》《积善之方》等篇中，按行事、明理、治心的顺序，分门别类作了详尽说明。法条、法理、案例，此详彼略，相互呼应，形成一个完整的体系。在《了凡四训》中，通过改过行善的努力，改变自己和后代的命运，其行善的法理基础来自四个方面：一、中国传统思想中不可抗拒的天命及司命之神；二、儒家心学的良知说及修身以俟命的处世态度；三、儒道两教家族继承功过的承负说；四、佛教的业力因果论。关于自由裁量的主体，在承认命运和司命之神的同时，袁了凡更是本乎人之良知，提出"命自我立，福自己求"的鲜明立场。因此，在众多功过格中，《了凡四训》一骑绝尘，为明清以来最有影响力的善书，自有其过人之处。

准提咒的修持方法

且教持准提咒，以期必验。

语余曰："符箓家有云：'不会书符，被鬼神笑。'此

> 有秘传，只是不动念也。执笔书符，先把万缘放下，一尘不起。从此念头不动处，下一点，谓之混沌开基。由此而一笔挥成，更无思虑，此符便灵。

云谷禅师为训练袁了凡做到"万缘放下，一尘不起"，传授准提咒的修持方法。此咒全称"七俱胝佛母心大准提咒"，不论在家出家，常诵此咒有极大功德，且极灵验。

如何才能做到持咒的灵验，云谷引符箓家的行话："不会书符，被鬼神笑。"符箓，为符（秘密图形或线条）和箓（施行法术的牒文）的合称。为道士和民间巫师用来驱鬼辟邪的秘密图文，以达到祈福禳灾、祛病救人的目的。

云谷以禅宗的无念法门，诠释符箓的所谓秘传。当执笔画符时，必须先把万缘放下，心无思虑，没有一丝一毫杂念。当在此物我两忘、心地清净之际，凝神用笔在符纸画下一点，这就是道教修行中的混沌开基。混沌，指世界未开辟以前的元气交融状态，道教视为身心交融、内外一体的修行状态。由此一点开始，一笔挥成，整个过程不起任何念头，如此画出的符才有灵验。

静坐、功过格和准提咒，是袁了凡谒见云谷禅师后每天修持的常课。《了凡四训》书中，对此三项修持，只是略述传授缘起，并未详述方法。然而，在《静坐要诀》《祈嗣真诠》和《当官功过格·序》中，袁了凡皆以满怀感恩的语气，记载云谷禅师的教诲对他一生的影响。

《祈嗣真诠》第十《祈祷》篇中，记载了准提咒的具体修法及效验。篇首开宗明义指出："改过积善，祈祷之本也。既尽其本，兼修其文，无不应矣。"本篇撮要介绍了云谷禅师传授袁了凡的"白衣观音经咒"和"准提咒"两种修行方法，强调皆经本人所奉事而确有效验。白衣观音经咒系从唐·智通译《观自在菩萨怛嚩多唎随心陀罗尼经》摘录出来，"受持者一切祈祷，悉令满足。今祖师提出，专为人求男女，亦方便法门也"。至于准提咒，则根据唐·善无畏译《七佛俱胝佛母心大准提陀罗尼法》、唐·地婆诃罗译《佛说七俱胝佛母心大准提陀罗尼经》和唐·不空译《七俱胝佛母所说准提陀罗尼经》三个版本撮录而成，文字和顺序，与原经文本略有不同。以上四部经皆收入《大正藏》第 20 册。现将《祈祷》篇中"准提咒"部分，抄录如下：

　　每日持诵时，先须金刚正坐（以右脚压左脚胫上，或随意坐亦得），手结大三昧印（二手仰掌展舒，以右手放左手上，二大拇指甲相著，安脐轮下。此印能灭一切妄想思惟），澄定身心，方入净法界三昧。静想自身顶上有一梵书嚂𑖯字。此字遍有光明，犹如宝珠，或如满月。想此字已，复以左手结金刚拳印（以大拇指捻无名指第一节，余四指握大拇指。此印能除内外瘴染，成一切功德），右手持数珠，口诵净法界真言二十一遍。真言曰：唵啮嚂（嚂字去声，弹舌呼之）。次诵大明六字真言一百八遍，真言曰：唵么抳钵讷铭吽。

然后结准提印（以二手无名指并小指相叉于内，二中指直竖相拄，二头指屈附二中指第一节，二大拇指捻左右手无名指中节，若有请召，二头指来往）。当从心上以准提真言与一字大轮咒，一处同诵一百八遍竟，于顶上散其手印。真言曰：

南无飒哆喃，三藐三菩驮，俱胝喃，怛侄他，唵折戾主戾，准提娑婆诃，唵部林。

言此咒能灭十恶五逆一切罪障，成就一切功德。持此咒者，不问在家出家，饮酒食肉，不拣净秽，但至心持诵，求男女者便得男女，若求智慧得大智慧，能使短命众生增寿无量，所求官位无不称遂。

若于佛像前，或塔前，或清净处，以香水泥涂地而作方坛。随其大小，复以香花幡盖饮食灯明烛火，随力所办而供养之。复咒香水散于四方及上下，以为结界。既结界已，于坛四角及坛中央，皆各置一香水之瓶。于其坛中，面向东方胡跪，诵咒一千八十遍。以一新镜置坛中，正观镜面诵咒一千八十遍。即以囊盛此镜，佩带于身。每日清晨对镜持诵，不必复设坛矣。

若诸国土水旱不调，疫毒流行，应以酥和胡麻粳米，用手三指取其一撮，咒之一遍，掷火中烧。或经七日七夜，六时如是相续不绝，一切灾疫无不消灭。

若在路行诵念此咒，无有盗贼恶兽等怖。若被系闭，枷锁禁固其身，诵此咒者即得解脱。

若以酥和谷稻咒一百八遍，火中烧之，随心所愿，无不成就，财宝增盈，官禄进懋。

若欲人敬念者，称彼人名字，一咒一称，满一百八遍，即便敬念。

准提，是清净的意思。准提菩萨，具称七俱胝佛母。七俱胝，意为众多、无穷尽，表示无限时空中的无数佛陀，皆因修持此法门而得成无上正等正觉，故称佛母。准提咒之殊胜有三种：一、总含一切诸真言，如大海能摄百川；二、准提坛法易办，但以一新镜便可做坛法；三、不问在家出家，人人皆能持诵。晚明盛行准提咒修持，寺院列入朝暮课诵的十小咒中，居士亦形成结社持诵的风气。

袁了凡从云谷禅师处受持功过格和准提咒，毕生践行"七佛通戒偈"的要求："诸恶莫作，众善奉行，自净其意，是诸佛教。"诸恶莫作，自从奉持准提咒之后，"终日兢兢……在暗室屋漏中，常恐得罪天地鬼神"。众善奉行，屡次发愿，以行善三千件、一万件激励自己持之以恒行善。自净其意，基于改过积善的根本，以至诚而无所得的心态持咒，才能开发智慧，并获得佛菩萨的加持。故云谷禅师在下文中，进而教诲奉持准提咒的心法："汝未能无心，但能持准提咒，无记无数，不令间断，持得纯熟，于持中不持，于不持中持。到得念头不动，则灵验矣。"持咒不只是祈求现世效验，对于立志行菩萨道的居士而言，必须以"自净其意"为枢纽，展开自行化他、福慧双修的修行历程。

四　命自我立，不落凡夫窠臼

无思无虑，入不二门

"凡祈天立命，都要从无思无虑处感格。孟子论立命之学，而曰'夭寿不贰'。夫夭与寿，至贰者也。当其不动念时，孰为夭，孰为寿？细分之：丰歉不贰，然后可立贫富之命；穷通不贰，然后可立贵贱之命；夭寿不贰，然后可立生死之命。人生世间，惟死生为重，曰夭寿，则一切顺逆皆该之矣。

云谷禅师前引符箓家的"混沌开基",现再引孟子"存心养性"之语,都在说明:修行要进入无思无虑的无念状态,方能悟入不二的实相。感格,意为感通、感动、感应。于儒家而言,以至诚心向上天祈祷,则可感通一切。于佛教而言,无思无虑处,即禅宗所说的无念,万缘放下,一尘不起,心如止水,意若明镜,为善而不著善,方能证入实相境界,并与佛菩萨感应道交。

云谷所引孟子立命之论,出自《孟子·尽性上》:"尽其心者,知其性也。知其性,则知天矣。存其心,养其性,所以事天也。夭寿不贰,修身以俟之,所以立命也。"意谓人之本性根源于天,故竭尽自己善心,即与天道相通。守护自己善的本心,养育得自天命的本性,以至诚的修道来事奉上天。君子并不因现实中有夭寿祸福的区别,而改变道心,故修身养性在我,能否成功则坦然交付天命,此所以为立命之本。

"夫夭与寿,至贰者也。"对世间凡夫来说,短命与长寿确实是截然对立的两极。恐惧死亡,追求长寿,乃人之常情,故有"好死不如赖活"之说。孟子超越庸众的凡俗之见,所言"夭寿不贰",不能简单理解为短命和长寿毫无差别。在事上,确实存在着夭寿之差别。在理上,升华到天道视野，则以求仁得仁的心态，克服凡夫对生死的恐惧。在孟子看来，立命即是立正命。所谓正命，即顺应天道。故孟子紧接着强调："尽其道而死者正命也，桎梏死者非正命也。"

"当其不动念时，孰为夭，孰为寿？"云谷此处以佛家的"不动念"，别解孟子的"夭寿不贰"，站在般若不二论的立场上，诠释发挥"不二"的实相境界。凡夫的世间知见，是对统一的主客观世界妄加分别。由于起分别心而造作诸业，从而造成生死流转中的夭寿果报。佛教并不停留在现世的夭寿现象上，而是在三世的时间长河中，深究生死流转的根源，进而截断生死流转而达解脱。故佛教的出世间知见，是超越凡夫的思量分别，以不二的无分别智慧，才能与实相真理相应。佛教所立真正的命，是生命现前不生不灭的法身。

由生死的根本问题，细而分析，则展开如何解决丰歉、穷通、夭寿等分别对立的人生问题。

"丰歉不贰，然后可立贫富之命"：懂得丰歉并非固定不变的对立两极，方可在生活世界中树立面对贫富之正命。既不因衣食丰足而目空一切，也不因生活艰辛而自暴自弃，则艰辛终将转变成丰足，丰足更能致长安久足。

"穷通不贰，然后可立贵贱之命"：懂得穷通并非固定不变的对立两极，方可在人生命运中树立面对贵贱之正命。既不因颠沛困厄而怨天尤人，也不因显达顺利而穷奢极欲，则必能改造困厄成通达顺利，使显达者更能福祚绵延。

"夭寿不贰，然后可立生死之命"：懂得夭寿并非固定不变的对立两极，方可在大化流行中树立面对生死之正命。命中短寿者，不因此殒身伤心，而是惜阴积福、改往修来，则夭可转为寿；命中长寿者，能格外珍惜、造福为善，则更能达致寿高期颐。

"人生世间，惟死生为重，曰夭寿，则一切顺逆皆该之矣。"这世上，除了生死，都是小事。懂得夭寿不二的道理，则包括一切顺逆对立的分别心，皆可以不二的智慧坦然处置。佛教直面生死问题，并不讳言生死。父母赋予的血肉之身因缘所生，故有生死夭寿的事相。佛教以般若不二的智慧，领悟到超越生死的实相之理，故藉假修真，通过无常危脆的色身而证得不生不灭的法身。

在实相层面参透生死问题，那么面对生活世界中的丰歉贫富、穷通贵贱等众生相，皆可迎刃而解。凡夫众生为生死夭寿、丰歉贫富、穷通贵贱等现象所困扰，都是以分别心而假立的相对事相。了达缘起性空的本质，站位法界视域，皆以不二的无分别智慧，超越一切凡俗事相，不动念而回归真心，方为立不二之正命。

修身俟命，性修不二

"至'修身以俟之'，乃积德祈天之事。曰修，则身有过恶，皆当治而去之；曰俟，则一毫觊觎，一毫将迎，皆当斩绝之矣。到此地位，直造先天之境，即此便是实学。

佛教将生死引向三世因果，揭示了起惑、造业、受苦的生死流转轨迹，通过福慧双修以扭转生死轮回，达到解脱境界。这是一个漫长的修道过程，并不奢望在一期生命中得到解决。云谷所引孟子"修身以俟命"，不仅是儒家积德祈天之事，更指向佛教涅槃解脱的根本目标。

前说"夭寿不贰"，是在本体论意义上谈性相不二、理事不二。现在，则从修道论角度谈性修不二。"修"，因上努力，君子治恶积善，顺天道而行的修道，亦即菩萨道历经三大阿僧祇劫的修行。"俟"，果上随缘，修身养性在我，能否成功则坦然交付天命，以无所得的心态，但求耕耘，不问收获。

一切众生皆有佛性，皆有成佛的可能性。但此佛性，必须在去恶行善的修道过程中实现。无论是儒家还是佛教，转凡成圣的目标，从来都不是一蹴而就的。儒家讲尽人事以俟天命，佛教讲以心无罣碍的无所得心态，才能证得无上正等正觉。因此，"一毫觊觎，一毫将迎，皆当斩绝"。觊觎，非分的期望或企图。将迎，攀缘迎合，扰乱本心。一切德不配位的非分企图，任何攀缘外境的杂念妄想，都必须彻底放下。

"到此地位，直造先天之境，即此便是实学。"先天之境，丹道家视为世界开辟前的本初状态，佛教指未被人的意识所污染的世界本来面目，即实相境界。在证得实相的修道过程中，放下一切患得患失的执念，以无所得的豁达心态，把终极的目标落实在当下的善行中。修身俟命，性修不二。于此言学问，乃是真学问；于此起善行，乃是真善行。

无念离相，了达实相

"汝未能无心，但能持准提咒，无记无数，不令间断，

持得纯熟，于持中不持，于不持中持。到得念头不动，则
灵验矣。"

云谷借用儒道两教所称的"先天之境"，指称佛教的
真如实相境界。为达到此本体论意义上的终极存在和终极
真理，在修道论上须持性修不二的心态。云谷此处所说
"无心"，即前说无思无虑的心境。心无妄念，即禅宗所持
的无念法门。《坛经·般若品》："若见一切法，心不染著，
是为无念。用即遍一切处，亦不著一切处。但净本心，使
六识出六门，于六尘中无染无杂，来去自由，通用无滞，
即是般若三昧，自在解脱，名无念行。"

于是，持准提咒是否灵验，也与无念法门联系起来。
所谓无念，指心不染著，与真如相应的正念。对过去、现
在、未来的念头，以及六尘所缘的生活世界，六根对境，
以智慧观照，虽有见闻觉知，不取、不舍、亦不染著。在
不离世间的修道生活中，于内不起烦恼、妄想、邪见，于
外不被六尘境相所缚。

云谷禅师知道袁了凡虽有不俗的静坐工夫，但心中纠
结尚未化解，需要在福慧双修的长期过程中磨炼心性，在
有相的事行中体悟无相的实相之理。如果说传授功过格的

方法，是侧重于修福，那么传授持准提咒，则侧重于修慧，帮助他达到无念的自由境界。持念准提咒，不必记所念次数，要点在不令间断，当持念得纯熟时，自然达到口中持咒而并非有意在持，而于不持咒时心中依然自发在持。若工夫成片，持咒到一念不生的境地，则自然产生灵验。

禅宗所说的无念，并非枯木死灰般的“百物不思”。无念是精神的完全解放，在不染著的无念心中，触目遇缘，不受任何顺逆境界所动摇，这样才能使生命与生活世界，达到如水般流通而无障碍。如此，则道不远人，用即了了分明，应用便知一切，去来自由，活泼无滞，即是般若。

改号了凡，重塑生命

余初号学海，是日改号了凡。盖悟立命之说，而不欲落凡夫窠臼也。从此而后，终日兢兢，便觉与前不同。前日只是悠悠放任，到此自有战兢惕厉景象，在暗室屋漏中，常恐得罪天地鬼神。遇人憎我毁我，自能恬然容受。

云谷禅师是影响袁了凡人生道路的关键人物，自栖霞山论道那天起，他将原来自号学海，改为"了凡"，即了结、了断过去凡俗的人生。意谓自领悟立命之说后，从此不再陷于凡夫窠臼。人生无非两种方向，若是随着烦恼、业力而走，生生世世都沉溺生死缠缚中；若是逆流而上，了却凡情，革除有漏之命，则再造义理之身。义理之身是安住于真理而践行的新生命，修一分正因，召一分善果，步步皆有切实的感应。

从此而后，袁了凡坚持以"功过格"对自己的德行生活作量化管理，力行善事，广积阴德。行事、明理、治心，三位一体，在改过积善的修行过程中，心态真正得到转变。一改往日悠悠放任的习气，终日心存敬畏，警戒谨慎，为人处世的风范与前大不相同。遇人无端骂詈毁谤，亦能恬然容受，不与之计较争论。

屋漏，在内室的西北角，古人以为此方位有神明驻守。以功过格规范日常德性生活，前提是对天命鬼神的敬畏。前面云谷禅师引"天不过因材而笃"，即包含了天地鬼神的监临。立命的行为主体是自身，至于祸福果报的落实，不仅取决于世俗社会活动的合力，也包括冥冥中无处不在的鬼神。

在佛教的世界观中，鬼神虽然属于六道中的众生，但拥有人类所不具有的超自然力，对人类社会的活动产生作用。因此，君子慎独，既出于道德自律，也基于对天地鬼神的敬畏。即使独处暗室屋漏中，也如临深渊，如履薄冰，不欺人，不欺天地鬼神。

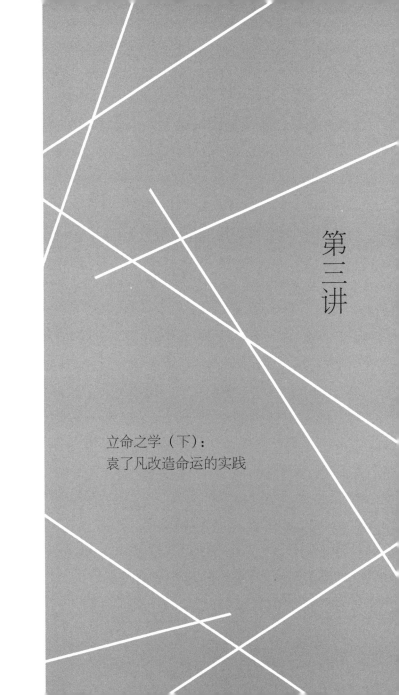

第三讲

立命之学（下）：
袁了凡改造命运的实践

一　中科举：游历与参学

乡试中举，扭转命数

到明年，礼部考科举，孔先生算该第三，忽考第一。其言不验，而秋闱中式矣。

然行义未纯，检身多误。或见善而行之不勇，或救人而心常自疑，或身勉为善而口有过言，或醒时操持而醉后放逸。以过折功，日常虚度。自己巳岁发愿，直至己卯岁，历十余年，而三千善行始完。

袁了凡 37 岁时遇见的云谷禅师，是推动他一生命运转变的贵人。以前完全随宿业流转，被命数控制，自从实践立命之学后，孔道人所测命数不再灵验，命运开始潜移默变，显著的变相有四：中科举，得子嗣，授官职，延寿考。

袁了凡在云谷禅师处发愿："先求登科，誓行善事三千条，以报天地祖宗之德。"发愿后第二年，参加南京礼部主持的国子监考试，按孔先生推算该得第三，结果考了第一名（监元）。原来命理推算中，命中只有贡生的资格，但当年秋天参加乡试，竟然考中举人。

他虽然在发愿第二年即中了举人，但接下来参加的 5 次会试，全都失利。万历五年（1577），袁了凡在第 3 次会试中，原已拟定第一名（会元），以策论忤主试之意而落第，遂改名黄。据袁了凡晚年回忆，那次到北京赴考，袁了凡与冯开之（冯梦祯）同住一处。当时大家公认袁了凡准备的文章，必中会元无疑。结果，袁了凡落第，冯开之高中会元。对于此次下第，袁了凡心中当然不服，在《与于绍城书（时丁丑下第初归）》中说道："然今年所以见黜于春官者，非以其愚耶？夫欲行之志与欲言之事，百未露其一，读者已不能堪，使尽露其愚，人谁忍耶？顾

某一身，不足当百斧钺耳。"（《了凡先生两行斋集》卷九）

科场路上，袁了凡屡败屡战，并未气馁。他的学问也是学林公认的，相继编著《举业彀率》《群书备考》等辅导科举的参考书，传之四方，颇为士子推重。正如他在《寄冯开之（时丁丑下第初归）》信中所表示，身处逆境，正是磨炼心志的时候："困穷拂郁之日，欲不得逞，志不敢肆，稍知收敛，尽可率德改行。孟氏生于忧患之说，盖深达世故者哉！"（《了凡先生两行斋集》卷九）

袁了凡在 37 岁时第一次发愿，三千善行到 47 岁时才完成，历经 11 年，平均每年不到一百件，说明他最初的修身实践相当艰辛。行善与改过，是一个相辅相成的过程，他检视自己行履"然行义未纯，检身多误"，发现于道义应做之事，因发心不纯，所行仍多有谬误。那么按照严格的功过格实践标准，功过就必须相抵扣。袁了凡虽然没有具体交代功过是如何相抵扣的，但他以下所说四种情况，描述了日常记录功过的情境：

"或见善而行之不勇"，做了应行之善事，是功；但勉强而不自然，则是过。

"或救人而心常自疑"，能救助人于急难，是功；但事前常狐疑不决，事后又自我怀疑，则是过。

"或身勉为善而口有过言"，能身体力行做善事，是功；但口出怨言反而得罪人，则是过。

"或醒时操持而醉后放逸"，清醒时能操持自守，是功；但于醉后放逸乱性，则是过。

在检点自身修为中，通过自省内讼，发现自己虽然做了不少善事，但习焉不察的坏习气，不断地抵消掉所做之功，故谦虚地总结道："以过折功，日常虚度。"他的可贵之处，在于有长远心，始终不放弃改过迁善的实践。《了凡四训》在内容编排上，将《改过之法》置于《积善之方》前，"未论行善，先须改过"，这与他"以过折功"的功过格实践方式是一致的。

拜师求道，结社论学

袁了凡 18 岁中秀才后，即师从名儒唐顺之（号荆川，1507－1560），参与举业用书《荆川疑难题意》的编撰。"我朝夕执书问业，《学》《庸》《论》《孟》，大约皆完，除平常易晓者不录，录其深奥者，曰《荆川疑难题意》，先生又躬阅而手订之，始付剞劂。"唐顺之系"嘉靖八才子"之一，师从王阳明高足王畿（号龙溪，1498－1583）。唐顺之对袁了凡十分看重，曾在信中转告王畿对他的赏识。"适见王龙溪，道吾弟负一方盛名，浙中士子俱视为准的。"在袁了凡落第时，写信勉励他常存报国之心："故日望老弟出山，上以报国家，下以光吾党。今岁场中闻已中式而复黜，不胜怏怏。然身之显晦，命也，不可得而强也。道之得失，则存乎其人，不可得而诿也。"（《游艺塾续文规》卷一《荆川唐先生论文·答袁坤仪三》）

唐顺之亦指导袁了凡读佛书："若《楞严》《维摩》《圆觉》诸经，皆所谓异书也。不但东坡苏公之文于《楞严》得悟，我于禅书不止此三经，涉阅颇广，自知得益甚深。吾弟于世情颇淡，今将一切闲书尽从屏省，只将此三经从容熟玩，句句要透悟本心，字字要消归自己。"（《游艺塾续文规》卷一《荆川唐先生论文·答袁坤仪二》）

唐顺之还是军事家、武术家，担任过兵部职方司郎中，曾督师浙江，破倭寇于崇明岛。戚继光和俞大猷等都从他学过枪法。戚继光的鸳鸯阵法，即得自唐顺之所授的兵书。袁了凡亦从唐顺之学兵法。他22岁时，倭寇大肆流劫东南沿海，扰县境十九次。嘉兴府通判邓迁受命兴筑嘉善县城墙，聘请袁了凡一起坐船巡视，确定县城池址。

嘉兴为江南文化高度发达地区，袁了凡父亲参坡先生即组织诗社，每月聚会，一时诗学，甚是斐然。袁了凡年轻时即在家乡参加文人集社，以道相求。每五日一会，虽大寒大暑，亦不少辍，故彼此得益，各有成立。他认为求友之道，全在反躬励行，使彼此情意相连。文人立会，一不能持久，二不肯直说。针对这些弊病，袁了凡以真心待人，句句直说。"因文讲德，相规相劝，可以砥砺身心，可以发明伦理，近可以为终身之倚仗，远可以订千古之心期。朋友讲习，人间第一乐事也。"（《游艺塾续文规》卷四）

由此可见，袁了凡在应付科考以求功名的同时，十分留意治国安邦的实学，对军事韬略有很深的造诣。他也广泛结交方外道友，积极从事佛教事业。41岁时，生母李氏去世，袁了凡料理母亲丧事后，于嘉善大胜寺（塔院）习静。当时，与同乡幻余法本禅师共同倡议，发愿将不便阅读的梵夹本藏经，翻刻为便于阅读保存的方册本，此即后世著名的《嘉兴藏》。之后，相继与达观大师（紫柏真可）等僧俗人士商议刊刻事宜。到52岁时，与达观大师的弟子密藏道开相与筹划，并受委托起草刻藏募缘文。刊刻大藏经是一种近乎存亡继绝的文化传承使命，从最初的酝酿筹划，到撰发愿文，《嘉兴藏》历时数十年，到清初仍未刻完。在这漫长的过程中，袁了凡起到了重要的作用。

游历边关，受学兵法

> 时，方从李渐庵入关，未及回向。

袁了凡37岁时，在南京栖霞山云谷禅师座前，发愿要行善三千件，到47岁时才完成，平均每年不到一百件，且没有及时做回向仪轨。那么，这段时间他经历了什么？《了凡四训》中，只有"时，方从李渐庵入关，未及回向"这一句话，语焉不详。

李渐庵（1534－1599），名世达，是袁了凡一生的挚友，曾任浙江巡抚、刑部尚书等职。政声显赫，以耿介闻名于世。李渐庵是陕西泾阳人，离终南山最近，尝裹粮深入山中，与高人梅翁结交。据嘉善和宝坻两地《袁了凡年谱》，袁了凡随李渐庵上终南山的时间在万历七年

（1579），时年 47 岁。袁了凡在第 3 次会试中，原来拟取第一，却因策论忤逆主试之意而落第，面对科场上的悲喜起落，遂有上终南山归隐之意。

李渐庵在为袁了凡《历法新书》所作序中，透露他下第后谋求归隐终南山的心事。在李渐庵陪同下，袁了凡持一匹缣，以师礼拜谒梅翁。宾主相谈到深夜，梅翁惊叹了凡学问可当自己的老师，遂退还拜师礼物。然后，约他们一起谒见梅翁的本师。这位不知名的高人，尽以其学授予袁了凡，并促令他出山："汝丙戌进士也，尘缘未断，何隐为？"从这段神奇的交往，可见归隐只是一时想法，进取才是袁了凡立命后的人生主流，他也果然在丙戌年（1586）考中进士。在《刻历法新书序》中，李渐庵盛赞袁了凡的道德学问，并对他因笃信佛道二教而遭人所忌，仗义执言。

> 予交了凡二十余年，见其乐善如饥，好学不倦，日间非静坐，即观书。虽祁寒盛暑，不令隙虚。其与人交也，胸怀洞然，至情可掬，孳孳欲人同归于善。听其教，激厉裁抑，具于片言之中，贤愚皆获其益。睹其面，如春风发物，鄙吝潜消，未

有不爽然心服者。六艺之学久不讲，而了凡能以身通之。二氏为世所大忌，而了凡则笃信而力行之。大而天文地理，小而三式六壬之属，靡不开其关而入其奥。以故闻者或疑而憎之，或信而忌之。憎与忌合，而了凡之道始穷矣。昔有疏论了凡者，予问曾识其人乎？曰未也。夫谋面论人，已非古道。矧未识其面，悬断其心，而其人又所谓高贤大良者乎？予重了凡之学，惜了凡之遇，耿耿不平久矣！因其请序，而漫及此。（《袁了凡文集》第四册）

李渐庵是后来官至巡抚、尚书级别的大官，而袁了凡当时与之同游终南山时，还只是一个会试落第的举人。李渐庵写此序文时，袁了凡也才是当知县、兵部主事的中下层官员。读李渐庵此序文，纯以道义学问论交，全无官腔势利气。"重了凡之学，惜了凡之遇"，袁了凡有友如此，可以无憾。

在终南山期间，袁了凡参访诸高人的事迹不详。据鹤龄所撰《赠尚宝少卿袁公传》，引述沈刚中《分湖志·人物》所载："黄尝受兵法于终南隐士刘，服黄冠独行塞外经年，九边形胜、山川、营堡历历能道之。"九边，指辽东、蓟州、宣府、大同、山西、延绥、宁夏、固原、甘肃九镇。在宝坻知县任上的《阅视八议》中，袁了凡亦透露："某少尝传兵法于山中刘隐士，颇尽其术，如屠龙之技，无所用之，雄韬徒记，壮志全消矣。"（《宝坻政书》卷十）

袁了凡并非读死书的文弱书生，十分留意治国安邦的实学。他先后从唐顺之和刘隐士学兵法，对军事韬略有很深的造诣。曾北上华北和东北各关隘，考察"北虏"入侵关内的线路地形，对边防海疆的山川地形了如指掌。在宝坻知县任上，向直隶巡抚和兵备道数次呈文，详述抵御倭患和女真的政经方略。后来升任兵部职方司主事，可谓得人。职方司的职责，掌管"天下地图及城隍、镇戍、烽堠之政"。

二　得子嗣：改命的附带结果

发愿求子，佳儿天启

> 庚辰南还，始请性空、慧空诸上人，就东塔禅堂回向。遂起求子愿，亦许行三千善事。辛巳，生汝天启。

袁了凡第一次发愿的善行圆满后，因在边关塞外考察山川险胜，从高人学习兵法，没有来得及回向，直到次年庚辰，即万历八年（1580）回到南方，始请嘉善县城景德寺性空、慧空诸高僧，在寺中东塔禅堂做回向法会。

回向，即回转自己所修的功德，归向自己所期望的对象，除了回向给当初发愿的直接目的，一般还要把一切功德和利益归于法界众生和佛教事业。佛教特别强调发心的重要，据万历《嘉善县志》记载，袁了凡是景德寺的大护法，"原地基一十三亩五分两厘六毫，量难办，举人袁黄代输其半"。

在这次回向法会上，他在佛前再次发愿，誓行三千善事，以遂求子的心愿。翌年，三千善行还远未做完，在袁了凡49岁时，即如愿生子，命名"天启"，取"天道昭显，种善因得善果"之意。

袁天启（1581－1627），后改名袁俨，字思若，号素水，少承家学，博极群书，尤留心经济。天启五年（1625）进士，知广东高要。任县令第三年，高要县夏水秋涝，城中水深三尺，袁俨奔走救灾，赈济穷困，以劳瘁而卒于任上。据清光绪《嘉善县志》记载："俨流涕走暑雨中，竭力救援，治苫盖，作粥糜，倩工捞溺，敛瘗浮骸。入秋淫霖不止，米价腾跃，复细勘贫户而亲赈之，车不遑停，目不暇睫，竟以劳瘁呕血，卒于官。归榇时，囊箧萧然。士民市啥巷哭，如丧所生。"

著述《祈嗣真诠》

> 余行一事，随以笔记。汝母不能书，每行一事，辄用鹅毛管，印一朱圈于历日之上。或施食贫人，或买放生命，一日有多至十余圈者。至癸未八月，三千之数已满，复请性空辈，就家庭回向。

袁了凡每做一件善事，都随时用笔记下来。他的夫人不识字，每做一件善事，就用鹅毛管在日历上印一个红圈。有时对穷人布施饮食，有时买鱼鸟等放生，一日有多至十余圈者。到万历十一年（1583）八月，三千善行圆满。请性空等高僧，在自家堂前庭院做回向法事。同样是三千善行，原来需要做11年，现在不到4年就圆满了，可见了凡行善越来越纯熟，速度越来越快。

袁了凡37岁得遇云谷禅师，突破"星占术数之学"的局限，坚信立命之学并身体力行。到49岁时，才终于有了儿子。中年所作《祈嗣真诠》，开篇叙述撰写此书的缘起：

予气清而禀弱，苦乏嗣，夙讲于星占术数之学，知命艰于育，且安之矣。后游建康之栖霞，遇异人授以祈嗣之诀，谓天不能限，数不能拘，阴阳不能阻，风水不能囿。信而行之，果生子。予虑天下之乏嗣者众，而不获闻是诀也，因衍为十篇，以风（按：通"讽"）告之，俾嗣续有赖，生齿日繁，而家家获螽斯之庆，吾愿慰矣。嗟嗟，岂独生子一节乎哉？命可永也，穷可达也，功名可建也。触而通之，是在智者。

袁了凡坦承自己"气清而禀弱"，有道德洁癖但身体素质虚弱，苦于没有子嗣。自己有儒家经学的家学渊源，且平素旁涉星占术数之学，故听了云南孔道人奇准的命理预测，知道命中难于生育，也只能无奈认命。后来在南京栖霞山遇异人云谷禅师，开示立命之学，包括祈嗣、科第的现实际遇，皆可通过自身的努力而突破宿命的囿限，此即"天不能限，数不能拘，阴阳不能阻，风水不能囿。"正是奉行"命自我立，福自己求"的正命论，经十几年的改过行善，终于在49岁时生下儿子袁天启。

鉴于天下苦无子嗣者众多，为使众生子孙昌盛，家业绵延，他愿意把自己的成功经验贡献出来，与大家共享。《祈嗣真诠》十篇中，《改过》与《积善》，是悔过迁善的道德修养，后编入《了凡四训》中；《聚精》《养气》与《存神》，是以道教为主的修炼方法，以达葆元毓神、强精健体的效果，后将此三篇辑成《摄生三要》行世；《和室》和《知时》，涉及古代房中术知识，以帮助掌握最佳受孕时机；《成胎》与《治病》，以袁氏医学世家背景，提供大量妇产科和儿科知识；《祈祷》一篇，则提供简易可行的佛教祈祷诵咒方式，包括其毕生修持的准提咒。

上述十篇中，最重要的是实践立命之学。袁了凡以自己亲身经历，见证行善积德确实可以从根本上改变命运，至于生子，只是附带的结果。故在序末强调："岂独生子一节乎哉？命可永也，穷可达也，功名可建也。触而通之，是在智者。"

三　授官职：公门里面好修行

进士登第，礼部观政

九月十三日，复起求中进士愿，许行善事一万条。丙戌登第。

袁了凡的一生，历经六应秋闱（乡试），又六上春官（会试）的漫长举业生涯。在经历五次会试失利后，袁了凡继三千善行圆满的次月，誓行善事一万条，起愿求中进士。三年后，在万历十四年（1586）如愿登第，时年

54 岁。

明代科举制度，进士登第，一甲进士直接选入翰林，二、三甲进士除少数直接授官，大多数须经历"进士观政"的见习阶段。所谓观政，即分配到六部等中央机构及地方州县，观察政事，练习政务，相当于从政的试用实习阶段。袁了凡殿试成绩为三甲第 193 名，被分入礼部观政。

袁了凡初入仕途，在礼部观政期间，即奉命到江南，参与清核苏州、松江一带的钱粮赋役。《明律》规定：官僚根据品级高低，拥有减免徭役赋税的特权。当时一些中小地主和自耕农，为逃避繁重的徭役赋税，将田地寄献给官僚地主，此即困扰明朝晚期财政的"投献"痼疾。由于官僚地主隐匿了大批不缴税赋的土地，影响国家财政收入。朝廷为遏止日趋严重的税源流失势头，经常派出一些廉吏或刚入仕的官员，前往各地执行清查任务，以限制皇庄和官僚豪绅兼并民田的势头。

"进士袁黄商榷四十七昼夜，条陈十四事。"（钱谦益：《牧斋初学集》）袁了凡在调查过程中，深体平民之苦，力求减轻民众的负担。在所呈《松江、苏州赋役议》中提出：分赋役以免混派，清加派以绝影射，修实政以省兵饷，查派剩以杜加赋，免协济以恤穷民；又请减免额外加征米银十余条款。终因既得利益集团势力太大，被豪绅所阻而作罢，使得袁了凡的清核工作前功尽弃。从袁了凡《江南清税还朝》五言长诗，略摘几段，以明其悲凉心境：

东南困重赋，白骨引荒邱。庙堂好施仁，恩令出皇州。

县吏执常调，膏泽屯平畴。宁逢乳虎怒，敢与胥史雠？

结发学从王，白首甫见收。献计空烦劳，吁嗟命不犹。

岩石有时泐，我心日已纠。海水尚可量，何以罄吾愁？

（《了凡先生两行斋集》卷八）

上任宝坻，盟誓城隍

授宝坻知县。

袁了凡进士登第后，经两年礼部观政，于万历十六年

（1588）授河北宝坻知县，任职五年，政声显著。上任伊始，作为人间的地方官，与掌管幽冥的地方神城隍盟誓。所撰《到任祭城隍文》，相当于一篇施政纲领。

维万历十六年六月初九日，礼部观政、进士袁黄奉命来知宝坻县事，谨以牲礼致祭于本县城隍之神曰：黄不肖，数罹大过，欲寡之未能也。然素有体物恤民之志，今将实见之行事，敬与神约：吾愿恭顺以事上……明洁以事神……虚怀乐善以事邑之贤者……崇俭以厚风俗……宁失不经以活无知犯法之民……兴民之利而辟其荒芜……防民之患而修其沟畛……听讼则不但剖其曲直，必思所以平其忿心，而使之无讼……用刑则不但锄强遏恶，必思所以养其良心，而使廉耻日生……赋役则不但不敢额外加征，必思所以曲为区处之，而使额内之数渐减……徭役则不但一时恤民之力，必思所以立法调停，而使享永世之利……治事则不但发己自尽，必思所以循物无违，而使众志得通……爱人则不但使居者愿耕于其野，亦使行者愿出于其途而无忘宾旅……至于纳民之贿，残民之命，凌虐士类，陷害同僚，则尤不肖之甚者，神其速殛毋恕。若夫雨旸时若，疫疬不侵，神之事也。予治其明，弗及其幽，愿默赐宠绥，以相予之不逮，合境神祇同此证明。尚飨！（《宝坻政书》卷一）

这篇施政纲领总的原则：事上以恭顺，事神以明洁，为官以勤廉，治民以宽厚。从吏、户、礼、兵、刑、工"六事"，向神灵作庄严承诺：一、虚怀乐善以事邑之贤者；二、崇俭以厚风俗；三、兴民之利、防民之患；四、宽刑息讼而养民廉耻之心；五、轻徭薄赋，恤民之力；六、整肃吏治，严禁贪污。

袁了凡与掌管幽冥界的城隍神庄严立约：在宝坻地面上，幽明两界，各有职守，知县作为人间地方官，当勤勉于以上六事，力保一境平安。然凡人的力量毕竟有限，举凡风调雨顺、疫疬不侵等事，则须仰仗神灵护佑。敬请城隍作为地方神，于冥冥中鉴照纤毫，指正自己施政中的不足之处，庇护全县官民。同时祈请合境神祇，一起为此作见证。

在《训儿俗说》中，袁了凡告诫儿子，祭神必出自至诚，天人感应之事，微妙难测，决不可视为迂腐，掉以轻心。他说自己每遇祭前十日，即迁坐静所，不饮酒茹荤，为散斋七日。"祭之日，尤须竭诚尽慎，事事如礼，勿盱视，忽怠荒。我在宝坻，每祭必尽诚，祷无不验。天人相与之际，亦微矣哉！"（《训儿俗说·报本第七》）

《宝坻政书》与《当官功过格》

> 余置空格一册，名曰"治心篇"。晨起坐堂，家人携付门役，置案上，所行善恶，纤悉必记。夜则设桌于庭，效赵阅道焚香告帝。

袁了凡上任之初即至城隍庙祭祀，向神明发誓，提出"崇俭""宽刑""减赋"等施政目标。平时每天坐堂处理公务时，将所行善恶诸事，详细记录在"治心篇"中，此为《当官功过格》的雏形。夜则效仿宋朝"铁面御史"赵阅道，于家中庭院设置案桌，将每日所行，焚香以告于天帝。

袁了凡还在《睦僚书》中，将《到任祭城隍文》中向神承诺的施政纲领，化作具体的施政方针。提议同僚

"每人各置一籍，每日所行之事，或善或恶，随手记之，月终一会，出簿互观"。在《答李四可书》中，袁了凡总结自己当五年县令，德政之要，惟在处事接人。处事之道有三：一曰防微，二曰举重，三曰存体。接人之道亦有三：一曰谦卑忍辱，二曰礼让接人，三曰收罗豪杰。(《了凡先生两行斋集》卷十)

袁了凡离任宝坻后，弟子刘邦谟、王好善，将他在任期间的公文及相关文章辑录成《宝坻政书》，该书共12卷，分为祀神书、御史书、睦僚书、积贮书、养老书、赋役书、训示书、刑书、工书、马政书、救荒书、边防书、自治书以及感应篇。《当官功过格》出自《宝坻政书》卷11，袁了凡在文前小序中略叙源流：

《书》云："作善降之百祥，作不善降之百殃。"又云："惠迪吉，从逆凶，惟影响。"严矣哉！道藏有《紫薇帝君功过格》，吾师复所杨先生刻之《感应篇》中，余取其有切于官守者，增损数条，用以自警。

序中提到的杨复所，即杨起元（号复所，1547 −

1599），万历丁丑（1577）会试第一名（会元），累官国子祭酒等职。他是袁了凡万历十四年（1586）考中进士时的座师。袁了凡任职宝坻县令期间，在《答杨复所座师书》中云："某自受官以来，轻徭缓刑，颇得民和。每朔望，群弟子员而授之经，讲《论》《孟》之遗言，而实示以现在之至理。生童之属，环明伦而观听者不下数百人，诵义之声达于四境，此皆先生及罗先生之教也。"信中所说的罗先生，即阳明学泰州学派代表人物罗汝芳（号近溪，1515–1588），杨起元为其门下弟子，袁了凡亦从罗汝芳学阳明心学。

《紫薇帝君功过格》，即作于金大定十一年（1171）的《太微仙君功过格》，作者为净明道士又玄子，序中称"梦游紫府朝礼太微仙君，得受功过之格，令传信心之士"。书中有功格36条，分作救济门、教典门、焚修门、用事门；过律39条，内分不仁门、不善门、不义门、不轨门。比《太微仙君功过格》稍早成书的，是作于北宋末年的《太上感应篇》。杨起元虽刻印这二部道教善书，然而因书中浓厚的三教合流的色彩，亦为儒门和佛教人士共同注重。明末高僧云栖袾宏，即依《太微仙君功过格》，改编成以佛教思想为主流的《自知录》。杨起元本人亦被视为佛门人物，与袁了凡一起列入彭绍升所撰《居士传》中。

《当官功过格》分成功格和过格两大类，功格列 50 条，过格列 30 条，内容不再分类。现摘略数条，按照功过的计量大小，分列救济穷困、慎刑洗冤、敬畏神明、勤政惠民、淳化风俗五个方面，由此一窥袁了凡勤政爱民、悲悯众生的情怀。

一、救济穷困。行善的计量单位，"凡施人钱物，皆以百钱算一功"。救济灾民，不分亲疏远近，尤鼓励关心那些颠沛流离的外地灾民，则功德可加倍："赈济得实，一人算一功。荒年煮粥，本县来食者，一人算一功。他方来食者，一人算二功。"有诸己而后求诸人，以自己行善为榜样，能晓喻亲友一起行善者，功德加倍："收养孤老一人，算十功。劝其亲戚，责以大义，令各收养，一人算二十功。"

二、慎刑洗冤。处理官司做到公正平直，是对官员起码的要求。如能以德化民，达到无讼之治，则功在十倍之上。"听讼能伸冤理枉，一事算一功；能诲诱顽民，平其忿心，使之无讼，算十功"。为犯罪者求生路，尤以雪冤狱或查寻从轻情节免死者，可记百功。特别对教诲能使之改过向善，给予记百功之重。

三、敬畏神明。当官以祭祀为首，凡遇祭祀，务遵戒约，以求感格于神明。"未祭而能守斋戒，当祭而如对神明，算十功。祷雨祭晴，能竭诚尽慎有应，每事算百功。"反之，"水旱不早为祈祷，算五过。祈祷而不尽诚，惟以虚文塞责，算十过"。

四、勤政惠民。施政以民众利害为根本，爱民惠民为官德的最高体现。"遇灾不申，遇赈而吝，皆算百过。"在钱粮征收、劳役差遣中，若聚敛成性，盘剥百姓，"加派增粮，算千过"。力求轻徭薄赋，减轻民众负担。"凡有力役差遣均平，使阖县受福，算千功。""申请蠲免，使地方得受实惠，算三千功"。对兴修水利、扶助农桑等不便量化效果的事项，则视工程量大小和受益程度记功。

五、淳化风俗。除劝诲百姓按时交纳赋税处，对社会进行善德教引，劝人友善相处，少讼息讼等项，各视多寡及受益大小定功。为官者不仅要造福民众，更要以身作则，推动地方风俗淳厚，如此功德有千功之重："凡事惜福，躬行节俭，使风俗还淳，算千功。"至于推行圣贤之教，提高整个社会文明程度，更给予高度肯定："阐明正教，维持正法，使圣贤遗旨灿然复明于世，功德无量。"

《当官功过格》不仅仅是简单的善书，这是一份罕见的行政治理历史文献，从中亦可见袁了凡作为佛教居士，具有公门里面好修行的入世情怀。一般功过格侧重于个人的道德修养，官员治民理政，面对的是成千上万的民众，他们所施善政仁政或者恶政荒政，对社会造成的后果和影响更大。故在当官功过格中，对涉及政务的功过计量标准，也远远高于一般用于个人修身的功过格。所列千功以上的大功德，都与关怀民生疾苦、社会治理、稳定秩序和淳化风俗有关。

善行的动机与效果

汝母见所行不多，辄颦蹙曰："我前在家，相助为善，故三千之数得完。今许一万，衙中无事可行，何时得圆满乎？"

夜间偶梦见一神人，余言善事难完之故。神曰："只减粮一节，万行俱完矣。"盖宝坻之田，每亩二分三厘七毫。余为区处，减至一分四厘六毫。委有此事，心颇惊疑。适幻余禅师自五台来，余以梦告之，且问此事宜信否？师曰："善心真切，即一行可当万善，况合县减粮，万民受福乎！"吾即捐俸银，请其就五台山斋僧一万而回向之。

袁了凡于万历十六至万历二十年（1588－1592）任宝坻知县。在五年知县任上，他勤政爱民，革除弊政，上任初即对重夫、重马、银鱼等项扰民的摊派，都据理予以革除，做到除正赋外没有其他摊派。省徭役、治沟塍、辟旷土、课耕种，大力兴修水利，疏浚河道，教导百姓沿海岸种植柳树。其后，每逢海水挟沙冲岸，遇柳淤积，久而成堤。袁了凡精通农事，将南方水稻引种到北方并取得成功。并撰《宝坻劝农书》五卷，比徐光启的《农政全书》早了 48 年。

正是因为在县官任上忙于公务，单纯做善事的机会不多。夫人见他所记的善行不多，颇感忧愁：以前在家相助为善，故三千之数得完。今许愿一万件善行，衙门中没什么机会可做帮助人的善事，所许的万善之愿何时才得圆满？

日有所思，夜有所梦。袁了凡梦中见一神人，告以善事难完的困惑。神人说："只减粮一节，万行俱完矣。"宝坻临海，田地受盐碱影响，粮食产量不高，但田赋每亩二分三厘七毫，农民负担极重，历年积欠粮赋万石。袁了凡上疏朝廷，请求减免赋税，经多方筹划处置，上任第三个年头，将田赋减至一分四厘六毫。袁了凡醒后颇感惊诧，为民减轻赋税，乃县官本分，真能顶得上一万件善事吗？

正巧，早年与袁了凡一起发起倡刻《嘉兴藏》的幻余法本禅师，此时于五台山开始刊刻《嘉兴藏》，他从五台山到宝坻官舍，请袁了凡撰作《刻藏发愿文》。了凡把梦境告诉禅师，询问这件事是否可信？幻余说："善心真切，即一行可当万善，况合县减粮，万民受福乎!"幻余此言，说明佛教因果论中两条非常重要的观点。

第一，佛教重在发心，只要善心真切，即使现实中没有实现，也有极大功德。《积善之方》中即有此案例，宋卫仲达上疏劝谏大兴土木，朝廷虽未采纳，但有此一念，功在万民，故所积阴德亦重。

第二，业力因果论虽重动机，即"业以思为体"，思为发心行事的意志。同时，基于别业与共业的相互增上关系，也强调所造善业的实际效果。县官勤政爱民，使万民受益，其社会效果当然要比平民百姓大上千百万倍。清乾隆五年，时任宝坻知县洪肇楙，在《祭袁了凡文》中，将此善政称赞为："一疏奏可，万户生春。"

《当官功过格》中，对官员爱民惠民的计功标准，远高于普通人修身的功过格，亦出自袁了凡自己的县政实践。公门之中好修行，袁了凡是把官场作为行菩萨道的道场，益发坚定行善的信心，当即捐出俸银，请幻余禅师在五台山设万僧斋以作回向。

袁了凡任宝坻知县，深得百姓爱戴，以至"民间皆私绘公像，饮食必祭，家家庆祝，虽禁不能止也"（《宝坻政书》卷12《感应篇》）。前蒲城知县、宝坻乡绅邳赞在《宝坻政书》序中，盛赞袁了凡以清廉俭朴要求自己，以慈和仁爱对待百姓，以恭敬谦逊对待上级，以光明正大和睦同僚，以礼仪法度训教生员士子，以赏罚分明管理县吏差役，以至真至诚感动天地，评价他是宝坻建县以来最好的县令："袁公之令吾邑也，以清俭律身，以慈仁抚众，以恭逊事上，以正大睦僚，以礼法训士，以严明驭胥，以至诚格鬼神，吾邑二百年来所未有之良牧也。"

边防献策与抗倭援朝

袁了凡入仕从政前，即从唐顺之和刘隐士学兵法，对军事韬略有很深造诣，江南倭难作时，常随阵观战。曾北上华北和东北各关隘，考察"北虏"入侵关内的线路地形，在蓟门目睹戚继光所创阵法。袁了凡研究军事，着眼于安邦定国的大局：

> 夫古人论战，不论坚甲利兵，而论事神治民、问疾葬死等事，此岂迂也乎哉？盖战而修其武备，犹试而修其文词，此人事当尔，不必论也。进退得失，其机甚微，其来也，若启之；其去也，若夺之，默主于人事之外，而人不得窥其缄者，此谋臣智士之所以栗栗危惧，而鄙夫浅儒见在眉睫者，固不虞冥冥之中有真宰也。（《游艺塾续文规》卷三）

宝坻地处京畿腹地，承担着拱卫京师之功能，地理位置重要。袁了凡在宝坻知县任上，向直隶巡抚和兵备道数次呈文，详述抵御倭患和女真的政经方略，对边防海疆的山川地形了如指掌，指出财政和边防所存在的隐患，并提出对治办法。《宝坻政书》中关于兵事的论述很多，占有相当的分量。在《边防书》《马政书》等篇章中，处处可见关于养马、防倭、备边、抚边的奏议。在《复抚按边关十议》中，面临"无饷无兵"的情况，提出应从十个方面进行改革：一、革养军之虚费；二、汰台兵之冗员；三、谨抚赏之机宜；四、定市马之良规；五、复旧耕之额田；六、实种植之厚利；七、兴险阻之水利；八、增将官之供给；九、议轻车之便利；十、查器械之冒滥。在《阅视八议》中，针对边务久废，认为应从八个方面整顿边务：积钱粮、修险隘、练兵马、整器械、开屯田、理盐法、收胡马、散逆党。

万历二十年（1592），袁了凡朝觐万历帝后，擢升兵部职方司主事。适倭寇侵略朝鲜，明朝作为宗主国，派兵东征援朝。得兵部侍郎、蓟辽经略宋应昌疏荐，袁了凡着四品服，任军前赞画（参谋）。战争初期，蓟辽经略宋应昌驻扎辽阳凤凰城，袁了凡作为宋应昌的代表，承担与朝方沟通、催促粮草供应等工作。谋划平壤大捷，屡建功绩。袁了凡在宋应昌与提督李如松之间，成为文臣武将彼此相制的缓冲，最终成为各种矛盾激化后的牺牲品。袁了凡与李如松的矛盾，主要有两点：一是平壤大捷后，袁了凡核实战功，认为李如松祖护北军；二是袁了凡接南军举报，当面责问北军杀朝鲜人冒功。因此李如松与袁了凡结怨，遂与兵部员外郎刘黄裳一起，以十罪弹劾了凡，结果被削职归家。

　　袁了凡被贬，也与"癸巳京察"时内阁与吏部相争的政治斗争有关。明代官员每三年考核一次，每六年京察一次，由吏部主持，检察全国五品以下官员（含五品）。京察主持者吏部尚书孙鑨和考功司郎中赵南星（东林党人）等，将阁臣想要袒护的人"皆在黜中"。内阁迅速反击，言官参劾赵南星和袁了凡等。同时，朝中有言官翻出袁了凡任宝坻县令时为民减赋一事，弹劾他"纵民逋税"。

四　延寿考：隐逸课子的生活

赵田逸农，教子授徒

万历二十一年（1593）五月，袁了凡罢官回到魏塘镇，时年61岁。嘉善知县章士雅聘其为重修县志主笔。三年后，《嘉善县志》刊印，列12卷、9纲、8图及20分区图，分50目。

次年，举家搬迁至江苏吴江赵田村，自号"赵田逸农"，开始了长达十多年的隐居生活。袁了凡在《寄丁衡岳书》中，倾诉自己从征海外，实欲委身报国，然因不谙官场潜规则，面对违法乱纪的现象，不忍见，亦不敢从，结果动辄得罪人，乃至遭受污陷，默默南归。在信中，他描述了自己罢官后的隐居生活：

> 仆偃息水乡，离城稍远，清晨盥梳毕，即静坐片刻。起则检阅经史，定千古之是非，开一时之眼目，研朱点墨，足以自嬉。出而曳杖柴门，见鱼鸟则买放生，遇僧道则随缘布施，共田翁渔父，谈肺腑真率语。退而呼童灌园，或复冥心晏坐。在是非不到之乡，世途诚险，谗焰诚高，了不相涉。（《了凡先生两行斋集》卷十）

隐居期间，杜门教子授徒，潜心著述，四方从游者甚众。"日以其余力修补六经之注脚，开发万世之盲聋。庶几丘园诵古之义，尚足以少裨明时。"著《袁氏易传》12卷，《毛诗袁注》30卷，《尚书入旨》8卷，《春秋义例》3卷。（《了凡先生两行斋集》卷十《答温一斋掌宪书》）

65岁时，袁了凡为17岁的儿子天启行冠礼，请有通家之谊的沈大奎主持。在此成年礼上，将所作《训儿俗说》授予天启。此书为真正意义上的家训，分立志、敦

伦、事师、处众、修业、崇礼、报本、治家八篇。沈大奎在序中赞为"天下后世教家之模范",并勾勒评点其大要:

> 首曰立志,植其根也;曰敦伦,曰崇礼,善其则也;曰报本,厚其所始也;曰尊师,曰处众,慎其所兴也;曰修业,曰治家,习其所有事业也。外而起居食息言语动静之常,内而性情志念好恶喜怒之则;上自祭祀宴享之仪,下自洒扫应对进退之节;大而贤士大夫之交际,小而仆从管库之使;令至于行立坐卧之繁,涕唾便溺之细,事无不言,言无不彻。

同年,《庭帏杂录》付梓。此书是袁氏兄弟五人,即袁衷、袁襄、袁裳、袁表(了凡)、袁衮,对其父母日常言行的记述,由袁衷的表弟钱晓删订而成。刚举行过冠礼的袁天启,承父命作序。据序文所言,此书由袁氏兄弟相继记录20余卷,经倭乱所存无几。袁了凡虑其散逸,遂辑其存者,厘为上下二卷付梓。

编著《游艺塾文规》

结合教子授徒，编著举业用书，其中集大成者为《游艺塾文规》正续编。此书编于袁了凡遭诬罢官，隐居课子的晚年时期，70岁时付梓。72岁时，卧病林皋，仍然评析会试墨卷，撰《游艺塾续文规》。此书提供了《了凡四训》的文献源头，厘清袁了凡治学科考中的人物事迹，要言不烦地点出其思想脉络和治学窍诀。

游艺，取自孔子"志于道，据于德，依于仁，游于艺"（《论语·述而》）。艺者，不限于六艺或制艺，更不是牵强附会为生活美学。在《训儿俗说·修业第五》中，明确提出进德与修业原非两事，修身进德就体现在日常事业中，士人有举业，做官有职业，家有家业，农有农业，随处有业，"善修之，则治生产业，皆与实理不相违背"。袁了凡告诫在馆以读书作文为业的儿子，修业有十要：无欲、静、信、专、勤、恒、日新、逼真、精、悟。修业第十个要点"悟"，即达到"游于艺"的生命境界。

志道、据德、依仁，可以已矣，而又曰游于艺，何哉？艺，一也。溺之而不悟，徒散精神。游之而悟，则超然于象数之表，而与道德性命为一矣。

游于艺的境界，即进德之体与修业之用，达到体用一如、显微无间的境地。若沉溺修业的事功层面，而不达性体，则白白浪费精神。必须超越事功名闻的表象，与道德生命之体融而为一，优游于命自我立的自由境界。袁了凡举当年孔子向师襄学琴的事例，历经三个五天的练习，超越了曲目、音律、作者的表象，跨越千年间隔，而与周文王精神相交。因此，游于艺的悟境，也就是性教不二的中道境界。此即《训儿俗说·立志第一》中，袁了凡所总结的性教关系：

大率圣门入道，只有性教二途。真心不昧，触处洞然，不思而得、不勉而中者，性也。先明乎善，而后实造乎理者，教也。今人认工夫为有作，而欲千修万炼、勤苦求成者，此是执教。认本体为现成，而谓放任平怀为极则者，此是执性。二者皆

非中道也。须先识性体，然后依性起教，方才
不错。

袁了凡以自己人生大起大落的境遇，深知事功可遇不
可求，能凭自己作主的，唯有基于良知的道德修为。游于
艺者，是在危脆的人心和微弱的道心之间，守住惟精惟一
的天道原则，于顺逆境遇中游刃有余的中道智慧。

《游艺塾文规》卷一的最后三篇，是《科第全凭阴
德》（即《积善之方》）、《谦虚利中》（即《谦德之
效》）、《立命之学》，《了凡四训》基本内容已备，当时
尚未有"四训"之名。袁了凡的朋友周汝登（号海门，
1547－1629，亦为阳明学大家，师事王龙溪、罗近溪）读
后，推动先付印单行本，在《立命篇》序中，盛赞于人大
有利益，付梓后名为《袁先生省身录》。

未尝祈寿，自享天命

孔公算予五十三岁有厄，余未尝祈寿，是岁竟无恙，
今六十九矣。《书》曰"天难谌，命靡常"，又云"惟命

不于常"，皆非诳语。吾于是而知，凡称祸福自己求之者，乃圣贤之言；若谓祸福惟天所命，则世俗之论矣。

　　孔先生测算了凡"五十三岁八月十四日丑时有厄"，寿终正寝。自从遇见云谷禅师之后，确立命自我立、福自己求的信心，力行善事，累积阴德，命运自然会转变，孔先生的算数就越来越不准。他曾经为祈求中举、生子、中进士，祈过三次愿。但对于生死问题，已经全然放下，也没有专门发愿祈寿，到了53岁这一年，竟然无病无忧愁。当写此文时，已经是69岁。《居士传》说他享年74岁，故延寿近21年。

　　《尚书·咸有一德》曰："天难谌，命靡常。"此指上天的意志难于捉摸，天命也不是固定不变的。又引《尚书·康诰》："惟命不于常。"正是因为天命无常，人必须以德配天，才能保有天命。引述《尚书》以上两段话，说明命运并非常数，只要以真心行善，就能改变命运。可见经典所示圣贤之言，皆非诳语。由此袁了凡得出结论：立命之学并非宿命论，依因果正见，改过积善，人人都可以改造自己的命运。"凡称祸福自己求之者，乃圣贤之言；若谓祸福惟天所命，则世俗之论矣。"

罢官隐居十余年后，袁了凡于万历三十四年（1606）去世。天启元年（1621），吏部尚书赵南星追叙袁黄东征功勋，朝廷才为袁了凡洗清冤情，追叙他征讨倭寇的功绩，下诏追赠尚宝司少卿。清乾隆二年（1737）入祀魏塘书院内"六贤祠"，浙江巡抚纳兰常安撰《祠堂记》，赞为"挥击奄竖，九死不悔"。

袁了凡博学尚奇，凡河洛、象纬、律吕、水利、戎政，旁及勾股、堪舆、星命之学，都有所涉，精通医药、天文、术数、水利、兵政。据不完全统计，袁了凡共计有著述22部，198卷，主要著有《祈嗣真诠》《静坐要诀》《袁了凡纲鉴》《群书备考》《历法新书》《评注八代文宗》《宝坻政书》《劝农书》等，以《了凡四训》流传最广。

诫子勉行立命之学

汝之命，未知若何。即命当荣显，常作落寞想；即时当顺利，常作拂逆想；即眼前足食，常作贫窭想；即人相爱敬，常作恐惧想；即家世望重，常作卑下想；即学问颇优，常作浅陋想。远思扬祖宗之德，近思盖父母之愆；上

思报国之恩，下思造家之福；外思济人之急，内思闲己之邪。务要日日知非，日日改过。一日不知非，即一日安于自是；一日无过可改，即一日无步可进。天下聪明俊秀不少，所以德不加修、业不加广者，只为因循二字，耽阁一生。

云谷禅师所授立命之说，乃至精至邃、至真至正之理，其熟玩而勉行之，毋自旷也。

袁了凡以自己用"功过格"记录善恶，行善积德的亲身经历，并结合大量真实生动的事例，告诫儿子要自强不息，改造命运。云谷禅师所授立命之说，乃精深博大、至真至正之理，须认真钻研，努力践行，切不可得过且过，荒废大好时光。

时也命也，无论是顺境还是逆境，皆以谦德应之。当大环境无可奈何转向违逆，君子坚守道义，狂者进取，狷者有所不为，绝不做同流合污的乡愿。须牢记立命之学首重谦德，低调行事，自可进福远祸。即使命当荣华显达，也须常作落寞不得意想；即使时运亨通顺利，也须常作违不称心想；即使眼前丰衣足食，也须常作贫困艰难想；即使受人尊重爱戴，也须常怀敬畏之心；即使家世显赫，也须常作低微想；即使学问广博高深，也须常作浅陋想。

立志要远大，持身须严谨。远思显扬祖宗之德，近思掩盖父母之愆；上思报国之恩，下思造家之福；外思济人之急，内思防己之邪。务要日日知非，日日改过。袁了凡勉励儿子：人生在世，切切不可冒昧因循、自甘暴弃，而应奋发向上，闲邪存诚，克明明德，亲得受用。

第四讲

改过之法

本讲是对《改过之法》篇的导读，阐述改过的根本、步骤及效验。《改过之法》辑自袁了凡中年所作的《祈嗣真诠》，于万历十八年（1590）夏付梓。《祈嗣真诠》共有十篇，最重要的是通过改过积善，从根本上改变命运，生子只是附带的结果。后人在编辑《了凡四训》时，将《祈嗣真诠》前两篇辑出，文字略作裁剪，次序上也有所调整。将《改过第一》列为《了凡四训》的第二篇，易名《改过之法》，承上篇《立命之学》，下启《积善之方》。

修身立命的前提，是实行改过之法，如果过失不改正，就会成为行善积德的障碍。须发耻心、畏心、勇心，使未断之恶令断，已断之恶令不生。以改过闭恶趣门，远离地狱、饿鬼、畜生三恶道。

改过之法，有从事上改，有从理上改，有从心上改。三种方法中，以治心一法最为根本。"以上事而兼行下功，未为失策；执下而昧上，则拙矣！"对行事、明理、治心三个层面的总结，实为改造命运的三个维度，作为贯通全书的叙事脉络。

一 获福远祸，先须改过

观察吉凶之征兆

春秋诸大夫，见人言动，亿而谈其祸福，靡不验者，《左》《国》诸记可观也。大都吉凶之兆，萌乎心而动乎四体。其过于厚者常获福，过于薄者常近祸。俗眼多翳，谓有未定而不可测者。至诚合天。福之将至，观其善而必先知之矣；祸之将至，观其不善而必先知之矣。

袁了凡这一大段话，从三个方面观察吉凶的征兆，以论述改过的必要性。

一、人的内心善恶，会通过外在的言行举止表现出来。人的语言和行为，皆是萌发于内心的表现，此即《大学》所说"诚于中而形于外"。因此，从外在的言行可以推测其内心的善恶，从心地的善恶可以推测未来的吉凶。为人处世稳重厚道者，常获福报；而待人接物轻浮刻薄者，常近祸殃。

二、人生活在社会中，一举一动都处于众人的指视之中，明眼人可以透过其外在表现而洞察其内心。春秋时代，各国大夫在国事活动中，相互往来频繁，阅历丰富，见多识广。与人交往中，通过观察其言谈举止，就能推测其吉凶祸福，多有灵验。这类事迹，在《左传》《国语》等先秦典籍中记载颇多。正如《中庸》所说，国家将要兴旺，必然有吉祥的征兆；国家将要衰亡，必然会出现反常的妖孽现象。故兴亡吉凶之兆，萌发于心，吉祥的福报从善业之因而生，凶祸之报从恶业之因而生。

三、人生活在天地之间，为天地鬼神所监察，故人必以至诚之心，与天道相合。世俗之人见识短浅，如眼中生翳，无识人之明，看不到祸福的征兆，对世事变迁茫然无知，才说天道难测。然而，《中庸》明确宣示天人相通，人道本于天道。"诚者，天之道也；诚之者，人之道也。"若心能无一毫私伪，以至诚之心，与天地鬼神合其德，则与万物的气化运行同流。如此则达到寂然不动、感而遂通的境界，能见微知著，察知兴亡祸福之兆。

由此看来，人生在世，无所逃遁于天地之间，任何伪装都无济于事。福之将至，观其善言善行，必可预知其征兆；祸之将至，观其恶言恶行，必可预知其征兆。因此，君子养成的前提是不自欺、不欺人、不欺天。改过，不仅本乎良知的自律，也基于对社会舆论和天地鬼神的敬畏。

袁了凡在代人所作的《太上感应篇序》中，感叹古今人心不同，有如天行之日，每况愈下，日趋晦暗。"三皇以前，为晨出之光；三代以上，为中天之曜；自兹以后，则昃而酺、酺而昏矣。"故《太上感应篇》这类善书，实为警醒人心昏暗而设，对民众起到神道设教的作用："天不能动而言神也，教不能恐而言刑也，闾师党正之不足而有士师理官也，士师理官之不足而有卜筮巫祝也。"（《了凡先生两行斋集》卷五）

未论行善，先须改过

今欲获福而远祸，未论行善，先须改过。

如果要想获得福报而远离灾祸，必须积聚正因，在心地上改过行善。将改过置于行善之前，正是基于佛教修行的理论与实践路径。将凡夫的血肉之身重塑为义理之身，必须从根源上清理造成生死轮回的烦恼恶业。袁了凡在云谷禅师处行皈依之礼，先发露忏悔以往一切罪愆过失。犹如茶具在泡新茶之前，必先洗杯清除污垢。六祖惠能在《坛经·忏悔品》中，对忏悔有明确的定义：

忏者，忏其前愆。从前所有恶业，愚迷、骄诳、嫉妒等罪，悉皆尽忏，永不复起，是名为忏。悔者，悔其后过。从今以后，所有恶业，愚迷、骄诳、嫉妒等罪，今已觉悟，悉皆永断，更不复作，是名为悔。

忏者，是清理从前所造的恶业，在心中清零，不再造作新业；悔者，是防范未来所造的新业，更不复作。这说明凡夫由于深重的烦恼障碍，修道是不断改恶从善的艰苦过程，故须辅以功过格的工具，对自己的德行生活做量化管理。袁了凡在总结自己的功过格实践时，感叹"以过折功，日常虚度"。虽然做了不少善事，但由于习焉不察的坏习气，所犯的过错不断抵消掉所做之功。故"未论行善，先须改过"，改过是行善的先决条件。这与他"以过折功"的功过格实践方式是一致的，故在文本编排上，将《改过之法》置于《积善之方》之前。

《祈嗣真诠·改过第一》，在篇首还有如下一大段文字：

> 春秋时，去圣人未远，其言多中，宜也。就生子一节言之，忍者多不育，好戕物命者多不育，洁己而清甚者多不育，舞机御物者育而不肖或遇祸。机深者必绝嗣，多怒多欲者必难受妊，或妊而半产，或产而多夭。凡发愿祈嗣，宜深省己躬，方改前辙。爱者生之本，忍则自绝其本矣。君子宁过于爱，毋过于忍。人物不同，其生一也。多杀物命，

生理有亏。祈嗣须戒杀生，同功不难，同过为难。
君子宁身受恶名，不可使人有逸行。好洁己者，常
不顾人，此天下之大恶，鬼神所不佑也。地之秽者
多生物，水之清者常无鱼。宜细思之。机有浅深，
亦有美恶。借之以济世，则为仁术；因之以陷人，
则为恶机。然而不可常用也。媾精者以气为主，怒
多则伤气，欲多则耗精，皆当深戒。

春秋时代，正是孔子等圣人活跃的时代，《左传》《国
语》中所记载的事迹言行，多能见微知著，察知吉凶之
兆。现在去圣日遥，不妨能近取譬，举民众所关心的祈子
一事，讨论人的行为对子嗣的影响。关于命中无子的原
因，袁了凡在《了凡四训·立命之学》中，已经反省了六
条原因，与此段内容多有重叠，这或许是后来编辑者删除
的原因。

袁了凡在《庭帏杂录》中，回忆其父与友人顾子声、
王天宥、刘光浦相约，须刷除十种过错，方能大节凛然，
细行不苟，而成就世之完德君子。

外缘役役，内志悠悠，常使此日闲过，一也。

闻人之过，口不敢言，而心常尤之，或遇其人，而不能救正，二也。

见人之贤，岂不爱慕？思之而不能与齐，辄复放过，三也。

偶有横逆，自反不切，不能感动人，四也。

爱惜名节，不能包荒，五也。

（原文缺六）

终日闲邪，而心不能无妄思，七也。

有过辄悔，如不欲生，自谓永不复作矣，而日复一日，不觉不知，旋复忽犯，八也。

布施而不能空其所有，忍辱而不能遣之于心，九也。

极慕清净而不能断酒肉，十也。

顾子声是袁父的挚友，对此刷除十过的修身之道大为赞赏，并勉励袁了凡兄弟们："汝曹识之，此尊翁实心寡过也。"（《庭帏杂录·袁表录》）从此段资料可知，袁了凡的改过之法，有其家传渊源。

二　发三种心

发耻心

但改过者，第一要发耻心。思古之圣贤，与我同为丈夫，彼何以百世可师，我何以一身瓦裂？耽染尘情，私行不义，谓人不知，傲然无愧，将日沦于禽兽而不自知矣。世之可羞可耻者，莫大乎此。孟子曰："耻之于人大矣！"以其得之则圣贤，失之则禽兽耳。此改过之要机也。

袁了凡在《祈嗣真诠·改过第一》中，以发三种心的内容作为总结，放在篇末。改编为《改过之法》时，则移到篇首，提出要发耻心、畏心、勇心。改过之事，是与真理日趋相应的过程。故先引述儒家和佛教的教理，说明改过的必要性。进而在改过的方法上，必须深入到心的根源，从源头消除过错。

　　人之所以异于禽兽，即心中所存的仁义。试想古代圣贤与我同为男子汉，为何他们能流芳百世，为后人效法，而我们却一事无成，形同碎瓦，默默无闻？这都是为俗情所染，沉溺于尘世的欲望，暗中行不义之事，以为无人知晓，还洋洋自得，毫无羞愧之心。如此日益沉沦，于不知不觉中与禽兽同沦。世之可羞可耻者，莫大乎此。

　　孟子说："耻之于人大矣！"（《孟子·尽性上》）知耻而不做不正之事，是人与禽兽的分界，故知耻为立身之端。人能知耻则得以成就圣贤之道，失去耻心则入于禽兽之流。见贤思齐，以圣贤为榜样而修德进道。取法乎上尚且仅得乎中，如果不是以不若古圣贤为耻，如何能成就贤人之名？故知耻为改过的前提和关键。

发畏心

第二要发畏心。天地在上，鬼神难欺，吾虽过在隐微，而天地鬼神，实鉴临之。重则降之百殃，轻则损其现福，吾何可以不惧？

不惟是也。闲居之地，指视昭然，吾虽掩之甚密，文之甚巧，而肺肝早露，终难自欺，被人觑破，不值一文矣，乌得不懔懔？

不惟是也。一息尚存，弥天之恶，犹可悔改。古人有一生作恶，临死悔悟，发一善念，遂得善终者。谓一念猛厉，足以涤百年之恶也。譬如千年幽谷，一灯才照，则千年之暗俱除。故过不论久近，惟以改为贵。但尘世无常，肉身易殒，一息不属，欲改无由矣。明则千百年担负恶名，虽孝子慈孙，不能洗涤；幽则千百劫沉沦狱报，虽圣贤佛菩萨，不能援引。乌得不畏？

发畏心，即发敬畏心。孔子说："君子有三畏：畏天命，畏大人，畏圣人之言。"（《论语·季氏》）前发耻心，引证的都是儒家的经典。此处发畏心，不仅引证儒家思想，还引入佛教三世因果的思想。故分畏天地鬼神、畏人间舆论、畏后世报应三个层次论述。

一、畏天地鬼神。知耻，是区分人与禽兽的底线。知耻的道义根源，首先本于对天地鬼神的敬畏。上帝以及天神地祇等神灵体系，于冥冥之中监临天下，并接受人间的祭祀。"是故君子戒慎乎其所不睹，恐惧乎其所不闻。莫见乎隐，莫显乎微，故君子慎其独也。"（《中庸》第1章）

"鉴临"，如明镜在面前监视、审察，故亦称作"监临"。天地鬼神，虽然看不见、听不到，但就在我们的头顶上和身边左右，如镜照察，洞察幽微。人在隐微处所犯过错，纵然可欺瞒世人，却无所逃避天地鬼神在冥冥中的监察。天地在上，鬼神难欺。所犯罪过，重则天降各种灾祸，轻则减损现有的福报，不得不引起我们的"戒慎"和"恐惧"。

二、畏人间舆论。不但在冥冥中有天地鬼神的监临，人生活在现实社会，就处在民众的舆论监督中。君子上不欺天，下不欺人，心常存敬畏，丝毫马虎不得。小人善于伪装作秀，恣意妄为无恶不作，还要在人前装出正人君子的模样。其实，别人对其洞若观火，早看透他的肺肝心肠。这种自欺欺人的掩饰伪装，是无益于事的。一旦被人识破，人格破产，也就一文不值了。

"指视昭然"，语出《大学》："小人闲居为不善，无所不至，见君子而后厌然，掩其不善，而著其善。人之视己，如见其肺肝然，则何益矣？此谓诚于中，形于外，故君子必慎其独也。曾子曰：'十目所视，十手所指，其严乎？'富润屋，德润身，心宽体胖，故君子必诚其意。"意谓小人为非作歹，可以欺瞒于一时一地，但难逃天下百姓的舆论监督。民众的眼睛是雪亮的，周围人们早就洞察其肺肝，为千夫所指，为万众唾骂。不欺天，不欺人，关键在于不自欺。

三、畏后世报应。不仅要敬畏天地鬼神和人间舆论，更要敬畏因业力流转而无穷承受的后世果报。人只要一息尚存，纵然犯下弥天大罪，犹有可悔改的机会。古人早就说过，有人一生作恶，临终前悔悟，萌发善念，遂得善终。这就是说，只要能下痛改前非的决心，就足以洗涤一生所积之恶。此善念譬如点亮一盏明灯，能照亮千年黑暗的幽谷。因此，所犯过错不论远近，唯以知错能改为贵。

知道三世因果报应的原理，就必须借助今生短暂的色身，以修永恒的法身慧命。因为尘世变化无常，肉身危脆易殒，倘若一息离身不为己有，纵然想改也来不及了。当人以戴罪之身，断气之后并非一了百了，依然要承受无穷无尽的果报。明，则在人世间遗臭万年，虽有孝子慈孙也不能洗涤恶名；幽，则在幽冥阴间沉沦恶道，千百劫忍受地狱受苦的果报。此时，虽有圣贤佛菩萨，也无法救助、接引。这种身后的报应，怎么可以不惧怕呢？

发勇心

第三须发勇心。人不改过，多是因循退缩。吾须奋然振作，不用迟疑，不烦等待。小者如芒刺在肉，速与抉别。大者如毒蛇啮指，速与斩除，无丝毫凝滞。此风雷之所以为《益》也。

孟子把仁义礼智四善端，视为人之为人的根本。恻隐之心是仁的发端，羞恶之心是义的发端，辞让之心是礼的发端，是非之心是智的发端。此四端，是区分人与禽兽的标志。君子通过后天学习和行履，保持并发扬此四端，以成就圣贤之业。"凡有四端于我者,知皆扩而充之矣,若火之始然、泉之始达。苟能充之,足以保四海;苟不充之,不足以事父母。"(《孟子·公孙丑上》)

君子养成的目标方向,是将仁义礼智四善端扩而充之。君子养成的实践路径,则为知、仁、勇三达德,即孔子所说:"好学近乎知,力行近乎仁,知耻近乎勇。知斯三者,则知所以修身。知所以修身,则知所以治人。知所以治人,则知所以治天下国家矣。"(《中庸》第20章)

好学力行的前提,在于知耻。知耻方能改过,人不改过,大多是因循退缩,得过且过。吾辈在明白因果道理之后,必须奋然振作,改过灭罪,不能心存侥幸,犹豫不决。小的过错,如芒刺在肉,速与抉剔;大的罪恶,如毒蛇啮指,速与斩除,不能有丝毫迟疑、停顿。

孔子说:"德之不修,学之不讲,闻义不能徙,不善不能改,是吾忧也。"(《论语·述而》)在知行合一的过程中,发勇心迁善改过,方能得雷厉风行之益。勇者,即《易经·益卦》的卦意所指:"《象》曰:风雷,益。君子以见善则迁,有过则改。"雷动于前,风起于后,风雷激荡,相助互长,方益于万物生长。君子效法此雷厉风行之象,见人有善则迁而从之,知己有过则改而正之。

三　改造命运的三个维度

从事上改

具是三心，则有过斯改，如春冰遇日，何患不消乎？然人之过，有从事上改者，有从理上改者，有从心上改者，工夫不同，效验亦异。

如前日杀生，今戒不杀；前日怒詈，今戒不怒。此就其事而改之者也。强制于外，其难百倍，且病根终在，东灭西生，非究竟廓然之道也。

具备耻心、畏心、勇心这三心，则当机立断，有过即改，犹如坚冰遇上春天的太阳，何患不消融？

关于改过之法，袁了凡提出了行事、明理、治心三种维度：有从事上改者，有从理上改者，有从心上改者。这三种维度所下工夫的深浅不同，改过的效验也就高下立判。

就从事上改者而言，譬如以前犯杀生之过，今戒不杀；以前犯暴怒骂人之过，今戒不怒。这是基于他律的约束，或慑于社会的公序良俗，或持守宗教的戒律，而在事相层面上，被动地行改过之事。能行改过从善之事，是改变个人命运、推动社会文明进步的前提，也是功过格实践的起点。

然而，若不明过错的根源及改过的原理，只是被外部压力所推动，就事论事地改过，只及一事而不能举一反三，只治标而不能治本，其病根依然存在。犹如杂草被石头所压制，此起彼伏，东灭西生，不能把病根扫除尽净，故非究竟之道。

从理上改

善改过者，未禁其事，先明其理。如过在杀生，即思曰：上帝好生，物皆恋命，杀彼养己，岂能自安？且彼之杀也，既受屠割，复入鼎镬，种种痛苦，彻入骨髓。己之养也，珍膏罗列，食过即空，疏食菜羹，尽可充腹，何必戕彼之生，损己之福哉？又思血气之属，皆含灵知，既有灵知，皆我一体。纵不能躬修至德，使之尊我亲我，岂可日戕物命，使之仇我憾我于无穷也？一思及此，将有对食痛心，不能下咽者矣。

如前日好怒，必思曰：人有不及，情所宜矜。悖理相干，于我何与？本无可怒者。又思天下无自是之豪杰，亦无尤人之学问。行有不得，皆己之德未修，感未至也。吾悉以自反，则谤毁之来，皆磨炼玉成之地，我将欢然受赐，何怒之有？又闻谤而不怒，虽谗焰薰天，如举火焚空，终将自息。闻谤而怒，虽巧心力辩，如春蚕作茧，自取缠绵。怒不惟无益，且有害也。其余种种过恶，皆当据理思之。此理既明，过将自止。

从事上改，只是停留在事相、事行的现象层面，知其然而不知其所以然。从理上改，则深入到道理、理体的本质层面。袁了凡举杀生和嗔怒这两件事相，探究造成过错的深层次原理，进而从不杀生、不嗔怒的事行，上升到明理而行事的高度。

就杀生之过而言，即当深思：上帝有好生之德，世上一切生灵皆珍惜自己生命。那么将心比心，以杀害其他生命来滋养己身，岂能心安理得？圣贤讲仁爱之心，故有君子远庖厨之说，当思彼生灵被人当作食材，既受屠割之剧痛，复入鼎镬之惨毒，种种痛苦彻入骨髓，做人岂能麻木不仁？世人为了享口腹之欲，罗列山珍海味、膏腴珍奇在前，其实食过即空，皆化为粪水排出。就滋养己身而言，蔬食菜羹，足可以充腹养身，何必要残害其他生命，来折损自己的福报呢？进而思之，凡血肉之躯，皆含灵性知觉，与我人类皆为一体。我们纵然修不到圣贤一样的至高德行，使万物尊我亲我，岂可每日戕害生命，使它们与我结下冤仇，永无休止地怨恨我呢？每思及此，将有对食痛心，自然生起悲悯之心，而不忍下咽。

就嗔怒之过而言，即当深思：人非圣贤，岂能无过？应当以同理心，对他人的过错给予谅解。倘若有人违情背理前来冒犯，过错在他，相互斗气又有何益？进而思之，天下没有自以为是的豪杰，也没有靠贬责他人而成立的学问。真正的豪杰，大勇若怯，大智若愚。倘若自暴所长，适形浅陋。只有浅陋无涵养者，不反省自己学问工夫未到家，反而怨恨、归罪于他人。孟子说行有不得，则反求诸己，说明自己德行尚未修到，达不到感格天人的境界。凡此种种，皆当自我反省。能自省者，当谤毁袭来时，皆当做磨炼成就自己的机会，而欢然受赐。玉不琢不成器，把外来谤毁当作玉成自己的机会，又何怒之有？

明天下之理者，眼界心量自与凡俗不同。闻谤而不怒，虽谗言汹汹，如火焰熏满天空，终将自息。犹如痴人举火炬企图焚烧天空，无损于天空，最后结局无非是火炬自灭而已。闻谤而怒，虽费尽心力为自己辩护，犹如春蚕作茧，自取纠缠，无法解脱。由此可知，嗔怒不惟无益，且有种种害处。其余种种过错和恶行，皆当依此类推，据理思之。理上明白了，事上的过错和恶行，自然也就止息了。

从心上改

何谓从心而改？过有千端，惟心所造。吾心不动，过安从生？学者于好色、好名、好货、好怒种种诸过，不必逐类寻求，但当一心为善，正念现前，邪念自然污染不上。如太阳当空，魍魉潜消，此精一之真传也。过由心造，亦由心改，如斩毒树，直断其根，奚必枝枝而伐，叶叶而摘哉？

从心而改，是根本性的治本方法。佛教的业力因果论指出，不管是善业恶业，无非表现为身口意三种。三业中，以意业为根本，即人的起心动念，推动造作种种身口之业。前举杀生、嗔怒二例，即归属贪嗔痴三种根本烦恼。为满足口腹之欲而杀生，根源于贪欲；背离仁爱心而无故发怒，是为嗔心；贪嗔皆根源于痴，即无明。无明，是由分别妄念而不明缘起理法的心灵暗昧状态。从种种过失的事相，追究起惑造业的道理，归根结底，一切过错、恶行，皆由心所造。

因此，如果心中不起分别妄念，过失也就无从生起。求学修道者，面对好色、好名、好财、好怒等种种过失，就不能仅停留在事相和事行的表象上，分门别类寻求改过之法。只要在根本的心源上，做到一心为善，时时正念现前，邪念自然污染不上。犹如太阳当空，一切魑魅精怪，皆悉消除隐没。

正念现前，即无念法门。六祖惠能对无念法门作如下界定："无者，无二相，无诸尘劳之心。念者，念真如本性。真如即是念之体，念即是真如之用。"（《坛经·定慧品》）无者，否定烦恼障和所知障两种妄念、邪念。无二相，即除去一切知见上的种种思维分别；无诸尘劳之心，即除去一切烦恼欲想。正念，是离相去执后与真如本性相应的正确知见。正念现前，即指面对生活世界，虽有见闻觉知，而不起烦恼、妄想、邪见，缘真如而起正念。

袁了凡又将此正念现前，表述为儒家的"精一之真传"。精一，语出古文《尚书·大禹谟》："人心惟危，道心惟微。惟精惟一，允执厥中。"意谓人心危脆故世道难安，道心幽微则难以彰明，为政者当精诚专一，执中守正。此为尧舜以来，代代圣王相传的治国理政心法。

经过佛家的正念现前和儒家的精一真传之论证，归结到治心的结论：既然过失由心所造，也应当从心地上来改正。犹如斩除毒树，必须直断其根，何必枝枝而伐、叶叶而摘哉？

三种方法之比较

大抵最上者治心，当下清净，才动即觉，觉之即无。

苟未能然，须明理以遣之。又未能然，须随事以禁之。以上事而兼行下功，未为失策。执下而昧上，则拙矣。

通过对上述从事上改、从理上改、从心上改三种方法的辨析，袁了凡得出如下结论：

最高明的方法是治心。从心地本源下工夫，时时提起正念，以智慧观照，每当心里起了妄念，当下觉察，妄念当下消除，使心地清净，过失自然不再产生。

其次是明理。如果做不到心地清净、正念现前的境界，则须以圣贤教诲的道理，明白犯过失的本质，以理驭事，消除一切过失之事。

再次，则是随事以禁之。如果做不到治心、明理的上等工夫，则老老实实地从具体事相入手，就事论事地随犯随禁，改正当前发生的过失。

总之，以上乘的治心工夫，兼用明理和行事，三位一体，是最佳的修身方法。若能明理而兼行事，以理驭事，以事显理，亦未为失策。如果只是拘执于具体的事行，而不明上位的明理、治心等根本，虽然也是在改过行善，但比起明理、治心的上位方法，则相形见绌了。

以放生为例，这是古今善行中最常见的项目。现在受过高等教育的企业家和白领也热衷于放生，但形式主义的、作秀式的乱放生，已经严重危害生态环境，从而引起社会各界的诟病。在工业化时代，真正意义上的放生是治理环境污染，这才是最有效的护生方式。有位复旦国学班第 1 期学员，原来每年过生日捐给寺院 20 万，再买一万斤物命放生。他问我功德如何？我说你每年好几个亿的收益，做这点好事还不如老太太放生几斤螺蛳，这跟你赚的钱不成比例么！他所从事的印染业是高污染产业，开发区的污水处理站靠不住，真的要让自己安心，就必须自己把污水处理掉。一年后他告诉我，他投一千万搞了个污水处理系统。这件善事当下就受到善报。世博会之前，印染企业大都关停并转，就因为他的企业解决了污水处理，不但能继续生产，还把别人的产能单子都做了。可见，做好事也要讲科学，要从源头做起。

袁了凡一直主张："智者除心不除事，愚人除事不除心。"行事、明理、治心三者，在袁了凡的叙事结构中，有着由低向高、依事显理、以末达本的意味。故不仅只是运用于改过的方法，实为全书改过行善、掌握自己命运的方法。如他在《与沈懋所书》中所说："能从心上用功，则不论闲忙，皆为胜事。不能治心而徒避事，虽终身岩谷，草木衣食，避尽一世尘嚣烦恼，终属厌恶心肠，非究竟廓然之旨也。"（《了凡先生两行斋集》卷十）因此，本书在讲解《了凡四训》时，即依此行事、明理、治心的方法论，来组织本书的章节架构和叙事脉络。

四　改过的效验及榜样

改过的幽明效验

顾发愿改过，明须良朋提醒，幽须鬼神证明。一心忏悔，昼夜不懈，经一七、二七，以至一月、二月、三月，必有效验。或觉心神恬旷，或觉智慧顿开，或处冗沓而触念皆通，或遇怨仇而回嗔作喜，或梦吐黑物，或梦往圣先贤提携接引，或梦飞步太虚，或梦幢幡宝盖。种种胜事，皆过消罪灭之象也。然不得执此自高，画而不进。

立命之学，重在自己发愿力行，然而也须有诸多助缘。以发愿改过而言，人之所以要发耻心、畏心和勇心，在于人并非孤立的存在。对佛教徒来说，个人不仅是人类社会的成员，受到各种社会关系的制约，也是法界众生命运共同体的一员，从而与六道众生和佛菩萨产生关联。因此，在人间明处，则有良师益友在旁提醒；推广至幽冥之处，则有天地鬼神鉴临证明。只要以真诚恳切的态度，一心忏悔以往所造过失，白天黑夜皆不懈怠，经一周二周，以至一月、二月、三月之后，必有效验。

以至诚心忏悔改过的效验，袁了凡以佛教修行者的自身体验，特别是长年持准提咒的殊胜效验，结合史籍的记载和传说，列举了种种胜妙之相：感觉心旷神怡，心胸开阔自在；智慧通达，有茅塞顿开、闻一悟百之感；处理繁琐杂乱事务，而有触类旁通、得心应手之效；遇昔日怨仇，而能将嗔恨转化成喜乐的心境；于梦中吐出秽物，清除昔日所造恶业而形成的晦气；或于梦中见往圣先贤或佛菩萨前来提携接引；或于梦中神入太虚，有在太空漫步的神奇体验；或于梦中见幢幡飘扬、宝盖庄严等宗教祥瑞。

以上种种稀有吉祥的事相，皆是过失去除、罪愆消灭的征兆。但也须切记，不得执此祥瑞胜境之相，自以为与众不同。如果执著这些事相，那就画地为牢，阻碍自己上进之路了。

蘧伯玉的榜样

> 昔蘧伯玉当二十岁时，已觉前日之非而尽改之矣。至二十一岁，乃知前之所改未尽也。及二十二岁，回视二十一岁，犹在梦中。岁复一岁，递递改之。行年五十，而犹知四十九年之非。古人改过之学如此。

袁了凡在著作中，多次称赞蘧伯玉的道德操守，自讼改过，精进不懈。说他在 20 岁时已觉将往日之非都改正了，到 21 岁时乃知前之所改犹有未尽，到 22 岁时回视过往，犹如身处梦中，还是会糊里糊涂犯过。如是岁复一岁，时时检点自身过失，步步而导正改之。直到 50 岁那年，而犹知过往 49 年之非。

蘧伯玉，是春秋时代卫国的上大夫，以贤德而著称于世。《淮南子·原道训》称："蘧伯玉年五十而知四十九年非。"《庄子·则阳篇》则说"蘧伯玉行年六十而六十化"，意谓他年已六十犹能与日俱新，随着时代的变化而变化。这种寡过知非、与时俱进的优良品德为历代学者所称道。

卫国大夫史鱼深知蘧伯玉的才能与人品，多次向卫灵公举荐不听，临死时采用"尸谏"的办法，才使卫灵公起用蘧伯玉执掌国政。故孔子称赞道："直哉史鱼！邦有道如矢，邦无道如矢。君子哉蘧伯玉！邦有道则仕，邦无道则可卷而怀之。"（《论语·卫灵公》）意谓史鱼刚直不阿，无论国家政治清明还是黑暗无道，他都像箭矢一样刚直。蘧伯玉则是审时度势的君子，知道进退和变通之道，国家有道时出来做官，国家无道时，则收敛自己的主张。君子不器，循道而行，因势利导，可隐可仕。

《史记·仲尼弟子列传》载："孔子之所严事：于周则老子；于卫，蘧伯玉；于齐，晏平仲；于楚，老莱子；于郑，子产；于鲁，孟公绰。"蘧伯玉年长孔子30多岁，但对孔子十分赞赏，互相礼敬有加，他们之间是亦师亦友的关系。在孔子周游列国的14年中，两次住在蘧伯玉家，前后达9年。蘧伯玉还让他的外孙子贡拜孔子为师。蘧伯玉的政治主张、言行、情操对儒家学说的形成产生了重大影响。历代孔庙祭奠中，将蘧伯玉供奉在历代先贤之首位，位列孔庙陪祀东廊第一位。

不改过的孽相

> 吾辈身为凡流，过恶猬集，而回思往事，常若不见其有过者，心粗而眼翳也。然人之过恶深重者，亦有效验：或心神昏塞，转头即忘；或无事而常烦恼；或见君子而赧然消沮；或闻正论而不乐；或施惠而人反怨；或夜梦颠倒，甚则妄言失志。皆作孽之相也。苟一类此，即须奋发，舍旧图新，幸勿自误。

像我辈这类庸碌凡夫，所犯过失和恶行，犹如刺猬身上的毛刺，如丛聚集，数不胜数。但回首往事，常不见自身所犯过错，实在是烦恼深重，缠缚心地，如眼生翳，见不到真相。

然而，人之过恶深重者，亦有负面的迹象出现，可供我们检验而引起警觉：精神昏沉，心思闭塞，所做之事，转头即忘；无事生非，常陷入烦恼而不能自拔；见正人君子而自惭形秽，却精神颓丧，无法振作；听闻圣贤之道，却生不起见贤思齐的欣乐感；施恩惠于人，却反而招致别人的怨恨；夜梦颠倒，乃至语无伦次、神情恍惚。

以上种种，皆是过往造作罪孽，所显现出来的果报之相。倘若出现上述任一征兆，即须奋发振作，改恶迁善，舍旧图新，千万不要耽误自己的人生前程。

以上所述改过的幽明效验，诸如梦入太虚，见种种神异现象，袁了凡是真心认为实有其事的。他在《形神论》中，认为有离形体而自由活动的精神。

> 夫耳目口体，形也；其所以视听言动，神为之也。蝉无口而鸣，是口外有言矣；龙无耳而聪，是耳外有听矣。生平足迹不及之地，而一旦梦游，山水垣屋宛然在目。寤而征之，不爽毫发，是体外有动矣。所可灭者，耳目口体之形也；所必不可灭者，视听言动之神也。故出鬼入神，贞元往复，正是造化之妙。（《了凡先生两行斋集》卷一）

不过，对于这种种顺逆好丑的现象，皆为宿业所召的果报之象，我们只能面对这些不可脱离的现象，但不容有欢欣或厌弃的主观执见。他在《答管东溟书》中强调：
"其遇逆与丑也，返躬自励，借境进修，不求减轻，不计效验。其遇顺与好也，应缘忖德，不胜惭愧，常恐顺境多魔，淫佚易肆。《中庸》所谓素富贵行乎富贵，素贫贱行乎贫贱者，岂特随缘顺受已哉！政有一段正己工夫，不怨不尤而反求诸身，然后素位工夫始有下落。"（《了凡先生两行斋集》卷九）

第五讲

积善之方

本讲是对《积善之方》篇的导读，论述积善的事迹、原理与方法。以积善开善趣门，使未生之善令生，已生之善令增长。《积善之方》篇辑自袁了凡中年所作《祈嗣真诠·积善第二》，但其中引述的案例，则有较大改动。

本篇内容亦相当于《游艺塾文规》中的《科第全凭阴德》，在最后定稿为《积善之方》时，其编辑增删的细节，据周汝登《立命篇》序中所言："更引附古德语三条授客梓行。古德语者，一、葛繁事实；一、中峰善恶论；一、龙溪子祸福说。"付梓后名为《袁先生省身录》。此中所增加的三位古德语：一、葛繁，北宋初人，曾任镇江太守，著名的"日行一善"典故即出自葛繁；二、中峰，即元代高僧中峰明本，其所说善恶论出自《中峰和尚广录》；三、龙溪子，即王畿（号龙溪），所引祸福说则见王龙溪《自讼问答》一文。

《积善之方》占全书篇幅近半，亦从行事、明理、治心三个维度叙述。首先举证古今十件善行，说明因果报应之理。

积善为转变命运之正轨，故积善之方，不仅是单纯的"行事"，须在"明理"基础上，直达"治心"根本。从真假、端曲、阴阳、是非、偏正、半满、大小、难易八种情境，辨析为善之理。进而强调要以济世之心、爱人之心、敬人之心行善，并做到为善而心不著善，上升到佛教三轮体空的高度。

最后是种德之事十大纲要，将世间和出世间善行，概括为与人为善、爱敬存心、成人之美、劝人为善、救人危急、兴建大利、舍财作福、护持正法、敬重尊长、爱惜物命十个方面。

本篇是袁了凡一生行善积德的经验总结，将散见于各类功过格中的条文、对善恶功过的裁量依据，提炼总结为系统的理论，可谓事理兼备，为物立则。

一　深明因果报应之理

积善之家，必有余庆

《易》曰："积善之家，必有余庆。"昔颜氏将以女妻叔梁纥，而历叙其祖宗积德之长，逆知其子孙必有兴者。孔子称舜之大孝，曰："宗庙飨之，子孙保之。"皆至论也。试以往事征之。

在《积善之方》开篇，袁了凡引证《易传》《中庸》之言，证诸孔子和大舜家族的福报事迹，说明因果报应之理。

孔子的父亲叔梁纥，娶颜氏之女颜征在为妻。颜氏家族在嫁女前，先考察叔梁纥的家族门第，不问其家是否富有，而是历叙其祖宗积德长久，预测子孙后代一定会兴旺发达。后来生下孔子，成为万世师表，世世代代接受朝野大众的膜拜。

不仅孔子家族福泽绵长，孔子称赞大舜的大孝之德，必得"宗庙飨之，子孙保之"的福报。孔子此语出自《中庸》："舜其大孝也与！德为圣人，尊为天子，富有四海之内，宗庙飨之，子孙保之。故大德必得其位，必得其禄，必得其名，必得其寿。"意谓天地生成万物，必因其本身的品性、材质和行为，而确认相应的福报。大舜是遵循天道而行的圣人，享有统领四海的天子尊位，为万民称颂仰望，生前拥有地位名望、健康长寿等福报，身后在宗庙接受历代帝王祭祀，子孙后代兴旺发达。

袁了凡在书中多次引证《易传·坤卦》："积善之家，必有余庆；积不善之家，必有余殃。"并引证儒家公认的圣人大舜和孔子家族之事，说明行善积德，不仅自身得益，且福泽子孙后代。儒道两家论到善恶庆殃的因果关系，皆指家族共同承担报应的"承负"法则。本人善业的福报，也会造福后代，是为余庆；本人恶业的苦报，也会殃及后代，是为余殃。既有余庆余殃，当有本庆本殃。以佛教业力因果论观之，庆指福报，殃指苦报，皆来自本人积善或积不善的行为，故生命必须为自己的行为负责，并承担相应的本庆本殃后果。佛教有言："菩萨畏因，众生畏果。"袁了凡将儒道两家的承负说融入佛教的业力因果论，以此说明"命自我立，福自己求"的正命论原则。

以下再引述十条前贤时人的案例，以验证因果报应之理，既说明子孙承祖上积德之余荫，更强调自身在因地上行善积德，以余庆之果，造福子孙后代。

二　举证古今十件善行

1. 杨家济渡救溺亡

　　杨少师荣，建宁人。世以济渡为生。久雨溪涨，横流冲毁民居，溺死者顺流而下，他舟皆捞取货物，独少师曾祖及祖，惟救人，而货物一无所取，乡人嗤其愚。迨少师父生，家渐裕。有神人化为道者，语之曰："汝祖父有阴功，子孙当贵显，宜葬某地。"遂依其所指而窆之，即今白兔坟也。后生少师，弱冠登第，位至三公，加曾祖、祖、父如其官。子孙贵盛，至今尚多贤者。

杨荣，福建建宁人，其家族世代以在渡口操渡船为生。祖上虽以济渡为生，关键时刻就显现救济生命的美德。当大雨滂沱，山溪暴涨时，洪水冲毁民居，家具财物裹挟着溺水者顺流而下，情形极其凄惨。当时，别的船家皆争相捞取漂来财物，唯独杨荣先祖，奋力救人，对水中漂物一无所取。当时，乡人皆讥笑他们愚笨。

等到杨荣父亲出生时，家境便渐渐富裕。有神人化身为道士模样，对杨父说："你祖父和父亲积有阴德，子孙必当发达，宜葬祖坟于某地。"杨父遂依道士所指吉地，安葬其祖、父，即今著名的白兔坟。杨荣出生后，得祖上所积阴德庇佑，甫及成年，即进士及第，官至少师，为教导帝王读书的国师。不仅本人位极人臣，且光宗耀祖，朝廷追封其曾祖、祖父、父亲以三公荣衔。至今子孙还是荣华不衰，尽多贤达之士。

2. 杨自惩宽待狱囚

鄞人杨自惩，初为县吏，存心仁厚，守法公平。时县宰严肃，偶挞一囚，血流满前，而怒犹未息。杨跪而宽解之。宰曰："怎奈此人越法悖理，不由人不怒。"自惩叩首曰："'上失其道，民散久矣。如得其情，哀矜勿喜。'喜且不可，而况怒乎？"宰为之霁颜。

家甚贫，馈遗一无所取。遇囚人乏粮，常多方以济之。一日，有新囚数人待哺，家又缺米，给囚则家人无食，自顾则囚人堪悯。与其妇商之，妇曰："囚从何来？"曰："自杭而来，沿路忍饥，菜色可掬。"因撤己之米，煮粥以食囚。后生二子，长曰守陈，次曰守址，为南北吏部侍郎。长孙为刑部侍郎，次孙为四川廉宪，又俱为名臣。今楚亭德政，亦其裔也。

浙江鄞县人杨自惩，自幼颖敏好学，16岁时，即为乡中塾师，教授童子。中年应浙江乡试不举，然以学问著称于乡，为知县胡敏强征为吏，在县衙里帮办政务六年，这个故事即发生在鄞县狱吏任上。后到北京谋发展，两次参加顺天乡试皆落第。景泰元年，以积功授福建泉州府仓副使，次年代理德化县知县，卒于任上，享年57岁。

杨自惩心地忠厚，做事公正平直。县官为人威严，有次在审案时，鞭挞一犯人至血流满面还不罢休。杨自惩跪地求情，望县官息怒宽恕。县官说此人越法悖理，不由人不怒。杨自惩再次叩首道:"曾子说:'上面为政者失道,民心涣散已久,触犯法纪,多由环境所致。现既然审问出案情,应哀悯百姓无知触犯法纪,勿以单纯破案而欣喜。'喜尚且不可,更何况是发怒?"县官听了这一席谏言,怒气方为之平息。

杨自惩虽家境甚贫,然清正廉洁,对他人的馈赠一概不受。遇到狱中囚犯缺粮,常想方设法予以接济。有一天,又递解到几个新来囚犯,饥饿难忍。杨自惩睹此惨状,左右为难。自己家中也缺粮,若给了囚犯则家人无食,若顾着家人,看囚犯也着实可怜。回家与妻子商量,妻问囚犯从何处而来。杨自惩说他们从杭州递解过来,沿路忍饥挨饿,面相憔悴,青黄如菜色。妻子贤惠,将自家仅存之米,煮粥以供囚徒们食用。

杨自惩本人虽然未得科举功名,仅以一介小吏的身份做到福建泉州府仓副使。然而,因家学渊源深厚,本人广积阴德,教子有方,所生二子,长子杨守陈,次子杨守址,兄弟俩分别官至南京和北京的吏部侍郎。杨自惩殁后,父以子贵,先后赠翰林院编修、侍讲学士、南京吏部右侍郎。孙辈也非常有出息,长孙杨茂元,官至刑部右侍郎,次孙杨茂仁,官至四川按察使,都是一代名臣。直到与袁了凡同时代的杨德政、杨德周，都是名重士林的杨氏后裔。

3. 谢都事插旗救民

昔正统间，邓茂七倡乱于福建，士民从贼者甚众。朝廷起鄞县张都宪楷南征，以计擒贼。后委布政司谢都事，搜杀东路贼党。谢求贼中党附册籍，凡不附贼者，密授以白布小旗，约兵至日，插旗门首，戒军兵无妄杀，全活万人。后谢之子迁，中状元，为宰辅。孙丕，复中探花。

明英宗正统年间，邓茂七在福建沙县聚众叛乱，自称铲平王，士人和平民百姓参与者甚众。一时声势浩大，控制八闽，震动三省。朝廷起用曾任都御史的鄞县人张楷，南征平叛。张楷由浙入闽，招降其部属，于次年设计将邓茂七剿灭于延平。

张楷平定邓茂七后，委派福建布政司都事谢莹，继续搜剿东路余党。谢莹受命之后，为了避免滥杀无辜百姓，设法取得贼党的花名册。根据此党附册籍，凡没有参加贼党者，暗中授以白布小旗，约定官兵到达之日，插旗于自家门口。同时号令军中，禁止官兵滥杀无辜。

谢莹设计攻陷邓茂七余部所据官台山后，只擒戮为恶首领数人，而对数万因贫穷而被迫入寇的胁从者进行宽宥。以此仁慈之心和有效措施，赖以活命者上万人。福建百姓因此感恩戴德，交口传诵"谢都事"善政。

后来谢都事的子孙，皆位居高官。其孙谢迁（1449－1531。谢莹之子为谢恩，字公觐，号简庵。谢迁乃其孙，原文有误。），成化十一年（1475）中状元，官至太子太保、兵部尚书兼东阁大学士。其曾孙谢丕（1482－1556），弘治十七年（1504）中探花，官至吏部左侍郎，兼翰林院学士，参与修订《永乐大典》。

4. 林母常年施粉团

莆田林氏，先世有老母好善，常作粉团施人，求取即与之，无倦色。一仙化为道人，每旦索食六七团。母日日与之，终三年如一日，乃知其诚也。因谓之曰："吾食汝三年粉团，何以报汝？府后有一地，葬之，子孙官爵，有一升麻子之数。"其子依所点葬之；初世即有九人登第，累代簪缨甚盛，福建有"无林不开榜"之谣。

福建莆田林氏，祖上有老太太乐善好施，常做糯米粉团布施人。凡有求取，即刻赠与，毫无厌倦之色。有一仙人化身为道人，每天早晨前来索取六七个粉团。林母日日如数赠与，终三年如一日。仙人乃知其诚，深为感动，对林母说："我吃了你三年粉团，何以为报？这样吧，府上后面有块吉地，老人家百年之后可作坟地，将来子孙加官进爵，就像一升的芝麻那么多。"

后林母去世，其子依仙人指点之地安葬。自此之后，第一代即有九人登第，后代子孙中发达做官者众多，以至于福建有"无林不开榜"的民谣。莆田林氏累代出进士320多人，科举史上蔚为奇观，故有此佳话。

5. 冯父雪地救路人

冯琢庵太史之父，为邑庠生。隆冬早起赴学，路遇一人，倒卧雪中，扪之，半僵矣。遂解己绵裘衣之，且扶归救苏。梦神告之曰："汝救人一命，出至诚心，吾遣韩琦为汝子。"及生琢庵，遂名琦。

明代翰林院史官冯琢庵的父亲，当年为县学在读生员。在一个隆冬的早晨，冯父在上学途中，路遇一人倒卧在冰天雪地中。以手扪摸，已经冻得半僵。赶紧脱下自己身上的绵裘，把快要冻死的路人全身裹住，搀扶回家中，终于把他救醒过来。

过后，梦见天神告知："你救人一命，且出于至诚心，我要派韩琦投生到你家当儿子。"后来琢庵出生了，冯父就为他取名冯琦。

韩琦为北宋名臣，历任同中书门下平章事、集贤殿大学士，拜右仆射，为仁宗、英宗、神宗三朝贤相。在陕西安抚使任上，曾与范仲淹共同防御西夏，当时边境上传颂这样的歌谣："军中有一韩，西贼闻之心骨寒；军中有一范，西贼闻之惊破胆。"

冯琦亦有韩琦耿介不阿、识量英伟之风骨。据《明史》记载，"明习典故，学有根柢，数陈谠论，中外想望风采"，每有奏疏，朝野竞相传录。后卒于礼部尚书任上，年仅 46 岁，赠太子少保。

6. 应大猷卖田全妇

台州应尚书，壮年习业于山中。夜鬼啸集，往往惊人，公不惧也。一夕闻鬼云："某妇以夫久客不归，翁姑逼其嫁人。明夜当缢死于此，吾得代矣。"公潜卖田，得银四两，即伪作其夫之书，寄银还家。其父母见书，以手迹不类，疑之。既而曰："书可假，银不可假，想儿无恙。"妇遂不嫁。其子后归，夫妇相保如初。

公又闻鬼语曰："我当得代，奈此秀才坏吾事。"旁一鬼曰："尔何不祸之？"曰："上帝以此人心好，命作阴德尚书矣，吾何得而祸之？"应公因此益自努励，善日加修，德日加厚。遇岁饥，辄捐谷以赈之。遇亲戚有急，辄委曲维持。遇有横逆，辄反躬自责，怡然顺受。子孙登科第者，今累累也。

官至刑部尚书的台州应大猷，年轻时胆识过人，独自住山潜心读书。山中夜间常有鬼类聚集，啸声恐怖惊人。应大猷心地无亏，毫不惧怕。有一夜，闻有鬼说道："某家媳妇因丈夫离家不归，久无消息。公婆怀疑儿子已不在人间，逼此女改嫁。此女不愿，明夜要在此处上吊而死。我终于等到有替身了！"

应公听到此话，于心不忍，悄悄回家把自家田地卖了，得银四两，即伪作一封其夫书信，连同银子寄到她家。公婆见此信笔迹不符，颇感疑虑。转而则说："书信有可能假，但银子却是真的，想必儿子平安无恙。"于是也就不再逼媳妇改嫁。后来这户人家的儿子终于归家，夫妇重聚，相守如初。

应公后来又听到那个鬼抱怨说："我本来应得的替身机会，怎奈被此秀才坏了好事。"旁边有一鬼说："那你为何不去祸害他？"那个鬼叹息道："上帝以此人心地好，积了大阴德，故冥冥中有尚书的果报。我哪里还能加祸于他！"

应公闻此对话，愈益勉励自己行善积德。每遇年岁饥馑，立即捐谷赈灾。遇亲戚有急难，想方设法助他们渡过难关。遇到蛮横者的无理侵犯，总是反躬自责，怡然顺受。

应大猷出身忠厚之家，孩童时就以仁爱孝悌闻名乡里。为官 50 余年，清正廉明，有"官行一担书，民送两行泪"之美誉。任内持法平恕，平反诏狱。平生性情温顺，与人为善。家中造宅，与邻里发生纠纷，虽有理有据又人多势众，应大猷得知后，写诗示家人："邻里相争三尺弄，让他三尺有何妨。万里长城今犹在，不见当年秦始皇。"应家让步后，对方也因此感动，化干戈为玉帛。留下"三尺弄"一段佳话。应家有此德行，子孙登科第者，累累延绵至今。

7. 徐凤竹荫父之德

常熟徐凤竹栻，其父素富，偶遇年荒，先捐租以为同邑之倡，又分谷以赈贫乏。夜闻鬼唱于门曰："千不诳，万不诳，徐家秀才，做到了举人郎。"相续而呼，连夜不断。是岁，凤竹果举于乡。其父因而益积德，孳孳不怠，修桥修路，斋僧接众，凡有利益，无不尽心。后又闻鬼唱于门曰："千不诳，万不诳，徐家举人，直做到都堂。"凤竹官终两浙巡抚。

常熟徐栻，号凤竹，其父富有而向来行善好施。有一年突遇灾荒，先舍免当年应收田租，以为同县富户之倡导；又分发家中谷米，以赈济贫穷缺粮的灾民。某日夜，徐父听闻有鬼在家门口唱道："千不诓，万不诓，徐家秀才做到了举人郎。"歌声相续而呼，连夜不断。当年，徐凤竹参加乡试，果然中了举人。

有此感应，徐父因而益加行善积德，勤勉恳切，毫不懈怠。举凡修桥铺路，设斋供僧，接济穷困等善事，只要有益于社会大众，无不尽心尽力。后来又听闻鬼在家门口唱道："千不诓，万不诓，徐家举人直做到都堂。"

承徐父的阴德，徐凤竹后果然官至两浙巡抚。都堂，为都察院长官的尊称，包括都御史、副都御史、佥都御史，又各省总督、巡抚，都有都御史兼衔，亦称都堂。

8. 屠勋密疏平冤狱

嘉兴屠康僖公，初为刑部主事，宿狱中，细询诸囚情状，得无辜者若干人。公不自以为功，密疏其事，以白堂官。后朝审，堂官摘其语以讯诸囚，无不服者，释冤抑十余人。一时辇下咸颂尚书之明。公复禀曰："辇毂之下，尚多冤民，四海之广，兆民之众，岂无枉者？宜五年差一减刑官，核实而平反之。"尚书为奏，允其议。

时公亦差减刑之列，梦一神告之曰："汝命无子，今减刑之议，深合天心，上帝赐汝三子，皆衣紫腰金。"是夕，夫人有娠，后生应埙、应坤、应埈，皆显官。

嘉兴屠勋，官至刑部尚书，为官清廉，办事干练，剖案公正决断。他在刑部任主事期间，经常夜宿狱中，仔细查询案件，发现有若干待决囚犯，是无辜受冤枉的。查出冤情，是相当大的政绩，屠公并不自居其功，而是条分缕析冤屈情事，密不声张地禀告刑部堂官。

朝审，是明代复审死刑案件的制度，亦称秋审。以秋天有肃杀之气，故在此时执行死刑，就称秋决。霜降后，举行三法司会审，刑部会同都察院和大理寺，复审死刑案件。三法司把未决死刑案件摘要制册，送九卿各官详审后，上呈皇帝裁决。

这一年，刑部堂官根据屠勋上呈的复审材料，摘取其中要点，一一复审囚犯，剖析案情疑点，无不心服口服。是年朝审，开释冤屈难伸者达十余人。一时间，京城官场和百姓，皆颂扬刑部尚书明察秋毫。

屠勋复具文禀告：在天子脚下的京城，尚且有如此多的冤案，以四海之广、百姓之众，岂无冤枉者？"宜五年差一减刑官，核实而平反之。"建议派员巡视各地，调查核实误判的案件。原来判决畸轻畸重者，酌情调整之；原来判决冤枉者，则予彻底翻案。刑部尚书依屠公所禀上奏皇帝，得到批准。

当时，屠公也受委派，入减刑官之列。有天晚上，梦有神人告知："你命中本来无子，今因减刑之议，深合上天好生之心，上帝赐你三个儿子，皆衣紫腰金。"当夜，夫人就有了身孕。先后所生屠应埙、屠应坤、屠应埈三子，皆享高官厚禄。有明一朝，一门四代进士的人家仅14例，屠氏家族自屠勋至其曾孙，一门四代七进士，可谓积善之家必有余庆。

9. 包凭倾囊护佛像

嘉兴包凭，字信之。其父为池阳太守，生七子，凭最少。赘平湖袁氏，与吾父往来甚厚。博学高才，累举不第，留心二氏之学。一日东游泖湖，偶至一村寺中，见观音像，淋漓露立，即解囊中十金，授主僧，令修屋宇。僧告以功大银少，不能竣事。复取松布四匹，检箧中衣七件与之。内纻褶系新置，其仆请已之。凭曰："但得圣像无恙，吾虽裸裎何伤？"僧垂泪曰："舍银及衣布，犹非难事。只此一点心，如何易得？"

后功完，拉老父同游，宿寺中。公梦伽蓝来谢曰："汝子当享世禄矣。"后子汴、孙柽芳，皆登第，作显官。

嘉兴包凭，即包冯，字信之。其父包鼎，为池州知府，所生七子，以包凭最小。包凭后入赘平湖袁氏为上门女婿，与袁了凡父亲往来甚厚。包凭虽博学高才，然累举不第，遂留心佛、道两家学说。

有一日，游览今上海市松江境内的泖湖。偶然走进一座村寺中，见寺舍破漏，观音像暴露室外，任凭风吹雨打，包凭于心不忍。当即拿出身上所携十两银子，给寺院住持僧，供修葺屋宇之用。住持告知，修庙工程量太大，这点银两恐怕无法完成修缮工程。

于是包凭又将刚买的松江布四匹，再从竹箱中翻检出七件衣服，一并交与住持僧。其中一件麻织夹衣，还是刚刚新置的，仆人劝请他不要再捐掉了。包凭正色道："但得圣像不受风雨淋漓，我纵然赤身露体又有何妨？"住持僧感动垂泪说："布施银两及衣布，尚非难事。只此一点至诚供佛之心，实在是希有难得！"

等到寺院修缮工程圆满后，包凭拉着袁了凡的父亲同游，晚上就留宿寺中。当夜，包凭梦见寺院的护法神前来致谢，并说："汝子当享世禄矣！"

包凭本人一生隐居不仕，性好佛老。清《嘉兴府志·嘉兴隐逸》有传。其父包鼎为池州知府，欲弃官归隐。包凭奉读父信，无他言，惟录西晋名士左思（太冲）的《招隐诗》而已。包鼎原来意犹未决，读此诗后，遂归隐。左思《招隐诗》有二首，从下述诗句片断，亦可一窥包凭的志向："爵服无常玩，好恶有屈伸。结绶生缠牵，弹冠去埃尘。"（之二）"非必丝与竹，山水有清音。何事待啸歌，灌木自悲吟。"（之一）

然而，包凭的儿子包汴和孙子包柽芳，皆进士登第，享受高官厚禄。

10. 刑房吏不欺暗室

嘉善支立之父，为刑房吏，有囚无辜陷重辟，意哀之，欲求其生。囚语其妻曰："支公嘉意，愧无以报。明日延之下乡，汝以身事之，彼或肯用意，则我可生也。"
其妻泣而听命。及至，妻自出劝酒，具告以夫意。支不
听，卒为尽力平反之。

囚出狱，夫妻登门叩谢曰："公如此厚德，晚世所稀。
今无子，吾有弱女，送为箕帚妾，此则礼之可通者。"支
为备礼而纳之。生立，弱冠中魁，官至翰林孔目。立生
高，高生禄，皆贡为学博。禄生大纶，登第。

嘉善支立，字可与。其父支茂，为县衙里的刑房书
吏。有一良民被诬入狱，陷入死罪。支茂询查案情后，意
甚怜悯，设法洗刷其冤，救其一命。

死囚得知后，关照其妻："支公这番美意，我家惭愧
无以为报。明日邀请他下乡，你就委身于他吧。这样他或
许看在这份情意上，肯尽力周旋，我就有活命机会了。"
其妻为救丈夫之命，流泪答应了。当支茂到其家中，其妻
亲出劝酒，愿以身相许。支公断然拒绝，但还是秉公执
法，尽力为他平反了冤狱。

死囚平反出狱后，夫妻登门叩谢支公厚德，说恩公如
此高风亮节，实为近世罕见。您现在年到五十，还没有子
嗣。家中有一小女，愿送为侍妾，以充持帚洒扫之役。这

应该不违礼法，情理上也是行得通的。

支茂不好再拒绝，就以周到的礼仪，备聘礼迎娶。后生下支立，刚到二十岁就考中举人，名列第一。后以春秋魁郎身份，推荐到翰林院任孔目。支立官职虽小，以博通经史，时号"支五经"。

支立的儿子支高，孙子支禄，皆被举荐为州县学官。到支禄的儿子支大纶，考中万历年进士，文名颇盛。《嘉善县志》分别有支立等祖孙五代人的传记。

三　从八维辨为善之理

凡此十条，所行不同，同归于善而已。若复精而言之，则善有真有假、有端有曲、有阴有阳、有是有非、有偏有正、有半有满、有大有小、有难有易，皆当深辨。为善而不穷理，则自谓行持，岂知造孽，枉费苦心，无益也。

在通行的《了凡四训》各种版本中，《了凡功过格》作为附录置于书后，按数值大小，由高到低，简明扼要地列出功过条文。如果说功过格所列条文，相当于国法中的法条，那么以上十则前贤时人的行善事迹则相当于案例。

晚明时代民间已经流传不少善书，其特点都是列举古今行善得福报的事例以征信。袁了凡在此所举善行，除了自己熟悉的人和事，部分也是引自各类善书。这些案例，或因祖上积德，或因自身行善，虽所行之事不同，皆得官运亨通、子孙繁衍之福报。以此事实，验证《易传》"积善之家，必有余庆"的道理之确凿可信。

与《袁了凡功过格》同时流行的善书中，比较重要的有道教的《太微仙君功过格》和佛教的《自知录》。在这两部功过格中，除了分门别类列出条文，已经对善恶功过的数值，视具体情境而作出从轻从重的裁量，附在相关条目下。至于裁量功过轻重的理由，这些功过格并没有形成系统的说明。在国法的司法实践中，依据法条和案例，判案的从轻从重，法官有很大的裁量空间。古代衙门照壁上写的"天理、国法、人情"六个大字，即昭示国法并非刻板僵硬的条文，必须兼顾天理和人情，做出合情合理合法的公正裁判。如何在天理、国法、人情之间取得平衡，就是法理研究的内容。

袁了凡强调：行善之事，必先明理。为善而不穷究事相之理，还自夸在精勤修持，往往是南辕北辙，枉费苦心。不明理而盲目行善，结果于事无补，于人无益。因此，在行善的法条、案例的基础上，进而从法理上进行系统总结。从八个方面对善行作了精细辨析：1. 舍假取真；2. 舍曲取端；3. 舍阳取阴；4. 舍非取是；5. 舍偏取正；6. 舍半取满；7. 摄小归大；8. 辨别难易。

八维辨善，涉及行善动机、发心目的、受益对象、实施路径、实际效果等角度，皆当透过事相，深入到义理和心源细加分辨。此与上篇《改过之法》同一理路："大抵最上治心，当下清净，才动即觉，觉之即无。苟未能然，须明理以遣之。又未能然，须随事以禁之。以上事而兼行下功，未为失策。执下而昧上，则拙矣。"按照行事、明理、治心的脉络，援引古今案例，对裁量善行的义理依据，分门别类作了详尽阐述。法条、法理、案例，此详彼略，相互呼应，形成一个完整的体系。

1. 舍假取真

何谓真假？昔有儒生数辈，谒中峰和尚，问曰："佛氏论善恶报应，如影随形。今某人善而子孙不兴，某人恶而家门隆盛，佛说无稽矣。"

中峰云："凡情未涤，正眼未开，认善为恶，指恶为善，往往有之。不慊己之是非颠倒，而反怨天之报应有差乎？"

众曰："善恶何致相反？"中峰令试言其状。一人谓詈人殴人是恶，敬人礼人是善。中峰云未必然也。一人谓贪财妄取是恶，廉洁有守是善。中峰云未必然也。众人历言其状，中峰皆谓不然。因请问。

中峰告之曰："有益于人是善，有益于己是恶。有益于人，则殴人詈人皆善也；有益于己，则敬人礼人皆恶也。"

是故人之行善，利人者公，公则为真；利己者私，私则为假。又根心者真，袭迹者假。又无为而为者真，有为而为者假。皆当自考。

元代时，有几位儒生结伴前往天目山，拜访名重朝野的中峰明本禅师。座中有人质疑德福一致的命题："佛家论善恶报应，因果彰然，如影随形。然而看现今世道，有人心行良善而子孙不兴，有人作恶多端却家门隆盛。由此看来，佛家所说的善有善报、恶有恶报，也不过是无稽之谈而已。"

中峰禅师批评这是凡夫俗子的皮相之见："世俗的情见尚未洗涤清净，分辨真假的智慧眼尚未开启，因为没有正知正见，往往为表象所蒙蔽，故认善为恶，指恶为善。为何不反省自己是非颠倒，反而抱怨上天的善恶报应有差错呢？"

众人说："善恶之事，人所共知，善就是善，恶就是恶，何至于有相反的标准？"

中峰禅师令他们各自试说其详。有人说："打人骂人是恶，敬爱人、以礼待人是善。"中峰说未必。有人说："贪财妄取是恶，廉洁自守是善。"中峰说也未必。众人将各自心目中所认定的善恶标准，一一列举出来，中峰皆说未必。众人因此请问中峰禅师，究竟应如何辨别善恶。

中峰禅师遂提出他心目中的善恶标准：事无大小优劣，但凡有益于天下大众者，皆是善；若名为行善，其实只是为了个人私利，则是恶。如果发心和效果真有益于天下大众，则打人骂人皆是善；若目的只是对自己有利，则敬人礼人皆是恶。

以上所引述中峰禅师这段话，可见诸《中峰和尚广录》相关语录："凡起心动念所期之事，无大小，无优劣，但欲利人，皆善也；惟欲利己，皆恶也。事或可以利人，虽怒骂摈斥，皆善也；或可以利己，虽安徐承顺，皆恶也。"从行善的动机、受益的对象和发心的目的等角度，对善之真假作了辨析。

据此，袁了凡从善的事相，深入到实相之理和寂静心源，对善之真假，作了三层总结：

一、判断一个人行善的准则，就看其是否有益于天下大众。凡能利益他人者是为公，出于公心则为真；凡本于利己者是为私，出于私心则为假。

二、考察真善还是假善，还须进而从发心的根源上细辨。发自内心良知的行善，是真；场面上做给别人看的善行，是假。

三、善是本于良知的自觉要求，无所希求而行善，是为真；有所图谋而行善，则是假。

袁了凡以八维辨为善之理，此真假之辨是根本。

2. 舍曲取端

何谓端曲？今人见谨愿之士，类称为善而取之，圣人则宁取狂狷。至于谨愿之士，虽一乡皆好，而必以为德之贼。是世人之善恶，分明与圣人相反。推此一端，种种取舍，无有不谬。天地鬼神之福善祸淫，皆与圣人同是非，而不与世俗同取舍。凡欲积善，决不可徇耳目，惟从心源隐微处，默默洗涤。纯是济世之心，则为端；苟有一毫媚世之心，即为曲。纯是爱人之心，则为端；有一毫愤世之心，即为曲。纯是敬人之心，则为端；有一毫玩世之心，即为曲。皆当细辨。

端，刚直中正；曲，诌曲媚俗。真正的善人，必坚守道义原则。前论"舍假取真"，是从行善动机之公私、受益对象之大小和发心目的之真伪，辨析善的真假。现在论"舍曲取端"，则从社会评价角度，指出圣人和凡俗之人对于善有站位高下的不同标准。为此，以谨愿之士、狂者和狷者三种人为例，辨析世人对于善恶的判断，往往与圣人相悖。

所谓谨愿之士，指貌似恭顺谨慎，实多为圆滑无操守的乡愿。世俗之人，因不具备正知正见的择法眼，对那些不讲原则而左右逢源的圆滑之徒，往往视为善人而效法之。在圣人眼里，那些诌曲媚俗的好好先生，虽为乡里俗人所称赞，实为败害道义和德行原则的"乡愿"，故为孔子所痛斥："乡愿，德之贼也。"（《论语·阳货》）孟子判定乡愿是言行不一、阉然媚世的伪君子，对道义和德行原则伤害极大。"同乎流俗，合乎污世。居之似忠信，行之似廉洁。众皆悦之，自以为是，而不可与入尧舜之道，故曰德之贼也。"（《孟子·尽心下》）

在社会生活中，中道正直之士往往可遇而不可求。在不能与中道之士同行的情况下，孔子宁可选取狂狷之士，以激励志节："不得中行而与之，必也狂狷乎！狂者进取，狷者有所不为也。"（《论语·子路》）狂者，勇于进取，敢作敢为，然往往纵情任性而不掩小节。狷者，洁身自好，坚持原则，不求有所作为但绝不同流合污。与中道之士相比，狂者过之，狷者有所不足。但在同流合污的乡愿面前，狂狷之士是坚持道义的君子，守护良知，知道进退，有所为有所不为。世俗之人，比较会接受那些廉洁自守而不轻举妄动的狷者，而对那些放言高论的狂者，则以不通人情世故而嫌恶之。但在圣人眼中，对人品的检视恰恰不同流俗。狂者虽不拘小节，但坚持原则勇于进取，故应称扬而取法；其次则认同狷者，虽有所不为而独善其身，毕竟能守护道义原则，不做违心之事。

由此可见，凡俗之人对善恶的皮相认识，分明与圣人的标准相反。俗人基于一己之私，对善恶的判断往往黑白倒置，而圣人则基于道义原则，以天下为公的胸怀，判断人事的端曲善恶。凡圣之间，其见识高下，犹如天地悬隔。从对乡愿的价值判断这一事例推论开来，凡俗之人对善恶问题的种种取舍，在圣人眼中多属荒谬。天地鬼神鉴临人间事务，赏善罚恶，其判断是非的标准，皆与圣人一致，而不混同于世俗的取舍观念。

因此，正直的善人决不可曲从凡俗囿于耳目视听的平庸之见，必须直达心源隐微处，默默省察自己的起心动念，从无人能见的念头方动处，洗涤净化自己的心灵。纯粹抱济世救人之心，则为端；若抱有一毫攀缘媚世之心，即为曲。纯粹抱经世爱人之心，则为端；若抱有一毫愤世嫉俗之心，即为曲。纯粹抱恭敬仁厚之心，则为端；若抱有一毫轻浮玩世之心，即为曲。

袁了凡舍曲取端的思想，亦受他老师王龙溪祸福说的影响，即必须站位圣贤的高位，而不是流于凡俗之见：

圣贤之学，根于所性，虽不从祸福起因，而亦未尝外于祸福。祸福者，善恶之征；善恶者，祸福之招。自然之感应也。圣贤之处祸福，与常人同，而认祸福，与常人异。常人之情以富寿为福，以贫夭为祸，以生为福，以死为祸。圣贤之学，惟反诸一念以为吉凶；念苟善，虽颜之贫夭，仁人之杀身，亦谓之福；念苟恶，虽跖之富寿，小人之全生，亦谓之祸。非可以常情例论也。（《自讼问答》）

佛教视心为万法之源，此即王龙溪所强调"惟反诸一念"，亦即袁了凡"惟从心源隐微处默默洗涤"。从孔孟对乡愿和狂狷的辨析，引入儒家天地鬼神福善祸淫的思想，若要深入辨析端曲，则需引入佛教心性论以作彻底解释。

3. 舍阳取阴

何谓阴阳？凡为善而人知之，则为阳善；为善而人不知，则为阴德。阴德，天报之；阳善，享世名。名，亦福也。名者造物所忌，世之享盛名而实不副者，多有奇祸。

人之无过咎而横被恶名者，子孙往往骤发。阴阳之际微矣哉！

　　阴阳，此作隐秘和明显解，即以是否有意造作而辨析功德大小。凡是行善而刻意为人所知，则为阳善；为善本乎良知而不欲为他人所知，则为阴德。

　　"阴德"一词，见诸《文子·上德》："山致其高而云雨起焉，水致其深而蛟龙生焉，君子致其道而德泽流焉。夫有阴德者必有阳报，有隐行者必有昭名。"谓厚德载物，福泽深长，犹如高山深海之体量，方能兴蛟龙而腾云雨。默默地修身行善，暗中施恩于人而不图报，终将能获得昭明的果报和声名。阴德与隐行互文相释，阴即为隐秘义。隐秘而不事张扬，佛教称为无住离相，即《金刚经》所说"无住相布施，福德不可思量"。以性空无我的智慧，无住相而行布施等六度万行，称作无漏善。唯有无私、无求、无得，才能真正通达实相，其福德不可称量，有如虚空般无边无际。

　　无住无相为阴德，那么著相行善即为阳善。著相行善为有漏之善，亦有福报，不过所执之相有如墙壁，其福德之光仅限于一室。此即袁了凡所说"阳善，享世名"，世俗的名誉声望，自然也称得上福报。然而此福报有限，福报享尽也就消失了。至于以投机取巧方式而作秀行善，虽然暂时得到现实的名誉和利益，然德不配位，必有灾殃。凡俗之人只看其表相，天地鬼神洞若观火，故欺世盗名者往往会降下奇祸。

至于默默无闻地行善，不为世人所知却还无端承受恶名，其所积阴德，天地鬼神都看在眼里，必定会赐予福报。即便从世间的因果律而论，真正的善人必形成良好家风，潜移默化地给予子孙以积极影响，那么积善之家的子孙后代骤然发达，也是合乎情理的必然结果。

由此可见，阴德与阳善的界限，一般人很难看清。只有通达天道，领悟实相者，才能见微知著，洞察此微妙难测的转换之机。王龙溪亦说："为善于人，所见者阳德也；为善于人，所不见者阴德也。根之浅深，福之轻重，各以类应，不可诬也。故曰：'惠迪吉，从逆凶，惟影响。'吉凶祸福，存乎一念之顺逆，无不自己求之者。"（《自讼问答》）

袁了凡在《训儿俗说》中，以佛教的"无作"诠释"止于至善"，亦是对阴德的进一步阐释。所谓无作，指无有造作，作而无作。明德为天道本于人心之性体，与天下万民本为一体。故亲民博施，积功累德，皆出于本自具足的真心，不须刻意修造添加。一旦起心动念，刻意以求功用，皆是梦中妄为，即与心之明德本体乖离。故虽行一切善，而心中无一善可得。随缘行善，不著相驰求，无求无著，方能臻至善之境：

　　此德明朗，犹如虚空。举心动念，即乖本体。我亲万民，博济功德，本自具足，不假修添。遇缘即施，缘息即寂。若不决定信此是道，而欲起心作事，以求功用，皆是梦中妄为。明德、亲民、止至善，只是一件事。当我明明德时，便不欲明明德于一身，而欲明明德于天下。盖古大圣大贤，皆因民物而起恻隐，因恻隐而证明德。故至诚尽性时，便合天地民物一齐都尽了。当明德亲民时，便不欲著相驰求，专欲求个无求无著。（《训儿俗说·立志第一》）

4. 舍非取是

何谓是非？鲁国之法，鲁人有赎人臣妾于诸侯，皆受金于府。子贡赎人而不受金，孔子闻而恶之曰："赐失之矣。夫圣人举事，可以移风易俗，而教道可施于百姓，非独适己之行也。今鲁国富者寡而贫者众，受金则为不廉，何以相赎乎？自今以后，不复赎人于诸侯矣。"子路拯人于溺，其人谢之以牛，子路受之。孔子喜曰："自今鲁国多拯人于溺矣。"

自俗眼观之，子贡不受金为优，子路之受牛为劣，孔子则取由而黜赐焉。乃知人之为善，不论现行而论流弊，不论一时而论久远，不论一身而论天下。现行虽善，而其流足以害人，则似善而实非也；现行虽不善，而其流足以济人，则非善而实是也。然此就一节论之耳。他如非义之义、非礼之礼、非信之信、非慈之慈，皆当抉择。

何谓是非？举孔子门下子贡与子路两种行善态度为例，进而探讨行善效果之广狭、动机志向之远近，说明圣人与凡俗的眼光截然不同。

春秋时代，有许多鲁国人因战争被俘或债务等原因，失去人身自由，沦落邻国做奴仆侍妾。鲁国为增加人口，专门制定法律规定：若有国人纳赎金，使这些困居邻国的鲁人回到祖国，政府会依例给予一笔奖金。

子贡善于经商理财，曾担任过鲁、卫两国之相，常周旋于列国间。他赎回了鲁人，却谢绝了奖金。人称赞子贡廉德，孔子却不以为然，责备子贡在这件事上考虑不周。大凡圣人发起善行，皆为移风易俗，以榜样的力量在百姓中推行教化之道，不应该自标节操清高。在鲁国，毕竟是富者少而贫者多，如果受奖被认为贪财，这种观念一旦形成共识，还有谁愿意做了好事还要承受贪财之名？况且奖金本来就含有政府补偿之意，那些贫寒之人，又如何拿得出赎金去救人呢？故孔子担心鲁人重获自由的机会因此减少，这个制度也就形同虚设了。

子路为人勇武豪爽，曾经救起一个溺水者。那人为感谢救命之恩赠送一头牛，子路坦然接受了。孔子知道后大为赞扬："自今以后，鲁国一定会有更多的见义勇为者，拯救人于水火之中。"救人急难，给予应得的奖励，这是为公众树立一种典范，鼓励大家积极救助灾难。否则，让见义勇为者流血还要流泪的怪状，我们还见得少吗？

以上两件善事，若从世间凡夫的俗眼观之，子贡做好事而不接受奖金，自然德行高尚；子路接受了答谢之物，则显得相形见绌。但孔子却称赞子路而责备子贡，实在是洞察世道人心的深谋远虑，具有异乎常人的历史智慧。

根据孔子上述教诲，站在圣人的高度观察善之是非，衡量人之为善的标准，袁了凡总结为如下三点：一、不能只看眼前善行的事相，而是从现行之事，洞悉未来所可能衍生的弊病。二、不能只看一时之对错，而要看到能否将善行推至久远。三、不能只满足于自身的节操清高，而是要看能否带动天下百姓普遍行善。现行所为，虽大家都说是善，如果其流弊足以对整体社会造成祸害，则似善而实非。现行所为，虽貌似不善，而其所引导的潮流足以济世救人，则非善而实是。

以上只举此两件事例，讨论善恶之是非。若延伸开来，诸如非义之义、非礼之礼、非信之信、非慈之慈，皆当抉择而深辨。所谓非义之义、非礼之礼，指表面看来合乎礼义的行为，其实并不符合礼义的准则。所谓非信之信，指拘泥小信，而失之大义。所谓非慈之慈，即指滥施慈悲，其实纵容姑息，反成祸害。因此，正如孟子所说："大人者，不失其赤子之心也。"大人本乎天道的良知，如婴儿一样纯朴自然，不为眼前短期的功利事相所局限，考虑问题更深刻、更长远、更全面。

5. 舍偏取正

何谓偏正？昔吕文懿公初辞相位，归故里，海内仰之，如泰山北斗。有一乡人醉而詈之，吕公不动，谓其仆曰："醉者勿与较也。"闭门谢之。逾年，其人犯死刑入狱。吕公始悔之曰："使当时稍与计较，送公家责治，可以小惩而大戒。吾当时只欲存心于厚，不谓养成其恶，以至于此。"此以善心而行恶事者也。

又有以恶心而行善事者。如某家大富，值岁荒，穷民白昼抢粟于市。告之县，县不理，穷民愈肆。遂私执而困辱之，众始定。不然，几乱矣。故善者为正，恶者为偏，人皆知之。其以善心行恶事者，正中偏也；以恶心而行善事者，偏中正也；不可不知也。

何谓偏正？善为正，恶为偏。然而社会生活是错综复杂的，在世事变迁中，善恶的判分并非截然不变，须从事态的发展及影响范围，作动态辩证的通盘观察，故引述两个案例，而有正中偏与偏中正的辨析。

所谓正中偏，指以善心而行善事，却导致恶的后果。吕原为官清廉，性格内刚外和，海内敬仰如泰山北斗。他辞去相位，返归浙江秀水故里时，却被一同乡村民在酒后骂詈冒犯。吕公不为所动，关照仆人别跟醉汉计较，闭门不予理会。过了一年，听说那人因犯死罪被打入大狱，吕公非常后悔："假使当时稍稍与他计较，送官府责治，或许可借此惩罚小过，而警戒他以后勿犯大罪。我当时只顾心存宽厚，却不料反而助长他的恶行，以至养成今天无法挽回的地步。"故说吕公此善乃正中之偏，是以善心而行恶事的事例。

　　所谓偏中正，是以恶心而行恶事，却导致善的结果。某年饥荒，饥民于光天化日下，公然在市场上哄抢米粮。有富户将此事告官，但县官却不受理，恐怕引起民众暴乱，不敢执法制止。政府越是不敢管，饥民们则愈益放纵。富户不得已，只得捕捉为首者，以私刑关押拷打，抢米风潮才平息下来。富户此举本为保卫自家财产，并非出于公心，且动用私刑有违法律，当然是一种恶行。但当时如果不这样做，会有更多人铤而走险，一旦蔓延成暴乱，被官府调兵镇压，情形就更不堪设想。故此富户出于私心的恶行，实际上导致社会安定的结果，则又转成惠及一方百姓的善行。

　　善者为正，恶者为偏，这是众所周知的事理。然而，须透过善恶的表象，明白其正偏转移的形势。不讲规则的仁慈，貌似以善心行事，却导致恶的后果，此为正中之偏。为安定社会秩序，事急须用权，有时以恶心而行事，却导致善的后果，此为偏中之正。因此，应结合动机与效果，在更大的时空范围里，简择善与恶、正与偏之间的权实关系。

6. 舍半取满

　　何谓半满？《易》曰："善不积，不足以成名；恶不积，不足以灭身。"《书》曰："商罪贯盈。"如贮物于器，勤而积之则满，懈而不积则不满。此一说也。

　　昔有某氏女入寺，欲施而无财，止有钱二文，捐而与之，主席者亲为忏悔。及后入宫富贵，携数千金入寺舍之，主僧惟令其徒回向而已。因问曰："吾前施钱二文，师亲为忏悔，今施数千金，而师不回向，何也？"曰："前者物虽薄，而施心甚真，非老僧亲忏，不足报德。今物虽厚，而施心不若前日之切，令人代忏足矣。"此千金为半，而二文为满也。

锺离授丹于吕祖，点铁为金，可以济世。吕问曰："终变否？"曰："五百年后，当复本质。"吕曰："如此则害五百年后人矣，吾不愿为也。"曰："修仙要积三千功行，汝此一言，三千功行已满矣。"此又一说也。

又为善而心不著善，则随所成就，皆得圆满。心著于善，虽终身勤励，止于半善而已。譬如以财济人，内不见己，外不见人，中不见所施之物，是谓三轮体空，是谓一心清净，则斗粟可以种无涯之福，一文可以消千劫之罪。倘此心未忘，虽黄金万镒，福不满也。此又一说也。

何谓半满？指行善过程的久暂和发心是否真诚，袁了凡在此分三个层次论述。首先，引证儒家经典，说明勤而积善则满，松懈拖延则半。其次，引述佛道教修行者两个案例，说明以至诚行善为满，敷衍蒙混为半。第三，归结到佛教毕竟空理，说明以三轮体空、无相行善为满，以功利心著相行善为半。

第一层解说，引证《易传·系辞下》："善不积，不足以成名；恶不积，不足以灭身。"莫以小善无益而不为，莫以小恶无伤而不去，无论行善或作恶，都是长期积累的过程，最终导致美誉或灭身的结果。再节引《尚书·泰誓上》"商罪贯盈"一句，其上下文意为：商纣王恶贯满盈，引起天怒人怨。故上天命我（周武王）替天行道，诛灭纣王。袁了凡引证此二条经典文句，说明行善积德犹如贮物于器，持之以恒、勤而积之，则为满善；一曝十寒、懈而不积，则为半善。

第二层解说，先引述佛门一则典故。从前有个贫家女子到寺拜佛，有心做布施，可身上只有二文钱，她全部捐给了寺院。住持亲自出来，为她做忏仪祈福。后来她被选入皇宫，富贵后回乡省亲，捐给这座寺院几千两银子，但住持只是派徒弟为她做回向礼仪。此女不解，质问住持："我以前到这里只施钱二文，师父亲自为我忏悔祈福。现今布施数千银两，师父却不为我回向，这是什么缘故？"住持回答："你以前所施财物虽然微薄，可布施心非常真切，非老僧亲自主持礼忏，不足以报答你这份功德。现今所施财物虽然丰厚，可心意不及以前那么至诚恳切，令徒弟代我主忏，也就足够了。"这就是"千金为半，二文为满"的典故。以真诚清净心布施，即使只有两文钱，也是满善；用浮夸骄慢心布施，纵然数千银两，只是半善。

再引述道教一个案例。唐代吕洞宾是著名的八仙之一，拜八仙之首锺离权为师，经历了"十试"考验，此处所述故事，就是其中一项考验。当锺离权觉得吕洞宾修炼工夫已成，可以出山济度世人时，准备传授他一个点铁成金的炼丹术。吕洞宾问点铁成金后，是否还会变回原形？锺离权说可保五百年不变，但到时仍回复成铁的本质。吕洞宾说，那岂不是要害五百年后的人吗？这种法术不学也罢！锺离权听了，非常赞叹："修炼成仙，要先累积满三千功行，就凭你这份至诚之心，三千功行已经圆满！"

在云栖《自知录》中，对吕洞宾这一类的案例，视善行的实际效果，在功德上有具体的裁量："人授炉火丹术，辞不受者为三十善。人授已成丹银，弃不行使者，所值百钱为三善。"拒绝学习炼金丹术，其事尚未发生，能否学成尚未可知。不过，有此善念，即得 30 善（功）。如果有人赠予已经炼成的丹银，依然放弃使用，那么依银两价值论功，通常每值 100 钱为 1 善（功），现在则功德立即增加为 3 倍。

综观以上两个案例，贫女心诚二文为满，吕洞宾真心不想害人这一份善念即圆满三千功行，皆说明在至诚上用心是何等重要。当年袁了凡在宝坻知县任内，因减合县田赋的功德，抵得上一万件善事。幻余禅师对此评价："善心真切，即一行可当万善，况合县减粮，万民受福乎！"本节后面论善之大小一项中，卫仲达上疏谏言不要造劳民伤财的大工程，虽然朝廷并未采纳，但有此心系万民的发心，冥冥中依然有极大功德。可见佛教最重发心真诚。

第三层解说，则深入到佛教三轮体空的思想。行一切善事，心不执著所行善事的行相，不惦念能得多大福报，则所行善事的福德，如光明遍照十方虚空，无所限制，皆得圆满。心若执著于善行，虽终身勤励，所执之相犹如墙壁，使福德之光局限于室内，仅止于半善而已。

何谓三轮体空？譬如以财物布施济人，内不见有能施之我，外不见有受施对象，中不见有所施之物，这是无住离相的状态，心灵清净空寂，与实相完全契合。在彻底的空性中，个体生命与法界众生融为一体，则斗粟之施也可以种得无涯之福，一文之施也可以消除千劫之罪。倘若此著相之心未忘，虽布施黄金万镒，福报也是有限的。

7. 摄小归大

何谓大小？昔卫仲达为馆职，被摄至冥司，主者命吏呈善恶二录。比至，则恶录盈庭，其善录一轴，仅如箸而已。索秤称之，则盈庭者反轻，而如箸者反重。仲达曰："某年未四十，安得过恶如是多乎？"曰："一念不正即是，不待犯也。"因问轴中所书何事。曰："朝廷尝兴大工，修三山石桥，君上疏谏之，此疏稿也。"仲达曰："某虽言，朝廷不从，于事无补，而能有如是之力？"曰："朝廷虽不从，君之一念，已在万民。向使听从，善力更大矣。"故志在天下国家，则善虽少而大；苟在一身，虽多亦小。

何谓大小？指行善的志向和受益对象之大小。据洪迈《夷坚志·卫达可再生》记载，宋代卫仲达在翰林院任职时，曾有过魂魄被抓摄到冥司的神异经历。当时，堂上主审的冥官，命书吏呈上卫仲达人间所行善恶之事的档案。等案卷送到，记录恶事的卷宗堆满庭院，而记录善事的一轴卷宗仅细如筷子。主审冥官命拿秤来称量，则盈满庭院的恶录，其重量远远不如细若筷子的善录。

卫仲达大惑不解："我还不到四十岁，怎会犯有如此多的过恶？"主审官说："但有一念不正，即是造恶，不必等做了才算。"卫仲达再问善轴中所录何事。主审官说："朝廷要大兴土木，准备修筑福州（因城中有三座山，故称"三山"）石桥。你向皇帝上疏，劝谏停止这项劳民伤财的大工程，卷宗保存的就是这份奏章的文稿。"卫仲达说："我虽上奏言事，但朝廷并未采纳，劝谏于事无补，怎会有如此大的功德？"主审官说："朝廷虽没有采纳，但你心中有此善念，全为天下万民着想。假使真的听从了你的劝谏，那善的功德力就更大了。"

由此可见，善由心造。此发心行善的对象，如志在天下国家，则善虽少而功德大；如只惠及一身，则善虽多而功德亦小。佛教普度众生的菩萨精神，与儒家仁民爱物的思想是可以相通的。与袁了凡同时代的云栖《自知录》，将善门分作四类（忠孝类、仁慈类、三宝功德类、杂善类），忠孝类列在首位。"事君王竭忠效力，一日为一善。开陈善道，利益一人为一善，利益一方为十善，利益天下为五十善，利益天下后世为百善。"发心行善，己立立人，由一人而至家国天下，由一时而惠及千秋万世，善行发生的效果越大，功德自然也就越大。

袁了凡晚年写给儿子的《训儿俗说·立志第一》中，强调《大学》的三纲是统一的整体，明明德若止于一身为小，而志在明明德于天下则为大。"明德、亲民、止至善，只是一件事。当我明明德时，便不欲明明德于一身，而欲明明德于天下。盖古大圣大贤，皆因民物而起恻隐，因恻隐而证明德。故至诚尽性时，便合天地民物一齐都尽了。"

8. 辨别难易

何谓难易？先儒谓克己须从难克处克将去。夫子论为仁，亦曰"先难"。必如江西舒翁，舍二年仅得之束脩，代偿官银，而全人夫妇；与邯郸张翁，舍十年所积之钱，代完赎银，而活人妻子。皆所谓难舍处能舍也。如镇江靳翁，虽年老无子，不忍以幼女为妾，而还之邻，此难忍处能忍也。故天降之福亦厚。凡有财有势者，其立德皆易，易而不为，是为自暴。贫贱作福皆难，难而能为，斯可贵耳。

何谓难易？此系就行为主体的能力而言。难，指能力有限，但难行能行、难舍能舍、难忍能忍，倾其所有而救人于急难。易，指有能力行善，财力付出亦不至于伤筋动骨。面对急难中需要救助的对象，一难一易，最是对人性的考验。

古代儒门圣贤讲克己复礼，必须严以律己，从最难克制处约束自己。孔子回答樊迟问如何为仁，亦曰先难，即须先从困难处下工夫："仁者先难而后获，可谓仁矣。"（《论语·雍也》）君子行事，本于大公，首重当务之急而不辞其难，至于所获结果则全不计较，如此就可以称之为仁德了。

孔子所论"先难"，立足于修身。以修身为本，展开为亲民济世，亦重在"先难"的实践。袁了凡在此引江西舒翁、邯郸张翁和镇江靳翁三位教书先生的善行，虽家境清寒，皆能做到难舍处能舍、难忍处能忍，非常人所能及。这些案例，在《祈嗣真诠·积善第二》中记载甚详，编入《了凡四训》后，仅叙梗概而已。现据《祈嗣真诠》所载，叙述如下：

一、江西舒翁，施舍两年教书所得报酬，代缴穷人所欠官银，而全人夫妇。舒翁在湖广学馆中教书，两年后与同乡十多位塾师同舟而归。途中遇见有妇人携幼儿哀哭，因为丈夫欠官银十三两，不得已将卖妻以偿。舒翁以为舟中皆江西同乡，以众筹方式，只要每人解囊一两，就足以帮助这户人家。但他返回舟中募捐，同行者皆无人响应，舒翁只好把自己两年所得尽数捐出。距家尚有近百里之地，舟中路粮已竭，当众人集银买米时，已经囊空一洗的舒翁却为众人非难取笑。有人怜悯而招他同食，舒翁也不敢吃饱。一路忍饥挨饿，回到家中。妻子还在等他带钱回家，用来还债买米。好在妻子非常贤惠，得知舒翁途中捐金的善行，遂携篮往山中采苦菜，和根煮烂，同食一饱。当晚就寝时，妻子辗转不能寐，闻窗外人呼唤："今宵食苦菜，明岁产状元。"舒翁被妻子推醒，说："此神明告我也。"夫妻同起，披衣向天拜谢。明年生子舒芬，后果中状元。

二、邯郸张翁，舍十年所积之钱，代人偿完赎银，而救活人一家妻儿。与舒翁一样，都是于难舍处能舍的典范。张翁家甚贫，没有孩子，用十年时间积蓄一坛铜钱，以备不时之需。当时有邻居犯了官司，拟卖其妻交纳银钱，以免牢狱之灾。三个年幼孩子失去母亲，也不能全活。张翁乃与夫人商议，将所积之钱代邻居偿还赎银。不足部分，夫人再拔一钗凑之。当晚，张翁梦神人抱一佳儿送之。是年张妻生下儿子，即张弘轩先生，子孙相继登科。一念之善，遂成世家，后代非常显贵。

三、镇江靳翁，虽年老无子，不忍以幼女为妾，此为难忍处能忍的典范。靳翁在金坛设学馆教书，年至五十尚膝下无子。夫人见自己年老不能生育，为延续靳门后嗣，卖掉自己首饰，买邻家小女为妾。靳翁冬至归家时，夫人置酒于房，让邻女陪侍，并反锁房门。靳翁连夜逾窗而出，感谢夫人用意良厚，但自己年老多病，不可以辱没青春女子。况且此女从小是自己看着长大的，唯愿她能嫁得个好人家。于是，拜谒邻家，归还其女。第二年，夫人就产子靳贵，十七岁起，即联捷登科，乡试中解元，次年中进士，后为大明贤相。

以上三位教书先生虽家境清寒，然皆能做到难舍处能舍、难忍处能忍，非常人所能及，故上天所降福报也特别丰厚。从行善的条件和能力而言，大凡有财有势者，皆有条件行善立德，易而不为，实在是糟蹋自己的福报。家境贫贱者，缺少行善修福的条件，难而能为，才显出格外可贵。

八维辨善中，辨别难易这一项，袁了凡在叙事上设置了极端场景，即在面临急难的情况下，不惜倾囊而出以救人于水深火热。从袁了凡一生行善经历看，他采取的是量力而行、随缘济众的方法，使慈善事业可持续地进行。在《训儿俗说·治家第八》中，他提出仿效陆氏义仓的做法，在满足自己日常所需的前提下，建立类似慈善基金会的机构，请行谊老成的专业人士主持。义仓不必分彼此，专供有需要的人，但不能透支使用，以免损耗自身元气。"家无私蓄，外以济农，内以自济，原无彼我。凡有所需，即取而用之，但不得过用亏本。"

四　种德之事十大纲要

随缘济众，其类至繁，约言其纲，大约有十：第一与人为善，第二爱敬存心，第三成人之美，第四劝人为善，第五救人危急，第六兴建大利，第七舍财作福，第八护持正法，第九敬重尊长，第十爱惜物命。

从八维辨为善之理，归结到发心至诚的根源。基于上述行善的道理与原则，如何条理清晰地组织随缘济众的事行？袁了凡看到当时功过格的局限性，都是按行善的对象和事行分门别类，"其类至繁"，且无法涵盖所有的善行。

比如，《太微仙君功过格》将善行分为救济门、教典门、忏修门、用事门四类，其中教典门和忏修门皆属于宗教道德内容。《自知录》改编自前者，但将其道教修行的内容，改编整合为三宝功德类，而将属于世俗道德性的内容，扩展为忠孝、仁慈、杂善三类。不过，这四种分类并不能一一对应，比如忠孝类，就溢出了救济门的范畴，而特具儒家的政治与伦理意味。这说明任何范畴都无法涵盖丰富的社会生活，每种功过格的分类，随着时代的发展，都面临捉襟见肘的窘境，从而留下改编和补遗的空间。

袁了凡的分类，是从漫无边涯的外境，改为收摄到行善的发心，基于内在的良知，删繁就简，列出种德之事十大纲要：一、与人为善，二、爱敬存心，三、成人之美，四、劝人为善，五、救人危急，六、兴建大利，七、舍财作福，八、护持正法，九、敬重尊长，十、爱惜物命。

1. 与人为善

何谓与人为善？昔舜在雷泽，见渔者皆取深潭厚泽，而老弱则渔于急流浅滩之中，恻然哀之。往而渔焉，见争者，皆匿其过而不谈；见有让者，则揄扬而取法之。期年，皆以深潭厚泽相让矣。夫以舜之明哲，岂不能出一言教众人哉？乃不以言教而以身转之，此良工苦心也。

吾辈处末世，勿以己之长而盖人，勿以己之善而形人，勿以己之多能而困人。收敛才智，若无若虚。见人过失，且涵容而掩覆之，一则令其可改，一则令其有所顾忌而不敢纵。见人有微长可取，小善可录，翻然舍己而从之，且为艳称而广述之。凡日用间，发一言，行一事，全不为自己起念，全是为物立则，此大人天下为公之度也。

与人为善，原意指赞助、鼓励别人做好事；与，有帮助、称赞、奖赏之义。此处特指身体力行，引导、带领大众共同行善。

雷夏泽，在河南范县东南，与山东菏泽交界，相传当年舜帝曾在此捕鱼。当时，鱼藏丰富的深潭厚泽，皆被年轻力壮者争相占据，而老弱渔人则被排挤到急流浅滩中，那里水势危险而渔获甚少。大舜见此争夺场景，深感悲伤。于是在参与民众捕鱼的过程中，身体力行而纠正这种不良风气。见相互争夺者，并不指责其过错；见到相互谦让者，必当众宣扬其美德，并提倡大家效法。如此相处一年，渔民被大舜所感化，见渔获丰富的深潭厚泽，皆能相互礼让。诸如耕稼农事与制陶手工业，皆能做到如此。试想舜帝身为善理政事的领导者，以他洞察事理的圣明才智，难道就不会出一言来教育大家吗？这是因为他深知身教重于言教，故以身作则，于潜移默化中转化世道人心，此乃圣人治世的良苦用心。

以上"见争者皆匿其过而不谈，见让者则揄扬而取法之"这一段，出自《中庸》："子曰：舜其大知也与！舜好问而好察迩言，隐恶而扬善，执其两端，用其中于民，其斯以为舜乎！"意谓舜帝真是具足大智慧者，他谦虚礼下，好问求教，善于从平民百姓的浅近之言而明察秋毫。故能隐恶而扬善，以中道智慧，把握事情的好坏轻重，而选择适度的政策来引导民众，这就是舜帝为民众爱戴的缘由！

袁了凡感慨现在身处人心陷溺、风气败坏的末法时代，更应以大舜为典范，传承圣贤之道。为人处世，不可好强斗胜，以自己的长处去盖压别人。不可夸耀自己的善行，使得别人相形见绌。不可凭借自己的才艺，去刁难折腾他人。

真正高明的人，应收敛才智，谦虚处世，做到虚怀若谷、大智若愚。见人有过失，应尽量宽恕，而不揭人之短。见人稍有长处可资效仿、稍有善行值得称扬，应立即舍弃过往成见而向他学习，并向社会大众广为宣扬。如此则形成改恶扬善的社会风气，令恶人有所顾忌，而不敢放肆作恶；同时也留有余地，给恶人有悔过自新的机会。

总之，践行圣贤之道的大人，在日常生活中处处体现与人为善的风范。每发一言，每行一事，念念不忘为大众利益着想，以实际行动为社会大众树立楷模，维护天下万物的真理准则，这才是天下为公的气度和胸怀。

2. 爱敬存心

何谓爱敬存心？君子与小人，就形迹观，常易相混，惟一点存心处，则善恶悬绝，判然如黑白之相反。故曰："君子所以异于人者，以其存心也。"君子所存之心，只是爱人敬人之心。盖人有亲疏贵贱，有智愚贤不肖，万品不齐，皆吾同胞，皆吾一体，孰非当敬爱者？爱敬众人，即是爱敬圣贤。能通众人之志，即是通圣贤之志。何者？圣贤之志，本欲斯世斯人各得其所。吾合爱合敬，而安一世之人，即是为圣贤而安之也。

爱敬存心，君子本乎内在良知，心中存有爱众敬贤之心。君子与小人，若就外在的神色举止看，乍看很难区分。所谓"形迹"，袁了凡在《祈嗣真诠·积善第二》中，对此有一段说明："就形迹上观，节义、廉洁、文章、政事、善行，君子能之，小人亦或能之，常易相混。"所以，必须透过表相，要深入到心地根源，留意一个人的存心正邪，则黑白分明，善恶立判。

孟子感叹：人之异于禽兽者几稀，小人不懂仁义，故近乎禽兽，而君子则以仁义行世。故"君子所以异于人者，以其存心也"（《孟子·离娄下》）。君子所存之心，即发自于内的仁，形之于外的礼。故爱敬存心，就是常存爱人敬人之心。唯仁者能爱人，有礼者能敬人。

人与人之间，虽有亲疏、贵贱、智愚、贤不肖的差别，品类各有分殊，但万品同体，皆我同胞。此处"皆吾一体"，指天下万事万物，与我皆处同一界域中。此终极性的命运共同体，在佛教指法界，在儒家则指天下。《祈嗣真诠·积善第二》中还有一段文字，由此可见他把儒佛思想融为一体的胸怀。"况古之圣贤，因人物而起慈悲，因慈悲而成正觉。《大学》云明明德于天下，舍天下则我亦无明明德处矣。"

既然我与众人同属一体，任谁都应该互相敬爱。从此根本道体的立场出发，爱敬众人，即是爱敬圣贤，能了解众人的心志，即能通达圣贤之道。正如老子所说："圣人无常心，以百姓心为心。"圣贤的志向，就是希望这世上百姓和谐相处，各得其所。所以，我若能对世人普遍爱敬、使世人安居乐业，这就是追随圣贤，替天行道，以安定天下百姓。

3. 成人之美

何谓成人之美？玉之在石，抵掷则瓦砾，追琢则圭璋。故凡见人行一善事，或其人志可取而资可进，皆须诱掖而成就之。或为之奖借，或为之维持，或为白其诬而分其谤，务使成立而后已。大抵人各恶其非类，乡人之善者少，不善者多。善人在俗，亦难自立。且豪杰铮铮，不甚修形迹，多易指摘。故善事常易败，而善人常得谤。惟仁人长者，匡直而辅翼之，其功德最宏。

成人之美，指成全别人之好事，帮助他人实现行善的美好愿望。此即孔子所说："君子成人之美，不成人之恶。"（《论语·颜渊》）儒家虽然说人性本善，但需要在后天的社会生活中培育养成，更需要善心人士同愿同行，相互扶持，使之发扬光大。如同埋没在石头内的美玉，若当作投掷御敌的工具，则形同瓦砾。若精雕细琢，则成贵重的圭璋玉器。玉不琢，不成器。人不学，不知义。因此，凡见人行一善事，或见人志向可取，且资质为可造之材，皆须引导扶持，而成就其人其事。或为之奖掖劝勉，或为之维护赞助，或为其辩白诬谤，务使其成功立足于社会。

在现实社会中，善其实是一种稀缺资源，善者少而不善者居多。凡俗之人，见不得世上有品性志向超过自己者，见有人行善事，非但不见贤思齐，反而吹毛求疵，甚而加以毁谤。因此，善人在人群中常受孤立。即以上节所述江西舒翁一例来看，他途中遇一悲泣女子，因丈夫要卖她以偿还所欠十三两官银。舒翁最初想用众筹方式救助她全家，教书先生虽然清苦，但船中毕竟有十多位同乡塾师，倘若每人捐银一两，负担还不算太重，以众轻成一重，即可全人一家。但如此善事就是没有人响应，结果只能由舒翁独力承担，将自己两年的束脩倾囊而出。不仅无人愿意成人之美，离家不到百里，当船中粮尽大家集钱买粮时，因舒翁囊空如洗，还遭到同船人的讥笑和责难。

当社会充斥平庸之恶时，善人鹤立鸡群，显得非常孤独。况且豪杰之士刚正不阿，不善于迎合俗众，其特立独行的品格，常会招惹非议，"故善事常易败，而善人常得谤"。处此正气不彰的时代，仁人长者更应挺身而出，对于世风，时加匡正，对于善行，给予辅助。大家抱团取暖，同愿同行。

袁了凡深知善门难开、好人难做，故在"种德之事十大纲要"这一节中，有好多项强调要与人为善、成人之美、劝人为善、救人危急，如此才能形成良善的社会环境，其功德最为宏大。在一乡，可以挽回一乡之道德元气。在一国，可以培植一国之文明命脉。

4. 劝人为善

何谓劝人为善？生为人类，孰无良心？世路役役，最易没溺。凡与人相处，当方便提撕，开其迷惑。譬犹长夜大梦而令之一觉，譬犹久陷烦恼而拔之清凉，为惠最溥。

韩愈云："一时劝人以口，百世劝人以书。"较之与人为善，虽有形迹，然对证发药，时有奇效，不可废也。失言失人，当反吾智。

前说"与人为善"，指带动大众一起来行善，重在身教，以自身的榜样，对社会大众起到潜移默化的教化作用。现说"劝人为善"，指劝人止恶行善，重在言教。无论是为善，还是劝善，其理论基础皆本于孟子的性善论。生而为人，具有与生俱来的仁义礼智之善端，而人之所以作恶，在于外物对本心的遮蔽。是以劝人为善的作用，即唤醒每个人先天禀赋的良心。

世路茫茫，俗人为名利所役，奔走钻营，最易失足堕落。因此，与人相处时，每当发现别人犯有过错，作为正直的益友，理应以方便善巧的方法，时时提醒开导。为人开迷解惑，使之迷途知返，如此恩惠，可谓周遍而广大。犹如长夜大梦而猛然觉醒，又如拔除烦恼而得清凉自在。

韩愈有言："一时劝人以口，百世劝人以书。"对身边之人劝善，固然善莫大焉，然而仅收效于一时一地，时过境迁，影响毕竟有限。倘能著书立说劝人为善，则可百世流传，造福天下之人。同前说与人为善相比较，劝人为善重在言教，无论是宣说于一时，还是著书以行世，虽然留有"说教"的形迹，然对症下药，时有奇效，不可或废。

不过，劝人止恶行善这种事，也需要有方便智慧，必须注意时机、场合和对象，采取对机说法、因材施教的方法，做到既不失言，也不失人。孔子说："可与言而不与之言，失人；不可与言而与之言，失言。知者不失人，亦不失言。"（《论语·卫灵公》）君子的劝谏之言，须与言说对象的人品、器量、智力和性情相适应。如果对象能领会苦口婆心，也肯虚心纳谏，你却不去直言规劝，那就是"失人"，有违益友的直谅之道。如果遇到不可理喻者，听不懂真心话，乃至产生误解或猜忌，你还硬要去说，那就是"失言"，犹如鸡同鸭讲、交浅言深。大禹善治水，必因水势而宣泄。君子善导人，必因人之根性，而选择恰当的言说方式。

5. 救人危急

何谓救人危急？患难颠沛，人所时有。偶一遇之，当如痫瘰之在身，速为解救。或以一言伸其屈抑，或以多方济其颠连。崔子曰："惠不在大，赴人之急可也。"盖仁人之言哉！

救人危急，指见人有生命危险或遭遇急难时，挺身而出给予救助。前引江西舒翁、邯郸张翁和镇江靳翁三位教书先生，即为救人危急的典范。虽家境清寒，皆能做到难舍处能舍、难忍处能忍，非常人所能及。

人生在世，难免会遭逢重灾大难，或家业生计遭颠覆性损害，或遇天灾人祸而流离失所。当别人遇到危难时，就像自己病痛缠身，感同身受，兴起同体大悲的精神，速为人解救倒悬之苦。遇见人遭逢冤屈、无处申诉时，应仗义执言，洗刷其冤屈压抑。遇见人遭遇接踵而来的苦难，陷于倾家荡产的困境时，应多方设法，救济人于危难之中。

与其锦上添花，不如雪中送炭。正如崔铣在《士翼》中所言："惠不在大，赴人之急可也。论不在奇，当物之真可也。政不在赫，去民之疾可也。令不在数，达己之信可也。"恩惠不在于大小，关键在于能救人于急难之中。言论不在于奇特，要在真实不欺，直达事物本质。为政不在于显赫，端看能否去民之疾苦。政令不在于频发，要在以取信于民为准则。崔铣以上所论，真乃仁人之言！

6. 兴建大利

何谓兴建大利？小而一乡之内，大而一邑之中，凡有利益，最宜兴建。或开渠导水，或筑堤防患，或修桥梁以便行旅，或施茶饭以济饥渴。随缘劝导，协力兴修，勿避嫌疑，勿辞劳怨。

兴建大利，指兴办对国家和社会大众有极大利益的善事。在"八维辨善"中，关于如何辨别善之大小，袁了凡强调："志在天下国家，则善虽少而大；苟在一身，虽多亦小。"小而乡里之内，大而州县之中，凡有利于社会大众的公益事业，最应发起兴建。或开渠导水，灌溉农田。或修筑堤岸，防范水患。或修桥补路，以便行旅。或施茶饭，以济饥渴。皆应随缘随分，劝导大众，有钱出钱，有力出力，齐心协力兴办公益。

慈善公益事业，常易招人疑谤。袁了凡以一生行善的经历，最了解身处末法时代，善门难开的社会现状，也深知人性的幽暗难测。社会上有着太多的平庸之恶者，自己不行善事，看到有人行善，显得自己渺小，明里暗处对行善者吹毛求疵、无端指摘。为形成良善的社会风气，不能使行善者形影孤单，难以自立，须以成人之美的愿力，大家抱团取暖，同愿同行。自己既然发心兴建大利，就要有充分的思想准备，不避嫌疑，任劳任怨地去做。只要心地坦荡无私，竭诚尽力，则疑谤自消。

7. 舍财作福

何谓舍财作福？释门万行，以布施为先。所谓布施者，只是舍之一字耳。达者内舍六根，外舍六尘，一切所有，无不舍者。苟非能然，先从财上布施。世人以衣食为命，故财为最重。吾从而舍之，内以破吾之悭，外以济人之急。始而勉强，终则泰然，最可以荡涤私情，祛除执吝。

舍财作福，即施舍钱财，以修福业。大乘菩萨行，以深入社会，救度一切众生为志业，必先开善门以入佛门。故六度万行，以布施为先，即以财物、智慧乃至生命，为他人造福成智，免除身心痛苦。布施不仅是为他人造福，也为自己种下福田，犹如农夫辛勤劳作，能得庄稼丰收，通过修布施行，使自己舍去悭贪，培植善根，累积功德。按照佛教的说法，修财布施得财富，修法布施得聪明智慧，修无畏布施得健康长寿。

布施，有财布施、法布施、无畏施三种，皆可归结为"舍"之一字。进而言之，将"舍"之一字贯彻到底，连布施可得福报的念头，也必须消除。通达生命实相的上根利机者，领悟一切皆空的真理，故能以三轮体空的精神，内舍眼、耳、鼻、舌、身、意六根之情执，外舍色、声、香、味、触、法六尘之诱惑。总之，举凡身外之财物，乃至自身生命，皆可为救度众生而施舍。

那么，对一般中下根机者而言，如果达不到这种一切皆舍的境界，可先从财布施上做起。世俗之人，大抵都以谋取衣食为维持生命的基础，故把钱财看得最重。我们若能从施舍钱财入手，内可破自私吝啬的习性，外可以救人之急。开始时，可能会难舍钱财而勉强行之，布施既久，与法界众生融为一体，则心安理得，从容自如，成为生命成长中的自觉活动。故舍财作福，最可以洗涤自私心念，祛除执著、吝啬的习气。

8. 护持正法

何谓护持正法？法者，万世生灵之眼目也。不有正法，何以参赞天地？何以裁成万物？何以脱尘离缚？何以经世出世？故凡见圣贤庙貌、经书典籍，皆当敬重而修饬之。至于举扬正法，上报佛恩，尤当勉励。

正法，此指佛法。释迦牟尼觉悟到宇宙人生真理，并将其在世间广泛传播，成为引导众生开启智慧眼目、走向觉悟的善法。大乘佛教把世间和出世间的一切善法，皆包含在佛法内。

"不有正法，何以参赞天地？何以裁成万物？"此语出自《中庸》："唯天下至诚，为能尽其性；能尽其性，则能尽人之性；能尽人之性，则能尽物之性；能尽物之性，则可以赞天地之化育；可以赞天地之化育，则可以与天地参矣。"参赞天地，指人与天地并立为三。人能以至诚之心上通天道，则能与天地万物贯通，以穷尽人和万物之本性，作为三才中独立的一极，而补助天地之所不及。裁成万物，以正法陶铸群伦，形成世界万物蓬勃生长的秩序。

"何以脱尘离缚？何以经世出世？"经世，为治理世间齐家、治国、平天下之事，以泽被苍生。出世，为修道解脱，自度度人，跳出三界轮回。袁了凡先引用儒家思想阐释世间善法，进而上升到大乘佛教即世间而出世间的高度。脱尘离缚，超越尘世三界的迷惑，达到涅槃解脱的境界。大乘的菩萨精神，是以出世的精神，做入世的事业。

经佛教空性智慧洗涤世俗一切烦恼执著，则世间一切善法和治生事业，皆是佛法。因此，凡是供奉佛道教和世俗圣贤的庙宇及塑像，以及经书典籍，皆当敬重礼拜，并善加修葺整理。至于推崇并大力弘扬佛法，上报佛恩，下化众生，更是佛教徒的本分，尤当勉励施行。

9. 敬重尊长

何谓敬重尊长？家之父兄，国之君长，与凡年高、德高、位高、识高者，皆当加意奉事。在家而奉侍父母，使深爱婉容，柔声下气，习以成性，便是和气格天之本。出而事君，行一事，毋谓君不知而自恣也；刑一人，毋谓君不知而作威也。事君如天，古人格论，此等处最关阴德。试看忠孝之家，子孙未有不绵远而昌盛者，切须慎之。

敬重尊长，即居家敬重父母兄长，在国敬重君主长官。推而广之，举凡年高、德高、位高、识高者，皆应特别用心地奉事。敬重年高的长者，是对生命根源的尊重；敬重德高望重的贤达，是对道德伦理的尊重；敬重地位高显者，是对社会秩序的尊重；敬重见识高超者，是对学问和智慧的尊重。

在家以纯孝天性奉侍父母，仪态和顺，内心恭敬，便是以和气感通上天的根本。出仕而服务国家社会，不可以为天高皇帝远，所作所为无人知道而骄横放纵。尤其在掌握司法大权时，更不可徇私枉法，利用威权而滥施刑罚。古人说事君如敬天，实为至理名言。以上所说，以至诚的敬畏心为人处世，在家孝悌，出仕忠君，都与培植阴德关系极大。试看那些忠孝之家，子孙无不是绵远长久、昌盛发达的。

10. 爱惜物命

何谓爱惜物命？凡人之所以为人者，惟此恻隐之心而已。求仁者求此，积德者积此。周礼："孟春之月，牺牲毋用牝。"孟子谓"君子远庖厨"，所以全吾恻隐之心也。故前辈有四不食之戒，谓闻杀不食，见杀不食，自养者不食，专为我杀者不食。学者未能断肉，且当从此戒之。

渐渐增进，慈心愈长。不特杀生当戒，蠢动含灵，皆为物命。求丝煮茧，锄地杀虫，念衣食之由来，皆杀彼以自活。故暴殄之孽，当与杀生等。至于手所误伤，足所误践者，不知其几，皆当委曲防之。古诗云："爱鼠常留饭，怜蛾不点灯。"何其仁也！

爱惜物命，指爱护一切含有血气的生物，珍惜其生命。人之所以称为人，只因具备恻隐之心，即本于万物一体的仁爱理念，同情一切生灵的慈悲心。求仁者，即求此恻隐心；积德者，即积此恻隐心。《礼记·月令》规定：在每年的正月期间，祭祀所用供品，不得用怀胎的母畜，以免伤及腹内生命。《礼记·玉藻》更规定："君子远庖厨，凡有血气之类，弗身践也。"孟子解释君子为何应远离厨房，即基于不忍见闻动物被屠宰时挣扎惨嚎的恻隐之心。"君子之于禽兽也，见其生，不忍见其死；闻其声，不忍食其肉。是以君子远庖厨也。"(《孟子·梁惠王上》)

以上经典规定和圣贤之言，皆是为了保全我们本来具有的赤子之心、君子之仁。因此，前贤提出四不食之戒：闻杀不食，见杀不食，自养者不食，专为我杀者不食。听到动物临死前的痛苦哀号，见到动物正被屠宰的悲惨情状，对自己家里豢养的牲畜，以及专为招待我而杀的生灵，若心存一念仁爱之心，必不忍心食其肉。学圣贤之道者，倘若一时还不能完全断除肉食，就暂且从这"四不食"的戒条做起。

从控制自己的口腹之欲开始，循序渐进，使慈悲心日益增长，爱惜物命的范围也就愈益扩大。不但杀生食肉的行为应该戒除，更应把护生的仁爱之心，推广到一切微小的生命。诸如为穿丝绸之衣，把蚕茧烧煮以抽丝，农夫锄地，也会有意无意中伤害许多虫类。故思念人类衣食之由来，往往以杀害其他生命来养活自己，故人应当常怀感恩悲悯之心。因此，糟蹋浪费衣食用物，此为暴殄天物之孽，应视为与杀生的罪过相等。至于日常生活中，手所误伤，足所误践的小生命，更不知有多少，皆应谨慎防范。

苏东坡曾有诗云："爱鼠常留饭，怜蛾不点灯。"是说心怀慈悲者，为同情老鼠有饿死之虞，常会留点饭菜；为怜悯飞蛾扑火的惨状，晚上就不愿点灯。这是何等仁慈大爱的境界啊！

善行无穷，不能殚述。由此十事而推广之，则万德可备矣。

"善行无穷，不能殚述"，鉴于当时流行的《太微仙君功过格》《自知录》等功过格，皆以外在的事相分类，虽条文中有功过大小的裁量，但缺乏系统的法理辨析。袁了凡经过八维辨善，从漫无边涯的善行事相，归结到行善者主体发心的根源。这一路径转向，颇类似王阳明竹园格物，从向无涯的外境即物穷理，转向内在的良知实践。

大乘佛教有四弘誓愿：众生无边誓愿度，烦恼无尽誓愿断，法门无量誓愿学，佛道无上誓愿成。众生苦海无边，故菩萨悲愿也无边，但凡有益于天下众生，皆是菩萨行者应行之事。因此，袁了凡将无法穷尽的善行，收摄到内在的发心，总结为种德之事十大纲要，从而起到提纲挈领、以一驭万的作用。

一、与人为善。身处末法时世，善是稀缺资源。身为君子，理应践行圣贤之道，以身作则，隐恶扬善，以自身榜样带动大众一起行善。

二、爱敬存心。君子与人为善，本乎内在良知。心中存有爱众敬贤之心，根源在于万物皆吾一体，故民胞物与，心通众人之志。

三、成人之美。处此正气不彰的时代，善门难开、好人难做。仁人长者更应关怀辅助有志行善者，同愿同行，以培植国族的道德元气和文明命脉。

四、劝人为善。不仅自身行善和助人行善，更以言论和书籍劝人止恶行善，唤醒每个人先天禀赋的良心。采取对机说法、因材施教的方法，做到既不失言，也不失人。

五、救人危急。见人有生命危险或遭遇急难时，挺身而出给予救助。与其锦上添花，不如雪中送炭。

六、兴建大利。根据自己能力，随缘随分兴办对国家和社会大众有极大利益的善事。慈善公益事业，常易招人疑谤，要不避嫌疑，任劳任怨去做。

七、舍财作福。先开善门以入佛门，勤作布施，内破吾之悭吝，外济人之急难。

八、护持正法。经佛教空性智慧洗涤世俗一切烦恼执着，则世间一切善法和治生产业，皆是佛法。故须敬重维护一切圣贤经教，尤当举扬佛法。

九、敬重尊长。以至诚的敬畏心为人处世，在家孝悌，出仕忠君，敬重年高德高位高识高者。

十、爱惜物命。以恻隐之心戒杀生命，常怀感恩悲悯之心，惜福而不浪费衣食用物。

世上善行无穷，不能完全缕述。但只要以至诚之心，广爱天下众生，将以上十事纲要推而广之，则一切功德可具足圆满。在《祈嗣真诠·积善第二》中，文末还有一段文字："前辈有十大方便之说，与此不同，更宜参考而行之。"

第六讲

谦德之效

《谦德之效》，即晚年所作的《谦虚利中》。此文与《科第全凭阴德》（即《积善之方》）、《立命之学》一起编入修习举业的参考书《游艺塾文规》中，于万历三十年（1602）刊行。《了凡四训》基本内容已备，此时尚未有"四训"之名。清初刊刻的《丹桂籍》，把这四篇文章合称为《袁了凡先生四训》。

在《谦德之效》中，引述作者熟知的朋友在科举中的成功事例，说明"满招损，谦受益"的道理。以谦德对治我慢，是转变命运的有力保障，能使功德保持不退。力积善行而又虚心屈己，则受教有地、取善无穷。如是，方能达致改造命运之目的。

一 坦然面对顺逆境遇

隐居著书立说

袁了凡身拥文武之才，胸怀经世济民之志。治理宝坻县政，只不过是牛刀小试，已经誉满朝野。然步入仕途仅五年，尚未施展平生才学和抱负，就陷入官场党争，遭同僚诬陷弹劾，削职家居，其心境之悲凉不言而喻。晚年教导子侄和弟子，编撰《游艺塾文规》正续编，评析乡试、会试墨卷，总结治学写作的方法，成为晚年隐居生活的精神寄托。

他在《游艺塾续文规》中，自述"予于时艺本无所解，亦非所好，只因浪有时名，从游者众，不得不潜神以玩其旨，养气以培其基，而与诸公相砥砺"（内阁文库本《游艺塾续文规》卷四）。因为当时士子热衷的无非举业，故借助指导士子科举考试的方法，以明自己的志向和良苦用心：劝人收心，劝人积德，劝人立命。

> 学士大夫谈文者众矣，所谈虽甚玄妙，然只可资人才识，不能资人德器；止可发人文思，不能发人道心；则功业之可流亦浅矣。予前所著《文规》，劝人收心，劝人积德，劝人立命，以儒流当修之业，而劝其存一脉自爱之心，其用心良苦矣。《孟子》曰：'王之好乐甚，齐其庶几乎？'今天下所濡首而专心者，惟举业耳。倘真能缘之以收心，因之以积德，予惟恐其好之不甚也，然岂欺世云乎哉？
> （内阁文库本《游艺塾续文规》卷四）

收藏于日本内阁文库的《游艺塾续文规》，应为世上现存最早的初刻本，其中卷三至卷五，后来的重刻本作了增删调整，编入一些新的论学方法，也删除了一些敏感段落。从这些被删削的内容，亦可一窥袁了凡晚年的境遇和悲凉不平之意，大体表现为四个方面：一、批评程朱理学；二、为佛教做辩护；三、历述科场坎坷；四、忍辱以明心志。

批评程朱理学

袁了凡批评作为科举主流思想的程朱理学，为官方所不容，故所编著的科考辅导书屡遭封禁。他年轻时编著《四书便蒙》，见孔孟之言，句句皆是家常实话，甚感亲切，而宋儒训诂，如举火焚空，一毫不着，故将朱熹注解大加删削而略存其可通者，于嘉靖乙卯年刻行。此书当时并未署名，50年来遍传天下，家家传习，并无异议。后来友人将此书重刻，改名《四书删正》，署上袁了凡之名，却引来众口之咬咬，几不能自立。

袁了凡崇尚的阳明心学，当时虽已崛起，尚未成为思想界主流，而他所信仰的佛教思想，仍被主流社会视为"异学"。了凡特立独行的治学观点和德行操守，虽名满士林，却也为他带来汹汹谤声，"盖世间所忌者正在名，而今适犯其所忌也"(《与邓长洲》,《游艺塾续文规》卷三)。71岁时,他批评朱熹的著作被禁,官方发布政令,令各提学官将《四书删正》《书经删正》等书,"原板尽行烧毁,其刊刻鬻卖书贾一并治罪"。不过,他的举业用书虽被当局"禁之愈严,而四方学者趋之愈众",时人都将袁了凡看作李贽一类离经叛道的人物。

在内阁文库本中,我们可见袁了凡一一列举朱熹解释《四书》的错误,直言朱熹论道理的差谬处,恐十不止于六七。至于朱熹对礼仪名物的注释,凡费考究者无一不谬。他认为朱熹之所以出现这么多差错,在于他长年奔波官场,读书不精,差谬难免:

> 元晦十九岁登进士五甲,立朝四十九年而归,归未几即没,故其所著述,皆在车马驰骤中匆忙揍集,何得遍考群书?固宜其无一不谬也。

在明末的政治环境下,袁了凡以学林扫地僧的姿态,敢于如此批评为官方钦定的科举权威教科书的作者,可谓罕见!他在书中感叹,朱熹如此错误百出的著作,误导了一代又一代的士子,还不容许人批评指正:"今举世贸贸,承讹习舛，己既不能明，又禁他人使不得明，甘心为世儒护短，而忍使孔孟之旨不白于天下，可惜也。"（内阁文库本《游艺塾续文规》卷三）这些大胆的批评言辞，在后来的重刻本中，自然都被删除了。

为佛教作辩护

宋明以降，程朱理学家斥佛教为虚无寂灭之教，几乎成为主流思想界的定论。在内阁文库本《游艺塾续文规》卷三中，袁了凡有一段精湛论述，正面表达他对佛学的认知，肯定佛学有助纲常的社会作用，批评程朱理学家对佛学的误解，并指出其误解佛学的认识根源：

> 幽明生死，如佛氏所言，三世因果，十方重重，无尽法界，皆实理也。程朱概目为荒唐幻妄之谈而扫去之。言天则曰即理也，焉有临汝之上帝也？言鬼神则曰屈伸之义也，焉有受祷之上下神祇也？言人死则曰形销而神灭也，焉有游魂为变也？其见既已疏矣。又如性本无生，故亦无灭，此实十

圣同然之真心；众生度尽，方入涅槃，此亦千圣同
归之实际；特儒典引而不发，发自释氏之口耳。程
朱概以为虚无寂灭之教，而力排其说。然则真心果
有生灭乎？圣学果无究竟乎？又戒儒者毋以名利心
希孔子，孔子自有出世心法，通乎毗卢法界，则乾
元统天之旨是也，参乾元可以不历僧祇而获法身
矣。亦毋于纲常外求佛行，佛门所重普贤万行，具
在儒宗，如礼仪三百，威仪三千之矩皆是也，循孔
矩可以越历三祇而成正觉矣。

首先，佛教所论幽明生死，超越儒家的世界观范畴，
包含世间与出世间的因果规律，以大乘的法界视域整合世
间和出世间一切法，皆是根源于缘起性空的实理，绝非程
朱理学家眼中的荒唐幻妄之谈。佛教谈无生的实相之理，
既消除凡夫的我执，也消除小乘的法执，故无生之理亦即
无灭，是除病而不除法，并未否认缘起的现象界诸法。将
佛教视为虚无寂灭之教，实是对佛教性空之理的误解。

其次，儒家对天的阐释，包含自然、命运、主宰和义
理四层含义，虽然沿着孟子的心性之说，沛然充实人性之
善端，以人间的道德行为克配天命，强化了对义理之天的

论述，但并没有否定上帝的存在。程朱理学家将天抽象为形而上之理，却忽略了高踞上苍的天帝的临在性。在形神关系上，言鬼神仅偏重谈哲学上的屈伸之义，却忽略并淡化了接受人间祭祀祈祷的天神地祇的存在。

第三，强调儒佛殊途同归，认为孔子自有出世心法，儒门乾元统天之旨，通向佛教的毘卢遮那法身，故儒门之天，在终极层面可与佛教的实相会通。况且，佛门所重普贤菩萨之行，与儒门礼仪三百、威仪三千实可相通，故佛学在世间的作用实有助于纲常。

正是因为袁了凡坚决否认人死后形销而神灭的断灭见，故他批评当时有些儒生，以不识因果报应而导伪导狂，其辟佛之果报，将极为惨烈：

> 昆山魏校，讲学修行，素敦厚德。其提学广东时，曾毁六祖之钵。既毁，钵中有"魏禾女鬼木交"六字，众官传览，知先世之谶记不虚。及患病沉重，梦中往见阎王，问及毁钵之事，魏对："钵有旧谶，原该毁于我手。"王曰："汝前世修苦行三十年，福报甚重，今削尽矣。生当绝嗣，死当入无间狱也。"放之归，约三日而反。及出门，见其叔

以铁钩悬于梁上，哀呼求救，魏欲入，门者不许，托之代奏，遂传命得释。既醒而寻问，则其叔先患背疽，是夜卒。越三日，魏殂，果无后，嗣子亦夭，何其报之酷也！（内阁文库本《游艺塾续文规》卷三）

袁了凡擅长描述善恶因果报应故事，在《了凡四训》中，亦多举阴司审判、神仙托梦等案例，他本人也有梦验之事。这些因果故事，即便在明代，也常被视为小说家言，为儒林所不齿。然袁了凡皆深信不疑，这些灵验故事或与他的宗教体验有关，现代宗教心理学和特异心理学多讨论过这些案例。

历述科场坎坷

袁了凡科考坎坷，然名重士林，晚年罢官家居，四方从学甚众。常在讲学著述中谈及当年科场经历，且评点当代学人掌故，于臧否中不免涉及隐私。在内阁文库本中，袁了凡比较详细地自述科场中三次会试的得失情状。

万历五年丁丑（1577），袁了凡时年 45 岁，与冯梦祯一起参加第三次会试，修业于京城护国寺，头场初毕，大家皆赞为会元之作。原本场中拟取第一名"会元"，却因第三场论述时务的"御夷"一策，触犯考官张四维之忌而落第。下面记述了此次落第的前因后果：

> 丁丑会试，……场中果定予为第一，蒲州主试以"御夷"一策，予深辟和议之非，大触其怒，弃弗录。当时俺答之封，王公鉴川实主其事，原是利国便计，而书生不谙远略，矢口雌黄。初亦不知其故，今检《世宗实录》，明书云："报入礼部，左侍郎张四维首以为可。"盖王即张之母舅，而予之所诋，乃深触其忌也，其见黜宜矣。然因是而开璞见宝，名重四方，身非刘蕡，误得佳誉，可愧矣！
>
> （内阁文库本《游艺塾续文规》卷四）

据《万历五年会试录》，该科的主考官为礼部尚书兼东阁大学士张四维（蒲州）和詹事府詹事兼翰林院侍读学士申时行，袁了凡所在房的同考官为吏科都给事中陈三谟。首场以四书五经经义出题，考察八股文写作水平；第二场考试论、判、诏、诰、表等公文写作；第三场试时政策问。《两行斋集》，收录了这次考试的五篇策答。第五篇策，是问处理明朝对待"夷狄"的抚边大计。隆庆五年，在张居正、高拱、王崇古等人的努力下实现了俺嗒封贡，北部边防暂时安宁，此策即发问俺嗒封贡后如何解决北部边患的善后问题。袁了凡在第五道策中"深辟和议之非"，通篇都是对俺嗒封贡的否定，显然触犯了当时的主事者，且王崇古（鉴川）还是张四维的母舅。有研究者认为，不仅第五策深触主考官之忌，前面四篇策亦或多或少触犯了张居正的改革措施。并引伍袁萃的《林居漫录》，袁了凡在首场八股文考试中作《我亦欲正人心》，题结云："韩愈谓孟子之功不在禹下，愚则谓孟子之罪不在桀下。"房考官陈三谟力荐此文为会元，为张四维所恶而欲黜之，虽为同列劝止，乃行国学戒饬之。因此，即使没有第三场五策触张四维之忌，也会因这道八股文而落第。（张献忠：《晚明科举与思想、时政之关系考察——以袁黄科举经历为中心》，《中国史研究》2020 年第 4 期）

万历十一年癸未（1583），袁了凡时年 51 岁，第五次会试再次失利，是科依然是张四维（蒲州）当国，考官不敢录取，然场中所做墨卷，已轰动京城、盛传四方。在袁了凡落第南还途中，路过德州，州守出示他的墨卷。"盖会元之卷未传，而予文先至，其见重一时如此。"

直到万历十四年丙戌（1586），袁了凡时年 54 岁，第六次参加会试，终于进士及第。是科王锡爵（荆石）为主试，杨起元（复所）为同考官。杨起元是阳明学泰州学派罗汝芳的弟子，且崇奉佛道，袁了凡亦师事阳明后学代表人物王畿、王艮等人。杨起元对袁了凡，可谓是志同道合，惺惺相惜。他在阅卷时，能从文中见识看出为袁了凡所作，如果不是担心重蹈万历五年的覆辙，不仅应取为本房首卷，各房诸卷亦无有可及者。

> 因语予曰："初阅卷时，见尊作说理细腻，认题真切，而冠裳温润，得会元正脉，即疑为公作，犹未之信，及阅三场，予始信定为袁了凡之作，海内秀才断无此学识也。知公累科遭忌，初呈三卷，不敢送公文字，后始夹于中而浑送之，遂得中式。若论其实，不特本房该第一，各房诸卷并无有及者。"文章自有定价，不能掩也，附录于后。（内阁文库本《游艺塾续文规》卷四）

忍辱以明心志

又引古今贤士遭忌嫉谗毁的事例，以况自己的遭遇和心境。

自古文章之士，多遭忌嫉谗毁。屈原见忌上官，韩非见忌李斯，毋论已，他如张九龄、萧颖士之见忌于李林甫，颜真卿之见忌于元载，韩愈之见忌于李逢吉，李商隐之见忌于令狐绚，韩偓之见忌于崔胤，杨亿之见忌于丁谓，苏轼之见忌于舒亶、李定，若近代之李献吉、薛君采辈亦遭谗阻，坎坷终身。或以材高起妒，或以词藻惭工，百懿不录，一眚见疑，含沙射影，信耳吠声，无所不至，是则宜然矣。予孤寒下士，铅椠未工，身非蛾眉，浪窃文人之号。人或有言，甘之如饴，然立朝之日，宜遭摈斥。今养拙东皋，杜门诵古，又以著述之谬，挂名弹章，当自反自责，勤勤改过，而增修其德，庶不负哲人玉成之意耳。（内阁

文库本《游艺塾续文规》卷三）

在朝之日遭到摈斥，削职家居后，又因著述中有批评朱熹的言论被人举报而屡遭封禁。袁了凡在此将自己与屈原、韩非、韩愈、李商隐、苏轼等古今受谤遭陷的名人相提并论，足见其自视之高，以及不屑与小人为伍的傲骨。

在重刻本中，袁了凡更以佛陀孔子等圣贤也遭人诬陷诽谤比况，表明应以佛教的忍辱精神，将一切逆境皆当委之于命、责之于身，且把所有加害者，视为推动自己改非进德的助缘。"释家谓：一佛出世，必生一调达谤毁而挫辱之。虽是天生圣人，遭一番谤毁，定有一番警省，受一分挫辱，定有一分动忍。"调达，即释迦牟尼的堂弟提婆达多，出家后屡次谋害佛陀，乃至自立门派，分裂佛教。然在《法华经》中，佛陀将提婆达多视为良师，以种种恶缘，增进佛陀的修为。故袁了凡勉励自己的儿子和学生，从孔子到王阳明，一切迫害诽谤者，皆是圣贤的调达，成为圣贤修学进德的良药："吾不幸而名满天下，则谤亦宜满天下。汝以孺子而窃重名，则致谤之本在此不在彼也。吾为汝计，不但当委之于命，而直当责之于身。"（《游艺塾续文规》卷三）

满招损谦受益

　　《易》曰："天道亏盈而益谦，地道变盈而流谦，鬼神害盈而福谦，人道恶盈而好谦。"是故《谦》之一卦，六爻皆吉。《书》曰："满招损，谦受益。"予屡同诸公应试，每见寒士将达，必有一段谦光可掬。

　　《周易》谦卦，由坤地卦和艮山卦合成，其卦象为地中有山。寓意天体虽高，能降下其气而生万物，地虽处卑下，其气能上升而成万物。天地二气相交，能生成万物，是以得谦亨之义。谦，意指屈躬下物，先人后己，以此待物，则所在皆亨通。

　　"天道亏盈而益谦"：天道的理则，是减损有余而补益不足，以保持宇宙万物运行中的平衡。犹如日中则昃、月盈则食，事物到达极限，则走向反面。充盈时，若骄满则溢出。亏损时，处谦退则受益。故人必须道法自然，顺势而为。

　　"地道变盈而流谦"：地道的理则，如水满则溢，转变其满盈状态而流向低洼之处。

"鬼神害盈而福谦"：鬼神的理则，如明镜高悬，监察世间万物，惩罚暴得富贵而骄横者，造福穷困而谦逊者。

"人道恶盈而好谦"：人道的理则，如普世共识，总是厌恶骄傲自大者而喜好谦虚低调者。

以上四句，表明谦德是天地人神之间的普遍法则。人处天地之间，唯君子能将此谦德行之久远，尊者虽居高而光明盛大，卑者虽处下而志不可逾越。故君子能终其谦之善事，又获谦之终福。以天地至大，尚以谦而后亨，人更应戒骄盈而劝谦下。

《周易》中卦象的变化，取决于爻的变化。在每卦六爻中，于二爻和五爻，因所处之位合中道，故多褒许之辞。《易》为君子谋，在全经三百八十四爻中，所缀卦辞，多为戒慎警惕之文。唯有《谦》之一卦，六爻皆为吉语。故以此卦，示处世重虚怀若谷之道。

再引《尚书·大禹谟》："满招损，谦受益，时乃天道。"说明满溢骄傲就会招致亏损，只有谦卑处下才会得到增益，此为天之常道。

袁了凡屡次参加科举考试，从自己亲身经历中，观察到那些家境清寒的读书人，谦虚祥和，气质内敛，每当将要考中发达时，脸上必会焕发出谦和安详的光彩。强调谦德，亦本于家族的传统，《庭帏杂录》记载袁父的教诲："凡言语、文字，与夫作事、应酬，皆须有涵蓄，方有味。说话到五七分便止，留有余不尽之意，令人默会；作事亦须得五七分势便止。若到十分，如张弓然，过满则折矣。"

二　近举谦虚受福实例

丁敬宇年少谦虚

辛未计偕，我嘉善同袍凡十人，惟丁敬宇宾年最少，极其谦虚。予告费锦坡曰："此兄今年必第。"费曰："何以见之？"予曰："惟谦受福。兄看十人中，有恂恂款款，不敢先人，如敬宇者乎？有恭敬顺承，小心谦畏，如敬宇者乎？有受侮不答，闻谤不辩，如敬宇者乎？人能如此，即天地鬼神犹将佑之，岂有不发者？"及开榜，丁果中式。

古代郡国选拔孝廉之士，由官府中掌管簿籍的计吏，携带应征召者的档案资料，陪同一起进京接受考核。后即以"计偕"指称举人上京赴会试。

在辛未年（1571）会试时，嘉善县有十位同乡举人一起进京赴考。其中丁敬宇年纪最小，却极为谦虚。袁了凡告诉同袍费锦坡："这位仁兄今年一定会考中。"费锦坡问何以见得？袁了凡素谙相人之术，他的理由是：惟有谦虚的人才能承受福报。试看同袍十人之中，丁敬宇的谦德无人可及。他为人信实诚恳，从不敢抢占风头。他态度恭敬，谦虚谨慎，敬畏天道而顺从人意。他有受侮辱而不回怼、听毁谤而不争辩的雅量。一个人能有如此修养，天地鬼神都会保佑他，岂有不发达的道理！等到开榜时，丁敬宇果然高中进士。

丁宾（1543－1633），字敬宇，又字礼原，号改亭。明隆庆年进士，官至南京工部尚书、进太子太保。丁敬宇是阳明学发展的核心人物王畿（龙溪）的晚年弟子，主持编刻《龙溪王先生全集》。还增补泰州学派创立者王艮的著作，刻印成《心斋王先生全集》。为官刚正不阿，爱民如子。每遇灾荒，除及时报请朝廷赈灾，尽捐家财救济贫民。丁宾为人"至柔""无为""谦虚"，袁了凡在《退丁敬宇书》中极言其贤："足下真实之心，恺悌之行，事不敢为天下先，而举世让步，言若讷讷，而能使听者醉心，以至柔而胜天下之至刚，以无为而胜天下之有为，实当世之伟人，而理学之巨擘也。"

冯梦桢结交诤友

丁丑在京，与冯开之同处，见其虚己敛容，大变其幼年之习。李霁岩直谅益友，时面攻其非，但见其平怀顺受，未尝有一言相报。予告之曰："福有福始，祸有祸先，此心果谦，天必相之，兄今年决第矣。"已而果然。

冯梦桢（1548－1606），字开之，浙江秀水人。袁了凡与冯梦祯自小相识，年轻气盛的冯梦祯与恃才傲物的袁了凡气味相投，乃成莫逆之交。丁丑年（1577）赴京应考，袁了凡与已经步入中年的冯梦桢，同住在城内护国寺，准备参加会试的课业，但见其面容庄重，神色严肃，大变其年轻时习气。

冯梦桢的朋友李霁岩，为人正直诚信，堪称直谅益友。李霁岩时常不假情面，当面指责他的过错。冯梦桢也总能平心静气接受批评，未尝有一言反驳。直谅益友，语出《论语·季氏》："益者三友，损者三友。友直、友谅、友多闻，益矣。"

袁了凡对冯梦桢大为赞赏："福有福始，祸有祸先。人之招致福报或灾祸，必有其根源和先兆。此心能谦德自守，上天必定会加持。兄台今年决然能登上科第！"后来放榜，果然高中会元。袁了凡则因"御夷"一策触考官忌，由原本第一而落第。

冯梦桢官至国子监祭酒，以文章气节相尚，著有《快雪堂集》行世。两人到晚年交情愈为醇厚，袁了凡在教晚辈考试方法时，曾引冯梦祯作文之法，冯梦祯亦作《寿了凡先生七十序》，为袁了凡祝寿。

赵裕峰虚心受教

赵裕峰光远，山东冠县人，童年举于乡，久不第。其父为嘉善三尹，随之任。慕钱明吾，而执文见之。明吾悉抹其文，赵不惟不怒，且心服而速改焉。明年，遂登第。

赵裕峰，名光远，山东省冠县人。少年得志，于乡试时中了举人。但以后屡次上京参加会试，都未能登上科第。其父赵克念在嘉善县任主簿，他跟随父亲来到任所。赵裕峰仰慕嘉善名士钱明吾的学识，带着自己的文章前去拜见。钱明吾不客气地当场批评，把他的文章涂抹得体无完肤。赵裕峰非但不生气，而且心悦诚服地接受评点，尽快把文章修改过来。第二年就中了进士，后官至保定知府。

　　钱明吾，即钱吾德，字湛如，与袁了凡有亲戚关系。据清光绪《嘉善县志》记载，钱吾德，食贫力学，博极群书，"声望隆然，虽书生，时人咸以公辅期之"。他与袁了凡及秀水县的冯梦祯，合称为万历初嘉兴府三名家。

　　钱明吾和袁了凡，于隆庆四年（1570）同中举人，然而于次年会试一起落第。"辛未下第回，与钱明吾修业东塔禅堂，明吾终日潜思，埋头经史，而予潇洒自任，或焚香静坐，或闲检梵册，并不留心举业，每至会课日，予文辄觉少进。盖学不二境，乃见学力。不论作文不作文，而时时收敛身心，如禅家之观话头，念念不舍，自然意念不杂，而德业日进。"（内阁文库本《游艺塾续文规》卷4）至万历十四年（1586），两人一起参加会试，袁了凡是年中了进士，钱明吾依然落第。据袁了凡回忆当时情景：
"丙戌会试，钱明吾正有盛名，予谓其文不利于中。"

夏建所先发其慧

> 壬辰岁，予入觐，晤夏建所，见其人气虚意下，谦光
> 逼人。归而告友人曰："凡天将发斯人也，未发其福，先
> 发其慧。此慧一发，则浮者自实，肆者自敛。建所温良若
> 此，天启之矣。"及开榜，果中式。

　　万历壬辰年（1592），袁了凡时年60岁，升任兵部职
方司主事，因朝鲜遭倭乱，朝廷以李如松为东征提督，派
兵援朝。经略宋应昌奏请了凡"赞画军前，兼督朝鲜
兵政"。

　　袁了凡在进京朝见皇帝时，会晤同乡举子夏建所，
见其态度诚恳，为人谦卑礼敬，谦光逼人。袁了凡归后
告诉友人说："大凡上天将要让人发达，在获得福报之
前，必定会先开发他的智慧。此慧一发，事理通达，则
浮躁者自能转为笃实，放肆者自能收敛言行。夏建所温

良若此，实在是上天将为他开启福报。"等到开榜时，果然高中。

据《嘉善县志》，夏建所，即夏九鼎，字台卿，是东林党领袖顾宪成的学生，官至安福令，抚民如子，清操自励。

张畏岩折节息怒

江阴张畏岩，积学工文，有声艺林。甲午南京乡试，寓一寺中，揭晓无名，大骂试官，以为眛目。时有一道者在傍微笑，张遽移怒道者。道者曰："相公文必不佳。"张益怒曰："汝不见我文，乌知不佳?"道者曰："闻作文，贵心气和平。今听公骂詈，不平甚矣，文安得工?"张不觉屈服，因就而请教焉。

道者曰："中全要命。命不该中，文虽工，无益也。须自己做个转变。"张曰："既是命，如何转变?"道者曰："造命者天，立命者我。力行善事，广积阴德，何福不可求哉?"张曰："我贫士，何能为?"道者曰："善事阴功，皆由心造。常存此心，功德无量。且如谦虚一节，并不费钱，你如何不自反而骂试官乎？"

张由此折节自持，善日加修，德日加厚。丁酉，梦至一高房，得试录一册，中多缺行。问旁人，曰："此今科试录。"问："何多缺名？"曰："科第阴间三年一考较，须积德无咎者，方有名。如前所缺，皆系旧该中式，因新有薄行而去之者也。"后指一行云："汝三年来持身颇慎，或当补此，幸自爱。"是科果中一百五名。

江阴张畏岩，是一位饱学之士，尤擅长制艺文章，享誉当时学林。甲午年（1594）赴南京参加乡试，借寓在一寺中，不料揭晓时榜上无名。张畏岩心中不平，大骂主考官没有眼光。当时有位道人在旁含笑不语，张畏岩遂迁怒于道人身上。道人就说："看相公如此模样，文章必定写得不佳。"张畏岩更加生气："你又没有看过我的文章，怎么就知道不好？"道人回答："我只知道，写文章贵在心平气和。现听您如此怒骂，内心不平到了极点，文章又怎能写得好呢？"

张畏岩毕竟是读书明理之人，被这番话所折服，于是放下架子虚心请教。道人说："考取功名，全靠命运。命里该中，即便文章平淡，也会高中。若命里不该中试，文章纵然写得精巧，也于事无补。你自己必须在性情上先做个转变。"张畏岩请问："既然功名为命中注定，那就只能听天由命，又如何转变呢？"道人说："造既成之命的大权，虽操在上天手中，但立未来之命的关键，则是自己所能掌握的。只要努力行善、广积阴德，还有什么福报不能求得呢？"

张畏岩又问："我只是一介贫寒书生，哪里有钱来做什么善事呢？"道人说："做善事、积阴德，皆由心地上造作出来。若能常存此善心，就会有无量功德。况且谦虚一事，并不费钱，你怎么不自我反省，偏要责骂人家考官呢？"

张畏岩从此屈己下人，一改平素习气。以前在一学馆教书时，有服役童子甚为顽劣，经常受到张畏岩的责治，后来对此童子和颜悦色，性情大为改变。张畏岩日日行善，福德日益加厚。三年过后，到丁酉年（1597）梦见走进一栋高楼，看见柜中有一本名册，但中间多有缺行。他好奇地问旁人，得知这是今科录取名册。又问："何故缺那么多名字？"旁人回答："在阴司里，对参加科举考试者，每三年进行一次审核，必须是德行无亏者，才能榜上留名。像这份名册里缺行的几位，本来都是可以考取的，只因品行不端，最近做了轻薄的行为，才被剔除的。"后来，那人又指着其中一行说："你这三年来持身颇谨慎，或许可以补上这个空缺，希望能自爱。"这一年科举考试，张畏岩果然中了第 105 名。

三　总结谦德取善之理

存心制行，敬畏神明

> 由此观之，举头三尺，决有神明；趋吉避凶，断然由我。须使我存心制行，毫不得罪于天地鬼神，而虚心屈己，使天地鬼神时时怜我，方有受福之基。

君子修身的前提，本于对天道的敬畏。所谓"举头三尺，决有神明"，恰如《中庸》所说："戒慎乎其所不睹，恐惧乎其所不闻。"天地鬼神，虽然看不见听不到，但在冥冥之中监察着人类的活动，故《大学》强调"君子必慎其独"，无论人前人后，皆能表里内外如一。

袁了凡强调天地鬼神的现实临在性，即"日监在兹，情状如见"，是活生生的能对人进行赏善罚恶的神圣性存在，接受人们的种种祭祀供奉。他曾经批评程朱理学家，以抽象的形而上之理，消解天地鬼神之神圣性的谬误。"古人动必称天称鬼神，日监在兹，情状如见，是有郊社禘尝之礼。"（内阁文库本《游艺塾续文规》卷三）由此观之，举头三尺之处，一定有神明在监察着我们。趋吉避凶，必须"存心制行"，即存心养性，克制约束自己的行为，丝毫不可得罪天地鬼神。如此虚心屈己，方能得天地鬼神庇佑，而有纳受福报的根基。

虚怀若谷，福慧双修

彼气盈者，必非远器，纵发亦无受用。稍有识见之士，必不忍自狭其量，而自拒其福也。况谦则受教有地，而取善无穷，尤修业者所必不可少者也。

如果以福德比喻土地，智慧比喻树林，那么只有广培深植慈悲的福田，才能生长出智慧的参天大树。袁了凡在北京晤夏建所，见其气虚意下，谦光逼人，赞叹说："凡天将发斯人也，未发其福，先发其慧。"说明谦德既是虚怀若谷的美德，更是一种深沉博厚的智慧。

至于那些骄纵满盈、目空一切者，其器局必定褊狭，绝非志向远大，堪当大任者。器小则盈，不知自己几斤几两，是没有智慧的表现，纵然侥幸发达于一时，也不会有长久受用的福报。因此，稍有见识之士，必定不会容忍自狭心量，而自拒应得的福报。况且，谦德自守者虚怀若谷，从善如流，能接受他人劝诲而修德进业，也必能获得他人的尊重和效法。尤其是有志于圣贤之道的读书人，谦虚谨慎是须臾不可或缺的美德！

正如《道德经》第 67 章所示："我有三宝，持而保之。一曰慈，二曰俭，三曰不敢为天下先。慈，故能勇；俭，故能广；不敢为天下先，故能成器长。"在福慧双修的道路上，时时记住：满招损，谦受益。力积善行而又虚心屈己，则受教有地、取善无穷。如是，方能达致改造命运之目的。

人之有志，树之有根

古语云："有志于功名者，必得功名；有志于富贵者，必得富贵。"人之有志，如树之有根。立定此志，须念念谦虚，尘尘方便，自然感动天地，而造福由我。今之求登科第者，初未尝有真志，不过一时意兴耳。兴到则求，兴阑则止。

孟子曰："王之好乐甚，齐其庶几乎？"予于科名亦然。

要成为志向远大、堪当大任的"远器"，必从修身立德的根本处立志。人有了志向，就如树木有根，自然能生长结果。修身立德是本，功名富贵是末。但得本，何愁末？正如古语所说："有志于功名者，必得功名；有志于富贵者，必得富贵。"

本篇原名《谦虚利中》，即只有具备谦虚之德，方有利于中科举。故此处所言立志，即抱定建功立业的志向，还须念念谦虚，处处与人方便，于细微小事处，能灵活善巧地处置，皆与实相不相违背。不忘初心，持之以恒，自然能感动天地，而将修造福报的命脉，牢牢掌握在自己手中。

袁了凡感叹现在那些求登科第的读书人，未曾发起真诚的志向，不过随一时意兴罢了。兴致来时就拼命追求，一遇挫折，意兴阑珊，也就半途而废了。犹如孟子对齐宣王的讽言："王之好乐甚，齐其庶几乎？"（《孟子·梁惠王下》）意谓齐宣王自诩爱好音乐，只是自己希求快适之心，若能将自己的喜好扩而充之，与民同乐，在治国理政上也能像好乐一样，那么齐国的国运就有希望了。志求科第功名者，也应作如是观。

得之有命，求之有道

袁了凡身为行圣贤之道的士大夫，将求取科第功名，视为践行内圣外王之道的必要途径。只要将求取个人功名利禄的狭隘私心，转变为天下为公的广大胸怀，那么所获致的功名，于己于天下苍生，都能带来圆满的利益。

《谦德之效》在《了凡四训》中，篇幅最短，作为全书的总结，有意犹未尽之憾。《游艺塾文规》正续编，虽是指导科举的著作，但其中寄托着袁了凡一生学术思想的总结，通过举业之事，抒发明理、治心的立命之学，下面从中引一段与《谦德之效》文字相近的论述，以补充此章未尽之意。士子从事举业，必须遵行之道，有正心术、积阴德、务谦虚三则。

一、正心术。"世间一切事为惟心所造，一毫机械藏于胸中，则心术坏矣。静观世人，凡舞机御物者，其后必不昌，往往得奇祸。"

二、积阴德。"《易》曰：'积善之家，必有余庆，积不善之家，必有余殃。'此义不发于乾，而发于坤者，重阴也。论善于庆，论不善于殃，惟阴有之，阳无是也，何者？人有德，人知之则享令名，名亦福也，不复有他庆矣。名过其实，则反灾焉。人不知则为阴德，庆始及之。孔子曰：'丘也幸，苟有过，人必知之。'夫仲尼有过，不幸己知，而幸人知，曷故哉？凡人有过，当如日月之食，稍有掩护，即为阴恶矣。君子待人，期隐其恶而称其善，其自待也，善欲阴而过欲阳，非望报也，士君子之立心宜尔也。"

三、务谦虚。"《书》云：'满招损，谦受益。'《易》

曰:'天道亏盈而益谦,地道变盈而流谦,鬼神恶盈而福谦。'凡穷士将达,其人必有一段谦光可掬,苟俗然自满者,即举业甚工,未必第也。累试累验,百不差一。"

修此三者,勤以励之,恒以持之,庶几可以从事举业。立命之学,首先确立道德在我的志向,至于功名富贵,则得之有命,而求之有道。惟修前所述正心术、积阴德、务谦虚三者,不起希望,不萌怨尤,才能内外双得。故袁了凡反复叮咛:

> 以义为利,《大学》丁宁于末简;仁义未尝不利,《孟子》发例于首章。呜呼,深哉!(《游艺塾续文规》卷三)

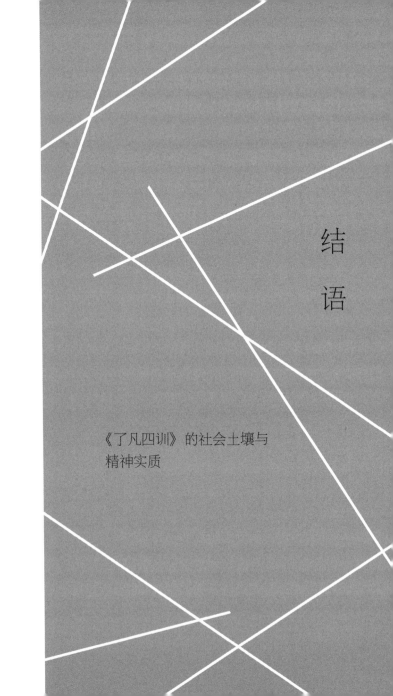

结
语

《了凡四训》的社会土壤与
精神实质

一　从世间善法到菩萨道

大乘菩萨道的社会基础

袁了凡是践行儒家内圣外王之道的儒生士大夫，同时也是虔诚的佛教居士。他身处晚明三教合流的社会背景中，糅儒释道三教为一体，将佛教出世的信仰，落实在经世济民的事功中。儒学是其为人处世的思想基础，道教是其修身养性的旁助，而佛教对其影响最为深远。本讲作为结语，通过梳理从世间善法到菩萨道的思想演进，以及将菩萨精神运用于社会生活的实践轨迹，论述袁了凡的心路历程和思想属性，并分析其会通儒释道三教的方法论特点。

菩萨，全称"菩提萨埵"（Bodhisatta），意为觉有情。菩萨以自己和一切众生成就佛果，作为修行的终极目标。小乘的修行目标，但求一己解脱，甚至逃入深山与社会大众隔离，故难至究竟。大乘基于甚深空性见上的大悲心，认识到人生在世，处于无尽缘起的因果网络中，与一切众生密切相关，互为增上，故把自己解脱的目标定位在与一切众生共同解脱的广大范围，立志把所有的众生彻底救度。美国作家海明威在《丧钟为谁而鸣》中，引用过英国诗人约翰·多恩的《没有人是一座孤岛》。大海中每一座孤岛，都是与广袤大陆紧密相连的，不要以为世上别人的灾祸与自己了不相干，我们每个人都与全人类命运紧密相关，不要问丧钟为谁而鸣，丧钟就是为你我而鸣。

大乘菩萨运动的社会基础是居士。居士，原指古印度吠舍种姓工商业中的富人。因其中信佛者颇多，故佛教用以指在家佛教徒。在印度的婆罗门、刹帝利、吠舍和首陀罗四大种姓中，释迦牟尼属于第二种姓刹帝利，佛陀以众生平等的口号，团结了四大种姓，特别是得到广大奴隶首陀罗的支持。佛弟子里也有大量的婆罗门，提供政治和经济支持的，主要来自刹帝利和吠舍，故国王大臣和长者居士构成佛教重要的社会基础。中国古代，居士原指不做官的士人。佛教传入中国，主要指受持三皈五戒的在家学佛男女，亦泛指佛教的全部世俗信徒，虽然不一定受居士戒，但他们虔信和支持佛教事业，是佛教的基本力量。

居士主要通过各种财物的供养，保证僧团的维持和活动。如印度最早两座寺院，就是由国王和富商建造的。摩揭陀国王最先修造竹林精舍，使佛弟子开始过上以佛陀为中心的僧院生活。舍卫城长者须达皈依佛教后，与祇陀太子共同建造祇园精舍。这些精舍使不断扩大的僧团有了憩息与集中讲学的场所，一些僧规戒律因此而制定。

袁了凡出身于具有深厚佛教信仰的家庭，本人是家乡景德寺的大护法，与佛门人士有广泛的交往，他的立命实践即是在高僧云谷禅师指导下进行的。袁了凡不仅仅在财物上护持佛法，在思想层面撰著《静坐要诀》《了凡四训》等著作，仅是推动《嘉兴藏》的刻印，就在中国佛教史上占有一席之地。他的生平事迹被载入清代彭际清所著《居士传》，即是对他佛教居士身份和为佛教所作贡献的肯定。以下选择《善生经》《演道俗业经》《维摩经》等三部与居士修行密切相关的经典，略述从世间善法到菩萨道的思想演进轨迹。

《善生经》的社会伦理观

《善生经》属于小乘阿含部，分别编入《长阿含》第16经与《中阿含》第135经，另有两个异译本：《佛说尸伽罗越六方礼经》和《佛说善生子经》。善生，为印度王舍城婆罗门长者之子，遵其父遗命，顺婆罗门教礼仪，每朝洗浴后于城外河边礼拜六方众生，却不了解礼拜的意义。于是佛陀为其教导佛法六方礼的意义，论述父子、师生、夫妻、主仆、亲友、僧俗之间的伦理关系和道德原则。

《善生经》中详述在家修行者在家庭和社会生活中的道德规范，应远离杀盗淫妄等四种秽业，以及欲恚怖痴等四种罪业。在佛教的六方关系里，基本上都有相对等的责任和义务。现据《长阿含·善生经》，将六方关系略述如下：

东方，父子关系。作为人子，当以五事敬顺父母：

① 供奉能使无乏；② 凡有所为先白父母；③ 父母所为恭顺不逆；④ 父母正令不敢违背；⑤ 不断父母所为正业。作为父母，当以五事敬亲其子：① 制子不听为恶；② 指授示其善处；③ 慈爱入骨彻髓；④ 为子求善婚娶；⑤ 随时供给所须。

南方，师生关系。作为弟子，当以五事敬奉师长：① 给侍所须；② 礼敬供养；③ 尊重戴仰；④ 师有教敕，敬顺无违；⑤ 从师闻法，善持不忘。作为师长，当以五事敬视弟子：① 顺法调御；② 诲其未闻；③ 随其所问，令善解义；④ 示其善友；⑤ 尽以所知，诲授不吝。

西方，夫妻关系。作为丈夫，当以五事敬妻：① 相待以礼；② 威严不媟（依不邪行）；③ 衣食随时；④ 庄严以时（提供装饰品）；⑤ 委付家内（依与主权）。作为妻子，当以五事恭敬于夫：① 先起；② 后坐；③ 和言（亲切待遇家人婢仆）；④ 敬顺（闺门贞淑）；⑤ 先意承旨（对所应为之事，巧妙而勤勉为之）。

北方，亲友关系。当以五事亲敬亲族：① 给施；② 善言；③ 利益；④ 同利；⑤ 不欺。亲族亦以五事亲敬于人：① 护放逸；② 护放逸失财；③ 护恐怖者；④ 屏相教诫；⑤ 常相称叹。

下方，主仆关系。主于僮使，以五事教授：① 随能使役（依能力分配工作）；② 饮食随时；③ 赐劳随时（按劳付酬）；④ 病与医药；⑤ 纵其休假。僮使复以五事奉事其主：① 早起；② 为事周密；③ 不与不取（唯受所与之物）；④ 作务以次（善于事务）；⑤ 称扬主名。

上方，僧俗关系。在家人当以五事供奉宗教师：① 身行慈；② 口行慈；③ 意行慈；④ 以时施；⑤ 门不制止（遇出家人不闭门户）。宗教师当以六事而教授在家人：① 防护不令为恶；② 指授善处；③ 教怀善心；④ 使未闻者闻；⑤ 已闻能使善解；⑥ 开示天路（教示趣天之道）。

上述六方关系中，佛教从世间相依相待的缘起关系，看待任何人都是相互依存才有的，人与人之间都有相对应的义务，所以佛教处处谈到要"利人""慈愍""布施"等关怀众生的教诲。同理，财富的获得是各种因缘和合而成，除了自身的辛勤劳动，还有赖于其他各种助缘，离不开他人的付出和帮助。因此获得财富之后，不能忘记与人分享，从而形成互助互利的良性环境。《善生经》指出："凡人富有财，当念以利人，与人同财利，布施者升天。得利与人共，在在获所安，义摄世间者，斯为近乐本。"中国古代强调发财以后要造福乡梓，举凡修建祠堂、学堂和养老院一类公益事务，村长、族长们要找先富起来的人出资，责无旁贷。古人讲过，发财以后不造福乡里，犹如锦衣夜行。衣锦还乡，不是去炫富，而是去布施，与大家分享财富，如此才能"在在获所安"，祖坟和老家的一切才能获得长久的平安。"义摄世间者，斯为近乐本"，行善积德，是在世间获得幸福快乐的根本。

关于经济生活的准则和处理财富的原则，《大乘本生心地观经》亦对财宝作四部分处理：一、"常求息利以赡家业"，拿出一份做再生产，并不提倡裸捐；二、"以充随日供给所须"，享受自己应得的福报；三、"惠施孤独以修当福"，救济弱势群体，积累未来的福报；四、"拯济宗亲往来宾旅"，对亲友乡人和旅途行人给予接济。

《演道俗业经》论财有三辈

在三教杂糅的晚明思想背景中，《了凡四训》大量借用儒道经典的术语，以阐发佛教因果报应的思想，所列事项多为人间福报，基本处于人天乘层面。但袁了凡作为对佛教颇有研究的居士，在行事、明理、治心的叙事脉络中，其终极指向是觉悟成佛的菩萨乘。《善生经》主要讲人天乘佛法，以此为基础通向解脱道。《演道俗业经》则论述从世间善法到大乘佛法，把大小乘佛法整合到一佛乘，说明学佛是以成佛为终极目标而不断升进的过程。

《演道俗业经》这部经，相当于一部简明扼要的佛法概论。道，指出家修道者。俗，指在家居士。业，指修道法门。本经的当机者，是在舍卫城为佛修建祇园精舍的须达多，亦称给孤独长者，这是为广大佛教徒所尊崇的居士典范。须达多向佛陀请教：俗人居家处世，治理家业，积聚福德共有几种？佛陀回答，在家之人福德差别，有上中下三种：下财，为富不仁，悭贪吝啬，不行孝道，拨无因果；中财，虽能孝养父母，给足妻女奴仆，但不信因果，不奉沙门高人，不修道业；上财，既能孝养父母又能奉侍师长，给足妻女奴客，深信因果，修持佛法，行施六度利益众生。

此处所言之"财"，乃指所积福德之财，并非单指钱财。在家三辈之财，自下至上，依上善财得成佛道。首先要恭敬亲近善知识，"奉敬先圣至学正士、出家顺法沙门贤明，夙夜行礼不失其意"。要以救济众生离诸苦厄为己任。能以种种善巧方便，不失时机地讲经说法，化导众生明了出世真理。"布施所乏使成道德，恣讲经典并化痴冥。以善方便不失其时，自安护彼一切众生。"

《演道俗业经》说在家人修行，有以上所讲的上中下三辈之利益。出家人修行，则有声闻、缘觉、大乘三乘道业，并列举菩萨行目等教义，把大乘菩萨道落实在现实生活中，行十善法，修六度行，得上善财，入大乘道。佛陀在这部经中，将在家修行和出家修行分别梳理为三个阶次，意谓生命是一个在终极关切下充满希望的升进过程。以一佛乘整合俗业与道业、小乘与大乘。学佛目的是为了成佛，而成佛的终极目标，则建立在世间善行的修行基础上。

《维摩经》展示的居士典范

维摩诘是毗舍离城中一名富商长者，辩才无碍，慈悲方便，以清净行修持佛法，以六度四摄等菩萨道度人利众，深受朝野各界爱戴。思想境界和修行成就远在一般出家众之上，世出世间双重生活在他身上得到完美的统一。维摩诘作为菩萨，深入社会各界，广修六度万行，以菩萨济世的德行去感服朝野大众。

一、坚持理论自信和文化自信，与世间文化和一切宗教进行平等对话。"若至博奕戏处，辄以度人。受诸异道，不毁正信。虽明世典，常乐佛法。一切见敬，为供养中最。执持正法，摄诸长幼。"（《维摩经·方便品》）

博奕戏处，赌博下棋及游乐场所。异道，异端外道之学。世典，世间的学问。《持地经》："菩萨求法当于五明处求。"五明，即工巧明、医方明、内明、因明、声明，为印度一般的学问。《瑜伽菩萨戒本》："菩萨于每日中，应以二分的时间学内典，一分的时间学外籍。"

二、由体起用，以方便智慧深入社会各界和一切领域。"一切治生谐偶，虽获俗利，不以喜悦。游诸四衢，饶益众生。入治政法，救护一切。入讲论处，导以大乘。入诸学堂，诱开童蒙。入诸淫舍，示欲之过。入诸酒肆，能立其志。"（《维摩经·方便品》）

治生谐偶，指谋生求利的经济活动。治生，治理世俗财产生计。谐是和谐，偶是获利，如得到配偶般。四衢，衢即十字街头，通指市场。入治政法，即参政议政，教化国王大臣。讲论处，通指印度当时的宣讲所，如现在的学术论坛。学堂，接引童蒙的学校。淫舍，声色场所。菩萨为救度一切众生，要深入社会各个阶层，广泛地开展社会活动。

三、以大智慧入世间作一切佛事。"善能分别诸法相，于第一义而不动。"（《维摩经·佛国品》）经佛教智慧的洗涤，世上一切事业皆是行菩萨道。故《维摩经·菩萨行品》说，菩萨要以佛光明、诸菩萨、佛所化人、菩提树、佛衣服卧具饭食、园林台观、三十二相八十随形好佛身、虚空梦幻影响镜中像水中月热时焰、音声语言文字等等而作佛事。

经过佛教智慧的洗涤，就好比对电脑格式化，清除一切病毒木马，然后装上各种应用软件。在彻底的佛教空性智慧指导下，世上一切法都是佛法。以菩萨的精神深入世间，做一切有助于世道人心的事情。人间佛教就是要深入世间，举办慈善、文教、环保等事业，进入主流社会，摄化知识精英。

二　佛教社会化与组织化

从三学到六度的社会实践

大乘佛教以普度众生为职志，那就必然要走向人间社会。菩萨上求下化的使命，比起儒家的内圣外王之道，视野更为高超，范围也更为宽广。我们可从目标定位、实践路径、修行典范、核心价值等四个方面，对菩萨道实践略作说明：

一、菩萨道的目标定位，在于上求菩提、下化众生。上求菩提，即把生命价值提升到成佛的觉悟境界；下化众生，即把心量拓展到济度法界广大众生。在上求下化的菩萨道修行过程中，以达到"依正庄严"的效果。"正"，就是生命纵向提升的正报。修儒道两教的世间善法，获得的是人天的福报；修出世间解脱道，获得的是声闻、缘觉的果报；修大乘菩提道，获得的是菩萨乃至佛果的正报。"依"，就是生命主体所依存的客观环境。依报随正报而转，有什么样的生命主体，就会有什么样的客观环境。由生命正报的觉悟升华，发达人身，即证成佛身；带动环境依报的庄严清净，淑善人间，即庄严佛土。生命高度的提升，与生命广度的拓展，是同步进行的。菩萨在自身向成佛目标上升的同时，即横向地成就众生，同时将人间的秽土庄严成清净的佛土，这就是依正庄严。

二、菩萨学佛的实践路径，从三学拓展到六度。小乘修行，概括为戒、定、慧三学。大乘的修行项目，在小乘三学基础上扩大为六度。不管是三学还是六度，都以修慧为最高，在智慧引导下，则是修福的展开。从三学到六度，所增加的布施、忍辱、精进三个修行项目，说明大乘佛教社会化程度的拓展。特别是布施和忍辱，是在社会化过程中尤须坚持的品质。布施给谁？显然主要是布施给社会大众。为谁忍辱？当菩萨行者从原来独善其身的修行，拓展到兼善天下的时候，弘法道路是艰难曲折的，会受误解、诽谤、侮辱乃至于人身迫害，故要修忍辱行。精进，是坚持不懈的努力。菩萨行善，是持之以恒尽未来际，不著相而修六度万行，凡著相就是有漏之善。

三、菩萨道的修行典范，可举《高僧传》的十科为代表。大乘菩萨行，要经历三大阿僧祇劫，相当于无穷久远的时间，不能指望毕其功于一役。所以，要有愚公移山、精卫填海的精神，在人间社会行人之难行、忍人之难忍，发无上菩提心，尽未来际。学佛不是磕几个头，给某个上师摩个顶就能得道的。以《续高僧传》为例，其译经、义解、习禅、明律、护法、感通、遗身、读诵、兴福、杂科十科的设置，即说明在佛教的信仰、社会、文化三大层圈中，菩萨行遍及众生的一切领域。

四、菩萨道的核心价值，在于智慧与慈悲双运。据《优婆塞戒经》卷二载，声闻、缘觉、凡夫、外道之施，及菩萨在初二阿僧祇劫所行之施，称为施；而菩萨于第三阿僧祇劫所行之施，则称为施波罗蜜。只有般若智慧才能彻底破除对我和我所的执著，实现真正的布施波罗蜜。布施不仅为般若智慧的基础，同时只有在智慧的导引下，才能完成最圆满的布施。在六度中，般若智慧称为理度，余五度则为事度，此所谓"五度如盲，般若为导"。佛经有个比喻，盲人和跛子如何过河，四肢健全的盲人，背着眼睛明亮的跛子，由跛子给他指点方向。菩萨道的六度，以般若为上首，相当于眼目，余五度相当于行足。

大乘菩萨道，必须在般若智慧的引导下，福慧双修，悲智双运。没有智慧引导，所做的充其量是世间善行，仅得人天福报而已。佛世有位阿罗汉，外出都乞食不满。有一次无奈地捧着空钵回来，路经王宫，见国王的坐骑白象满身披着璎珞。当他观宿世因缘方才明白：自己宿世以来虽然习禅修慧，但不重布施，福报不够；那头大象前世经常布施，但不重习禅修慧，虽积累大量福报，却堕在畜生道。修慧不修福，罗汉托空钵；修福不修慧，大象挂璎珞。这个故事说明福慧双修，不能有偏差而失去平衡。

佛教社会化组织的历史沿革

宗教建立起一种新型的社会关系，把具有相同信仰的人聚集在一起。中国佛教从一开始，就向两个方面发展：一是知识精英的佛教，用理性的态度从事佛教的研究和修证；

二是大众佛教，偏重在情感方面进行建福祈愿活动。这两个方面都需要有与之相应的组织形式，在中国佛教的早期发展阶段，南北各地出现了名目不同的佛教组织——社邑。

北宋初年，主持全国佛教事务的僧官赞宁，奉诏撰《大宋僧史略》。关于佛教结社组织，他提供一个很重要的史料：

> 晋宋间有庐山慧远法师，化行浔阳，高士逸人辐凑于东林，皆愿结香火。时，雷次宗、宗炳、张诠、刘遗民、周续之等，共结白莲华社，立弥陀像，求愿往生安养国，谓之莲社。社之名始于此也。齐竟陵文宣王募僧俗行净住法，亦净住社也。梁僧祐曾撰法社建功德邑会文。历代以来成就僧寺，为法会社也。社之法，以众轻成一重。济事成功，莫近于社。今之结社，共作福因，条约严明，愈于公法。行人互相激励，勤于修证，则社有生善之功大矣。（《大宋僧史略》卷三"结社法集"）

"社之法，以众轻成一重。"这堪称众筹的先驱！佛教徒以共同的信仰组织起来，随缘尽分地提供财力和人力，从事佛教和社会公益事业，其组织纪律的严明，高于世俗社会的法律制度。结社的成员们互相激励，勤于修证，修福积德，推动社会的善良风尚。

中国历史上的佛教组织，最早称邑、义邑和邑会，比较晚期的名称则是社、社邑或邑社。"邑"，指居民所居的社区或村镇，是个地域性的概念。"社"，则指上古时代的土地神祭坛。至于"义"，就超越了通常的法律和亲属关系，成为一种宗教范畴内的关系，以共同的信仰聚集在一起。（谢和耐著、耿升译：《中国5-10世纪的寺院经济》）

史载最早的法社，是东晋元兴二年（402）由高僧慧远领衔成立的庐山莲社。刘遗民《发愿文》曰："法师释慧远，贞感幽奥，霜怀特发，乃延命同志息心贞信之士百有二十三人，集于庐山之阴般若云台精舍阿弥陀像前，率以香花，敬荐而誓焉。"这是一个知识精英的佛教社会组织，共同发愿，观想阿弥陀佛，共期往生西方极乐世界。庐山莲社，是以慧远的佛学素养和高僧典范，以寺院为中心，凝聚起一批僧俗知识分子，这在当时的佛教界中毕竟是极少数，以至今天很少能见到这类法社的资料。现在史料记载的，绝大多数是由普通民众为了建造寺庙、开凿石窟、雕塑佛像，临时性组织的邑社。

从南北朝以来，在广阔的农村和市镇中活跃着的"社"或"邑"这类佛教组织，组织讲经说法、写经诵经、供养僧众、雕刻或铸佛像、整理布置石窟、建筑佛刹、组织节庆等佛教活动，同时也做一些社会公益活动，把佛教推广为整个社会的群众运动。南北社邑的组织和活动内容并不尽同，但都有一个共同的特点，即是以僧人为精神导师，由地方士绅豪富领衔，而由广大信徒集资并定期活动的佛教组织。

隋代普安在长安附近的弘化和建立社邑活动，颇具典型意义。据《续高僧传·普安传》，普安原隐居于终南山苦修，北周武帝灭佛时，他曾保护逃匿僧人三十余，自己冒着生命危险出去化缘，数次被捕皆大难不死。到隋文帝时，佛教大兴，这些逃难的高级僧侣又应诏回到长安，并居官寺。唯普安不为名驰，守素林壑，依然默默在终南山隐修。如果有人要拍电影，这是很好的题材，情节跌宕起伏，可以看出人性的高尚卑劣。普安道风远播，道俗皆来请谒，兴建福会，多有神通感应，这对他建立社邑又起了相当大的作用。村民在祭神的社会中，有杀猪祭神的习惯，普安与村民周旋，用自割髀肉的方式，救出行将烹宰的三头猪。村民被他的诚心所感动，后来祭神就做成素的供品。

　　一般民众神佛不分，他们出于至诚，以为必须以见血的牺牲，才能献祭神灵。笔者数年前在河南桐柏山一个寺院旁，就看到村民祭祀清朝一位高僧的舍利塔，把高僧视若土地神，搭棚唱三天大戏。舍利塔前打开两瓶安徽名酒，供桌上放两个红烧猪蹄和一大盆煮熟的鸡蛋，还有大量糕饼垒成宝塔状。寺院的法师们怎么跟他们解释都没用，村民们平时没肉吃，他们认为世上最好吃的就是酒肉，所以发心至诚，把最好的祭品供奉神佛。隋代的普安法师，也是把自己的大腿肉割了两块作为交换，才救了行就烹宰的三头猪。

　　放生，也是佛教结社的一项重要活动。南北朝后期，天台宗实际创始人智颙首创大规模系统性生态放生。

　　　　（智颙）往居临海，民以篊（hù）鱼为业，罾网相连四百余里，江篊溪梁六十余所，颙恻隐观心，彼此相害，劝舍罪业，教化福缘，所得金帛，乃成山聚，即以买斯海曲为放生之池。又遣沙门慧拔表闻于上。陈宣下敕："严禁此池，不得采捕。"（《续高僧传·智颙传》）

天台宗智颢以善巧方便，摄受台州的渔猎民，将"劝舍罪业"的宗教性劝诫与改变民众的谋生方式结合起来。首先，从民生根本问题入手，让官府同意开荒种地，转制为农民，解决渔猎民的正命生计。其次，使放生真正落到实处，达到大规模、可持续、有实效。第三，得到政府的政策支持。智者大师标本兼治，才是真正有效的放生，而不是做徒具形式的表面文章。

　　从东晋开始的宗教性法社义邑等组织化活动，到唐宋即得到政府支持。佛教慈悲为怀，所做善事有助于世道人心，也帮助政府解决社会问题。比如悲田养病坊，是佛教具有代表性的贫民救济机构，从唐代开始就得到政府支持，权责由僧侣掌理。遇到战乱、饥荒、瘟疫等天灾人祸，挺身而出的往往是宗教组织。佛教的慈善组织施药施粥，掩埋无主尸体。政府对善行卓著的寺院会明令褒扬，乃至奖励度牒的指标。从隋唐以来，古代当和尚是有指标的，须经过政府组织的考试。大的州县两到三个指标，小的州县一到两个指标。古代考和尚比考官还难，除了考佛教常识，还要背一部七万字的《法华经》，要做到倒背如流。朝廷派官员到各地主持试经度僧，男的抽背 70 页，女的抽背 50 页。从"如是我闻"开始背，还比较好背，随机抽背是最难的。比如考官翻到"佛与诸佛为一事因缘故出现于世，为使生开示悟入佛之知见"，考生就接着往下背。然后择优录取。正是因为指标少、考试难，寺庙里有大批想做和尚而没有指标的，那就只能做行者。什么叫"行者"？看过《西游记》都知道，跟着唐僧取经的几个徒弟都是行者，并没有和尚的资格。

宋代形成规模较大的净业社等结社组织，更多地参与世俗的社会活动，如赈济贫乏，修桥铺路，开通水利。宋代在制度、组织和精神等方面都加以强化。宋哲宗时范祖禹上疏，要求对京城四所福田院（每院以三百人为额），每年除奖励与僧一名紫衣，行者三人剃度，并订立考绩。政府通过赐紫衣等精神性的荣誉，以及增加度僧名额，从制度上鼓励、引导寺庙参与社会救济事业。到明代，甚至有了"同善会"等类似现代基金会的组织。（见明代圆澄《慨古录》）

"大金沃州柏林禅院三千邑众碑"，提供了距今八百多年前佛教社会运动的一份珍贵史料。此碑现竖于河北赵县柏林禅寺普光明殿后。1993年笔者在柏林寺参加首届"生活禅夏令营"，在参加第4届时，得到这个碑文的拓片。后来用电脑数据库进行分析处理，"三千邑众"是一个约数，实际为 2 048 人，分布在沃州城乡及周边方圆数百里的广阔地区内。三千邑众都以柏林寺的住持作为精神导师。

2002 年参加第 10 届"生活禅夏令营"，笔者即以已经撰写的论文《神圣化与世俗化——以〈大金沃州柏林禅院三千邑众碑〉为例》宣讲。佛教社邑活动大致有三种：一、造像修窟；二、斋会、念佛、念经；三、互助营葬等慈善事业。金代各地城乡中依然遍布各种僧俗混合的小型佛教组织。正是建立在这广泛的群众基础上，才会产生"三千邑众"这样恢宏的社团组织。从人员构成和地域分布来看，这个佛教社团显然不是地方社区的共同体组织，也不是以宗族村社为纽带的组织，而是一个以"塑像妆饰"的建福活动为主要任务，为募集资金而聚集起来的一个比较松散性的跨州县组织。（《中国禅学》第 1 卷，2002．6）

江南善举运动的宣导者

从东晋庐山白莲社，一直到金代"沃州柏林禅院三千邑众"，以上所举几个案例，说明佛教组织化的社会活动史不绝书，但远远没有达到基督教、伊斯兰教那么严整紧密的程度。佛教的组织化程度不高，是制约佛教发展的软肋。这种状况，到晚明时代有所改观。

袁了凡所生活的浙江嘉善和江苏吴江，是明末工商社会最为发达的地区。江南社会因财富增长而引起社会阶层的剧烈变动，亦引起道德体系紊乱。作为社会精英的士绅阶层，为教化民众，将劝善惩恶的诸多事例刊刻成"善书"，通过小说、说唱等通俗的形式而流行民间，宣扬"诸恶莫作，众善奉行"，从而提高民众道德水平，维持社会秩序。

在善书的形成、发展和流传过程中，袁了凡的言行经历，对江南善举运动的兴盛产生了重要而深远的影响。袁了凡将儒道两家"积善余庆"的承负说和佛家因果报应之理，结合古今行善得福报的事例，以功过格这一类可操作的方式，使道德行为计量化、通俗化，以达到普遍劝善惩恶的目的。通过这种简便易操作的道德自律工具，规范自己的行为，达到迁善改过、完善人生的目的。《了凡四训》是善书中的经典之作，劝善是全书的重点和宗旨，《积善之方》占了全书一半的篇幅。它阐明了善的含义、明辨善恶的标准、行善的道理和方法。袁了凡以自己的亲身经历，强调通过行善积德，个人完全可以凭自己的力量改变命运，用善书来鼓动社会流动和提升社会地位，为后来者树立了榜样。

袁了凡的经历和《了凡四训》一书的流行，为江南民间慈善事业走向组织化，奠定了思想基础，并实际上起到了推动和指导作用。袁了凡与嘉善名人陈于王（颖亭），是万历十四年（1586）同科进士，两人情趣相投，后来两家还结为儿女亲家。袁了凡毕生致力于行善，晚年常与陈颖亭探讨修德行善的义举，指导民间慈善事业。在《与陈颖亭论命书》中，袁了凡说："内思破己之悭，外思纳人于善，凡有利益，无不兴崇。我辈平日刻苦，为子孙创业，死后皆用不着，所可恃以瞑目而释然无撼者，惟此修德行义之事而已。大抵人受命于天，生来之福有限，积来之福无穷。"

陈颖亭之子陈龙正（1585－1645），字惕龙，号几亭，崇祯七年进士，有《几亭全集》60卷行世。袁了凡对陈龙正极为赏识，称赞他"孝思最深，所至不可量"。崇祯年间，陈龙正在嘉善倡举同善会，崇祯十四年（1641）又建立同善会馆，作为经办善业的常设机构和公所。同善会馆是江南最早兴办的民间慈善组织，是近代中国慈善组织的雏形，成为后来风行全国的乡村社会团体，引发了清代民间力量组织介入慈善机构的浪潮，具有重大意义。

三　真俗不二的方法特征

　　我们读《了凡四训》，会看到一个非常有趣的现象，像云谷禅师这样第一流的佛学家，作为明末四大高僧之首憨山德清的老师，他对儒家经典如数家珍，能非常善巧地运用儒家术语，阐述佛教的思想。在晚明时代，占据国家主流意识形态地位的是儒家思想，特别在国家开科取士的科举考试中，评判的官方标准依然是程朱理学，而佛教被视为异学，很难进入主流社会。所以，那个时候的高僧，像憨山德清、蕅益智旭，他们要进入主流社会摄化精英人群，也必须借助儒家经典作为前方便。而且，他们对四书的诠释，往往比儒生更加深入，因为站位佛教的法界高度，能看得更深更远。

在《了凡四训》中，袁了凡基本上是用儒道思想阐述德福一致的思想，佛教思想只是画龙点睛般略述数语，在私下通信和晚年著述中，才会直抒胸臆，透露出作为佛教居士的本色。袁了凡身处中国最富庶也是文明最发达的江浙地区，与王阳明门下弟子多有交往。心学即实学，理须在事上践行。如何协调命数与业力、神灵与人间、庙堂与江湖、儒学与佛道、出世与入世、善行的动机与效果等关系，需要中道的方法。大乘佛教通过协调终极与世间二重真理的二谛论，解决了理想与现实的矛盾，为菩萨道实践提供理论依据。

> 诸佛依二谛，为众生说法：一以世俗谛，二第一义谛。
>
> 若人不能知，分别于二谛，则于深佛法，不知真实义。
>
> 若不依俗谛，不得第一义；不得第一义，则不得涅槃。（《中论·观四谛品》）

对云谷禅师和了凡居士这些佛教徒来说，依世俗谛，将佛教的业力因果论会通为主流社会共许的儒家思想；依第一义谛，则在哲学底层将儒家的天道思想超越到佛教的实相。第一义谛建立在世俗谛基础上，而世俗谛则指向第一义谛的终极真理。从真俗不二的二谛论所指向的中道至理来说，有是基于空的有，空是内蕴有的空。所谓以俗谛故，不动真谛建立诸法；以真谛故，不坏假名而说实相。

站位法界，福慧双修

　　讨论德福一致的视域，不能以急功近利心态，只看短期的效果。佛教讲，善有善报，恶有恶报，不是不报，时间没到，时间一到，通通都报。故必须将善恶果报，引申到过去、现在、未来的三世因果。并进而超越世俗社会的范围，引向神圣的宗教向度，以更高的理想愿景，作为对现实世界进行价值批判的根据，从而促进文明的不断发展和进步。

　　学佛的目的是开佛知见，依知见的高下，则生命的视域可判分成三种世界：一、与凡夫污染心灵相对应的世间；二、小乘所追求的出世间；三、大乘即世间而出世间的法界。凡夫偏执于世间之有，小乘局限于出世间之空，大乘以空假不二的中道智慧，展开自利利他的菩萨道修行，以臻觉行圆满的佛境。大乘菩萨以出世的精神做入世的事业，把世间和出世间整合在更宽广恢宏的视域中，这就是法界。

法界是最宽广的视域，具有三种特征：普遍性，包含世间和出世间的一切法；活动性，包含凡圣十法界一切生命的活动；具足性，含摄一切色心凡圣诸法。站位佛的法界高度，菩萨发立志成佛的无上菩提心之大愿，修六度万行之大行，起度尽一切众生之大悲，成灭度无量无数无边众生实无众生得灭度之大智。此四大特性概括为福慧双修、悲智双运。在菩萨行者上求下化的道路上，自行和化他是相互增上、共同成就的动态过程。只有广培深植慈悲的福田，才能生长智慧的参天大树。

袁了凡在《重修东岳行宫记》，借老友管东溟《观音殿记》中言：

玄门有飞神冲举之奇，不过凡夫奇之耳，在忉利天则何奇？进于四禅天，且刍狗之矣。禅门有入定神通之奇，亦不过凡界之奇耳，在菩萨界则何奇？进于佛界，又刍狗之矣。由此推知，天下宁有奇特之事！惟此一点妙明真性，本无奇特却大奇

特，三教中无量无边妙用，俱从此中出。神妙到极
处，即平常到极处。在世出世，唯此一事而已。
（《了凡先生两行斋集》卷十二）

借用儒道两教以天地鬼神赏善罚恶的思想，只是借以
说明佛教业力果报的一种"格义"式的方便说法。儒道所
信奉的天地鬼神，佛教收摄为"诸天"，即有神力而无神
格的凡夫众生，同样接受业力因果律的支配。在《了凡四
训》中，基于积善求福的因果报应思想，进而上升到大乘
三轮体空的实相论，以更高维的法界观，整合世间善法和
出世间修行。大乘菩萨道，是修福与修慧、慈悲与智慧的
统一。

袁了凡站位菩萨的高度，以法界视域看待世间和出世
间一切事务，强调在实相之理上通达，必在伦常日用之事
中践行："就平常处设施，在奇特处游戏，而一点灵明真性，
须从日用尘劳中识取，使治生产业，与实理不相违悖。"

引儒入佛，回俗向真

云谷禅师与袁了凡在栖霞山中论道，不仅解开了他围

于命数的心结，确立了命自我立的人生轨道，对于儒道佛三教关系的会通，亦有精彩的论述，从而对袁了凡佛学思想的形成产生重要影响。中国思想界能接受外来的印度佛教，并发展为独擅胜场的大乘佛学，即是在哲学的底层逻辑上，将儒家的义理之天、道家的无为之境，与佛教的终极真理实相会通。云谷首先借助阴阳推移、天命靡常、以德配天这类儒生耳熟能详的哲学概念，引入佛教的业力因果论以解释命数。要超越业力轮回，则必须站位更加高维的法界视角，从儒家的义理之身升华到佛教的法身慧命，从儒家的格天途径深入到佛教的终极真理实相。并运用真俗不二的方法论，在实相的终极层面，会通儒道佛三教的哲学概念、社会伦理和鬼神系统。

佛法在世间，不离世间觉。佛教在中国的发展，必须适应中国社会和文化的时节因缘。明代全然没有唐宋的开明气象。通过文字狱，以恐怖震慑知识分子，以御制《大诰》等控制社会基层，以行政手段在城乡里社中宣讲明太祖主义、永乐皇帝思想。直到万历年间，在社会组织和思想都呈现松动活跃的景象中，佛学依然被视为异学。在此社会背景下，明末四大高僧皆援儒入佛，以儒道之说为方便，阐发佛教的义理。袁了凡作为虔诚的佛教居士，在公

开场合亦是以儒生的面目应世。他在对同科进士陈颖亭《论命书》中,坦露心迹,说明为何不公开宣讲佛学的苦衷:

> 然从此而遍交天下豪杰聪明智慧者,如麻似粟,并无一个半个知归根复命者,是以世智浮慧愈高,而去本地风光愈远。纵步步圣贤,早已错用心矣。弟知世儒学问迷误已久,不但佛教不行,即孔孟脉络,居然断灭,故从来只和光混俗,未尝敢以真实本分之事开口告人,而今特举以告足下,为爱足下不同众人也。(《游艺塾续文规》卷三)

袁了凡批评程朱理学家排斥佛教为虚无寂灭之教,强调儒佛殊途同归,认为孔子自有出世心法,儒门乾元统天之旨,通向佛教的毘卢遮那法身。故儒门之天,在终极层面可与佛教的实相会通。况且,佛门所重普贤菩萨之行,与儒门礼仪三百、威仪三千实可相通,故佛学在世间的作用实有助于纲常。

> 性本无生,故亦无灭,此实十圣同然之真心;

众生度尽，方入涅槃，此亦千圣同归之实际；特儒
典引而不发，发自释氏之口耳。程朱概以为虚无寂
灭之教，而力排其说。然则真心果有生灭乎？圣学
果无究竟乎？又戒儒者毋以名利心希孔子，孔子自
有出世心法，通乎毗卢法界，则乾元统天之旨是
也，参乾元可以不历僧祇而获法身矣。亦毋于纲
常外求佛行，佛门所重普贤万行，具在儒宗，如
礼仪三百，威仪三千之矩皆是也，循孔矩可以越
历三祇而成正觉矣。（内阁文库本《游艺塾续文
规》卷三）

以义为利，内外双得

　　《了凡四训》的思想内核是内外双得，这是云谷禅师
对袁了凡的教诲。儒家"以德配天"，云谷以禅语别解孟
子，提出"内外双得"，皆强调德行与福报的统一性，既
包括物质生活的幸福，也包括精神道义上的尊严。因此，
道德与功利、追求美德与获得福报，并非截然对立，是可
以相辅相成的。善恶果报是宇宙的必然法则。行善积德，

不仅是道义上的自觉要求，也会带来现实生活中的福报。在世间善法层面，佛教的三世因果论，已经远远超过儒道两家的福报承负说。

云谷禅师在世俗谛层面，善巧地引禅语别解孟子"立命"思想。经过引儒入佛的释义转换，基于心源的修行，不独得道德仁义的内心自觉，亦得功名富贵的身外福报。虽说内外双得，但根本在于治心。如果不是反求诸己，省察内心而修道德仁义，只是向外驰求功名富贵，就算机关算尽获得短暂的利益，也没有长享功名富贵的命。

云谷禅师这番内外双得的教诲，亦是对"德福一致"理念的论证，从而成为《了凡四训》行善积德的理论基础。袁了凡晚年总结一生经验，强调立命之学，首先确立道德在我的志向，至于功名富贵，则得之有命，而求之有道。士人从事科举，必须遵行之道，有正心术、积阴德、务谦虚三则。不起希望，不萌怨尤，才能内外双得。故袁了凡反复叮咛："以义为利，《大学》丁宁于末简；仁义未尝不利，《孟子》发例于首章。呜呼，深哉！"（《游艺塾续文规》卷三）

《大学》作为内圣外王的政治哲学论文，在结语中提出"国以义为利"，以更高的站位，将治国理政的目标定在"功在天下、利在千秋"。统治者不应急功近利地聚敛财富，而是应以行德治仁政、追求民生均富的大义为国家的最高利益。如果以功利主义为执政导向，则如孟子对梁惠王所言，"上下交征利而国危矣!"（《孟子·梁惠王上》）

量化功过与三轮体空

《了凡四训》为论证德福一致，先以功过格的量化形式行善积德，进而趋向三轮体空的第一义谛。对德行生活作量化管理，将功抵过，并以善行之大小多少来计算福报，从表面看来，确实有商贸行为的功利之嫌。如明末大儒刘宗周（1578－1645）在《人谱·自序》中，批评这种做法为"邀福嗜利"。

其实，从佛教真俗不二的方法论言，为使最广大民众行善积德，须先从刚性量化的事相入手，然后进入不住相而行六度万行。《了凡四训》以行事、明理、治心，作为改造命运的三个维度。先从改过行善的事相入手，行事须明业力因果之理，明理须发大乘之心，方能与实相真理相应。行事、明理、治心，三者是理事兼容的整体，故"以上事而兼行下功，未为失策；执下而昧上，则拙矣！"

即便有上士的根机，亦不废中下之事行，袁了凡一再强调："盖有至敏之资质，决当做至钝之工夫，所谓'上乘兼修中下'也。"（《与邓长洲》）在《了凡四训·积善之方》中，提出要辨明善行的真假、端曲、阴阳、是非、偏正、半满、大小、难易等八个方面。从至钝至笨的工夫入手，进而强调著相行善为半，三轮体空、无相行善为满。发大心不离细行，"志在天下国家"，并扩展到法界无量众生，这就是大乘的菩提心、大愿力。

云栖袾宏在《自知录序》中，以人苦不自知，故将其功过格易名曰《自知录》。在序中分析了对这部书的三种态度：下士，或冥顽不灵，或罢缘灰念之辈，或自以为上士而刚愎自用，借口乎善恶都不思量，而嘲笑勤而书之者。中士，则循迹而行，积功累德。而"上士得之，但自诸恶不作，众善奉行，书可也，不书可也。何以故？善本当行，非徼福故，恶本不当作，非畏罪故。终日止恶，终日修善，外不见善恶相，内不见能止能修之心。福且不受，罪亦性空，则书将安用？"既不执事以废理，亦不执理而废事。

以终为始，素位而行

袁了凡身拥文武之才，胸怀经世济民之志。治理宝坻县政，只是牛刀小试，已誉满朝野。然步入仕途仅五年，尚未施展平生才学和抱负，就陷入官场党争，遭诬陷弹劾，削职家居。晚年编撰《游艺塾文规》正续编，借助指导士子举业，以明自己的志向和良苦用心：劝人收心，劝人积德，劝人立命。游艺，取自孔子"志于道，据于德，依于仁，游于艺"（《论语·述而》）。艺者，不限于六艺或制艺，更不是牵强附会为生活美学。那是在危脆的人心和微弱的道心之间，守住惟精惟一的天道原则，于顺逆境遇中游刃有余的中道智慧。

无论是儒家的内圣外王之道，还是佛教上求下化的菩萨道，皆以终为始，落实在修大人之学、行菩萨之道的全过程。修身进德就体现在日常事业中，士人有举业，做官有职业，家有家业，农有农业，随处有业，"善修之，则治生产业，皆与实理不相违背"。（《训儿俗说·修业第五》）君子在穷达转换之际，都要合乎道义，过有尊严的生活。无论是得志时处庙堂之高，还是不得志时退江湖之远，君子皆素位而行，穷则独善其身，达则兼善天下。此即袁了凡父亲袁仁教诲的家风："位之得不得在天，德之修不修在我。毋弃其在我者，毋强其在天者。"（《庭帏杂录》）

佛教强调，众生畏果，菩萨畏因。人的行为根源于心，故必须由心源入手，进行改过行善的德性生活。云谷禅师将孟子"修身以俟命"的说法，发挥为佛学无所得的精神：修，即因上努力，努力从事治恶积德的修行；俟，即果上随缘，但问耕耘，不问收获。终极目标就实现在当下的菩萨行中，以消除目标与过程分离的"乡愁"，故途中即家舍，家舍即途中。

在"道心"与"人心"的张力中，明德亲民的近道之教，菩萨上求下化的修行，永远在路上。

参考书目

嘉善县地方志编委会办公室编:《袁了凡文集》,线装书局,2007。

袁黄著,刘邦谟、王好善辑,张殿成等点校:《宝坻政书》,天津出版传媒集团,2019。

黄强、徐珊珊校订:《游艺塾文规》正续编,武汉大学出版社,2009。

邱高兴、王连冬注释:《了凡四训》,中州古籍出版社,2010。

思尼子直解,苏州弘化社编:《了凡四训本义直解》,

古吴轩出版社，2015。

周勋男著：《了凡四训新解》，台北老古文化事业股份有限公司，2003。

林志鹏、华国栋译注：《训儿俗说译注》，上海古籍出版社，2019。

严蔚冰整理导读：《袁了凡静坐要诀（增订本）》，上海古籍出版社，2018。

袁颢著：《袁氏家训》，台湾"国家图书馆"古籍与特藏文献资源。

杨越岷：《袁黄传》，上海三联书店，2021。

［美］包筠雅：《功过格：明清时期的社会变迁与道德秩序》，上海人民出版社，2021。

［日］酒井忠夫：《中国善书研究》（上下），江苏人民出版社，2010。

郭培贵著：《中国科举制度通史》，上海人民出版社，2020。

吴震：《关于袁了凡善书的文献学考察——以〈省身录〉〈立命篇〉〈阴骘录〉为中心》，《中国哲学史》2016年第3期。

吴震：《17世纪晚明"功过格"的新趋向——以颜茂

献"儒门功过格"为中心》,《社会科学》2015 年第 6 期。

张献忠:《晚明科举与思想、时政之关系考察——以袁黄科举经历为中心》,《中国史研究》2020 年第 4 期。

张献忠、崔文明:《明代县域治理的实践与困境——以袁黄〈宝坻政书〉为中心》,《史学集刊》2018 年第 4 期。

后 记

　　《了凡四训》这本书，四十多年前就读过。1982 年春我在复旦大学哲学系本科毕业后攻读佛教哲学研究生，经常到上海图书馆查询资料，参访各界善知识。在向沪上郑颂英、佘雷、徐恒志、倪维泉、李正有、郭大栋等居士请益时，发现他们有一个共同特点，承认有神通，但对算命看风水则持保留态度。我因研究天台止观学说，对当时兴起的特异功能研究颇为关注，积极参与实验和资料收集工作，从《人体特异功能研究》创刊号起连载了三年编译资料，后来结集出版为《特异心理学纵横谈》（华夏出版社，

1988)。《了凡四训》这本书，就是郑颂英居士特别推荐我读的，提醒我要用佛学的正知见如实观照神通、命理等现象。

1984 年底毕业留校，受命担任复旦大学宗教干部专修科班主任。这个二年制的干部专修科受国务院宗教事务局和上海市宗教事务局委托，总共办了两期，之后还办了一期一年制的宗教干部专业证书班。我在北京出差期间，常下榻中国佛教协会所在地广济寺，向住在寺中的高僧大德多有请益。郭元兴先生曾帮助赵朴初会长修订《佛教常识答问》，他精通中印学术，对神秘文化也颇有研究。我与郭老堪称忘年交，常海阔天空地聊到深夜，1986 年某日，我向郭老坦承自己的忧虑，企图以人体科学作为佛教传播的前方便，只是剑走偏锋的一厢情愿，郭老表示认同。次日，郭老把时任国防科工委主任张震寰将军请来，我们三人在郭老房间里畅谈到午后。在我看来，这类研究只宜在少数修行者和专家中进行，企图用土法炼钢的方式搞群众性运动，反而对社会秩序有害。孔子承认天地鬼神的临在性，但不语怪力乱神；佛陀承认神通的存在，但禁止弟子们炫耀神通：皆有其深刻的历史智慧在。特异功能研究最大的受益者，其实是宗教学和佛学研究，为拓宽宗教经验的研究，提供了大量鲜活的田野实证资料。

《了凡四训》这本书帮助我用哲学史和宗教史的宏观眼光，如实看待特异功能研究，并尽己所能，对当时已临近失控的特异功能热提出谏言。但这本书在佛教史上的学术地位，我当时认为无法与《沙门不敬王者论》《肇论》《华严原人论》等名著相提并论，故在我执教的"中国佛教史"课程中，并无一言提及。我参与主编的《中国学术名著提要》宗教卷（复旦大学出版社，1997），收入了与周海门交友的湛然圆澄（1516－1626）所著《慨古录》。周汝登（号海门，1547－1629）也是袁了凡的好友，积极推动印行袁著《立命篇》并作序，但在我们这部百万字篇幅的名著提要中，并没有收入《了凡四训》。

2013年，上海新通联公司董事长曹文洁女士辗转托人找到我，邀约为他们公司员工讲《了凡四训》。我说这本书在佛教史上排不上号，还是讲点佛教的业力因果思想吧！后来参观这家公司建立的公益性"森林博物馆"，以注重环保的企业理念和实际成果，成为上海市青少年教育基地，当下颇为感动。于是利用这年国庆长假，宅在家中足不出户，用了整整四天时间备课，于10月6日为这家公司数百员工讲了《命自我立，福自己求——〈了凡四训〉导读》。自此之后，面对官民僧俗不同对象，或半天或一天，在全国各地讲了几十次。最紧张的节奏，2014年4月18日在上海开放大学为数百名党政干部讲了一天，紧接着于20日下午在乐清市金鼎大酒店面向近1400人演讲，这次活动得到温州市和乐清市二级政府部门支持，纳入"寻梦中国，正言正行教育实践系列活动"。

袁了凡是明朝的中下层官员，他所著《了凡四训》不能仅以善书、家训视之，更像是一部官箴。"结硬寨，打呆仗"的曾国藩，也非常推崇《了凡四训》，他与袁了凡一样，皆是把穷理尽性的修身，落实在经世济民的事功上。佛陀把佛法托付国王大臣和长者居士，即深知只有教化社会精英，佛法与众生才有希望。《了凡四训》作为廉政建设的参考资料，也列入当今的干部教育课程中。2014年9月15日，应邀在上海市干部教育中心为约400名局处级干部讲过一天。后来相继为上海市嘉定区、市金融办和宁波市政府经信系统等地处级干部做过演讲。

近二十年来，在复旦、北大、交大、浙大、南大、厦大等校的各类国学班授课中，涉及佛学课题，起先多按照主办方给出的题目来讲，比如《禅的智慧与人生境界》《金刚经与中国文化》等。在教学过程中，深感与其在文化外延上泛泛而谈，不如直探佛学核心，依托常见文本，讲清基本概念。因此，近年来选择《了凡四训》和《心经》两个经典文本，论述佛教哲学的两大基本点：业力论与缘起论，使学员把握佛学的基本思想与方法论特征。明白业力论，方可从儒道的修身和家族承负说，于生命价值上进趋法身。明白缘起论，方可超越世间的天人和五伦关系，空有不二，于终极真理上直达实相。在讲述《了凡四训》中，形成如下五层叙事结构：一、导言：安身立命与《了凡四训》；二、行事：德福一致与立命实践；三、明理：命自我立，福自己求；四、治心：一切福田，不离方寸；五、结语：回俗向真，福慧双修。

《了凡四训》的主题，可概括为德福一致。行善，是否会有善报？这是伦理学和宗教学重要的理论课题，也是慈善公益活动能否持续进行的现实问题。我曾经写过《神圣化与世俗化——以〈大金沃州柏林禅院三千邑众碑〉为例》（《中国禅学》第 1 卷，2002．6）一文，近年来也一直在探索佛教的社会化与组织化的课题。2018 年 9 月 12 日，应浦东发展银行柏伊菁女士之邀，参观银行举办的敦煌图像展，看到一批供养人的图像，当即联想到当年点校《三千邑众碑》的情景。特别是一幅 323 窟"西晋石佛浮江感应像"，画面表现在吴淞江沪渎口有两尊石佛像随江漂浮，被信众迎至通玄寺供奉，即今天上海静安寺的前身。当年沙漠上丝绸之路的图像，穿越千年时光，与窗外黄浦江边矗立的东方明珠塔交相辉映，脑中灵光一现，遂定下"德福传承与社会责任"的研究课题。

对这个自选研究项目，在近三个月的备课过程中，亦从网络资料上发现了当年点校《三千邑众碑》的缺失部分，对此额外收获，真是百感交集！2018年12月7日在浦发银行演讲《智慧与福德——从敦煌供养人图像谈起》，这次讲座反响颇佳，遂有不少寺院、公益团体、图书馆、企业邀约开设讲座。尤其是当时专程到上海听讲的浦发银行南京分行郭红女士，在次年策划了浦发银行在扬州、南京、靖江、镇江和江阴五个分支行的巡回演讲。第一站在扬州鉴真图书馆讲《智慧与福德——德福传承与社会责任》，内容还比较宽泛。到南京后入住灵谷山庄，主办方基于长期培训客户的经验，建议可着重谈袁了凡的立命实践，更具有借事显理的榜样力量，遂连夜改写课件，以后四站全以《了凡四训》为重点。想起当年袁了凡在南京栖霞山与云谷禅师山中论道，我在灵谷寺旁将课件内容聚焦到《了凡四训》，深感冥冥中因缘不可思议。

2020 年 12 月初，上海古籍出版社刘海滨先生来信，希望我在《了凡四训》演讲录的基础上撰成书稿。我说坊间已有几十种同类书，没有必要再凑热闹了，再说手边还积压着《金刚经导读》和《六祖坛经导读》两部演讲录尚未定稿，而且从 2019 年起主要精力放在《摩诃止观导读》，备课几乎占用了大部分时间。经过半年多时断时续的沟通，直到 2021 年 7 月，与出版社定下《内圣外王与德福一致——〈大学〉与〈了凡四训〉导读》选题。当时之所以把两书合在一起，是手中仅有《〈大学〉的内圣外王之道》和《智慧与福德——从佛法角度谈德福传承》两篇速记稿，经过修订总共也就近四万字，在这基础上能写成 15-20 万字的书稿就算不错了。《大学》作为儒家系统阐述修齐治平的政治哲学论文，侧重于庙堂之高的宏大格局。《了凡四训》作为明末中下层官员的训子文和官箴，则以丰富的案例，诠释"居庙堂之高则忧其民，退江湖之远则忧其君"的士大夫精神。二书合论，此详彼略，理事兼备，以彰显"内圣外王"和"德福一致"的主题。

疫情三年，外出购书借书皆不易。感谢志达书店罗红女士、敦众文化叶鹿城先生、上海古籍出版社刘海滨先生，为我提供了不少重要参考书，有些还是托人从境外购来。东华大学刘峰涛教授多次为我网购了《游艺塾文规》正续编和《宝坻政书》等袁了凡著作。《袁了凡文集》线装书在网上无法购得，即便是残缺本也索价数千元。在此要特别感谢上海传承导引医学研究所所长严蔚冰先生，他整理导读过《袁了凡静坐要诀》，也多次宣讲《了凡四训》，在君和堂的一次雅集中，他慷慨答应将《袁了凡文集》出借，并分享《袁氏家训》电子版。我用了几个月时间啃读几十万字的线装书，用手机拍照识别，连同《游艺塾文规》和《宝坻政书》，摘录了近十万字原始资料。尤其对其中《两行斋集》反复阅读，甚至将他科考中原拟会元、后惨遭落榜的《丁丑五策》和《论治者贵识体》全部抄录。虽然这些笔记最后采用不到十分之一，但通过阅读这些原始资料，袁了凡的形象渐渐丰满起来。感谢我在哲学学院的同事吴震教授，读了他《关于袁了凡善书的文献学考察》和《17世纪晚明"功过格"的新趣向》两篇论文，我们在电话中有长时间的讨论，对我厘清《了凡四训》的文献版本和研究功过格，帮助甚大。

在阅读《游艺塾文规》《两行斋集》《训儿俗说》《宝坻政书》《静坐要诀》《祈嗣真诠》这些原始资料基础上，注意到贯彻袁了凡一生为人处世的原则："盖有至敏之资质，决当做至钝之工夫，所谓'上乘兼修中下'也。"（《与邓长洲》）托事而显理，理圆而行方，此即《了凡四训·改过之法》所揭示的："以上事而兼行下功，未为失策；执下而昧上，则拙矣!"因此，我在规划本书章节结构时，遂跳出注释、译文、串讲的常见套路，知人论世，根据袁了凡自己总结的行事、明理、治心之逻辑线，结合《袁了凡年谱》的时间线，兼顾文本解读、史实梳理和义理阐释三者的统一。《立命之学》作为全书的核心，以改变命运的亲身经历，论述命自我立、福自己求的人生至理，尤其是云谷禅师与袁了凡在栖霞山中论道部分，援儒释佛，是了解晚明儒佛交涉的重要史料，故分为"被命数阴影困厄的前半生""从宿命论到正命论的转折""袁了凡改造命运的实践"三讲阐述。这三讲占全书正文 40%的篇幅，相当于一部简明的袁了凡评传。

解读《了凡四训》，无法回避困厄袁了凡前半生的命理等术数问题。我在第一讲中专设"占测之术与神秘孔道人"一节，梳理来自云南的孔道人来历，以及袁家自高祖袁顺以来善占的家族传统。袁了凡本人对星占堪舆之术也颇有研究，22 岁时曾应嘉兴府衙之邀，为防御倭寇侵扰而勘探嘉善县城墙池址，亦偶为友人卜算命理。佛教并不否认命理、风水等术数的作用，但认为其效用及适用范围有限。在晚明三教融会的大背景下，云谷禅师作为禅宗中兴之祖，面对国子监生袁了凡，娴熟引用《诗经》《尚书》等经典，借助阴阳推移、天命靡常、以德配天这类儒生耳熟能详的哲学概念，阐释佛教的业力因果论。并进而通过肉身与法身、天命与实相、因果与心性的概念诠释，运用更加高维的法界视角和般若不二的方法论，从儒家的义理之身升华到佛教的法身慧命，从儒家的格天途径深入到佛教的终极真理实相，然后归结到佛教境智不二的心性。这场影响深远的山中论道，提供了理解佛教中国化的生动场景，在哲学的底层环境，将儒家的义理之天、道家的无为之境，与佛教的终极真理实相融会贯通。

承认命数是为了转变命数，正视轮回是为了超越轮回。理上通了，必须在事上践行。云谷禅师运用高超的佛教义理折服了自视甚高的袁了凡，进而传授静坐、功过格和准提咒三项实修工夫，从此成为袁了凡每天修持的常课。《了凡四训》书中对此三项修持，只是略述传授缘起，并未详述方法。我在第二讲第三节"静坐、功过格与准提咒"中，用了 14 000 字篇幅，提要勾玄，梳理袁了凡《静坐要诀》《了凡功过格》《祈嗣真诠》的思想脉络和修行要点。云谷知道袁了凡虽有不俗的静坐工夫，但心中纠结尚未化解，需要在福慧双修的长期过程中磨炼心性，在有相的事行中体悟无相的实理。如果说传授"功过格"的方法是侧重于修福，那么传授天台止观法门和持准提咒，则侧重于修慧，帮助他达到离相无念的自由境界。

功过格是我国民间流传的善书，为一种记录个人善恶功过的簿册，对日常的德行生活进行量化管理。多年前，嘉兴香海禅寺为推行慈善功德基金会，曾提出"时间银行"的设想，我建议可参考功过格的计量方法，制作成电脑数据库程序。袁了凡得云谷禅师传授功过格，任职宝坻知县期间又编撰了《当官功过格》。与同时代流行的云栖袾宏《自知录》和道教《太微仙君功过格》相比较，在价值评判和文本处理方面，袁了凡的功过格具有平衡天理、国法、人情等六条与众不同的特点。尤其是《当官功过格》，更是一份罕见的行政治理历史文献，从中可见袁了凡作为佛教居士，具有公门里面好修行的入世情怀。一般功过格侧重于个人的道德修养，官员治民理政，面对的是成千上万的民众，他们所施善政仁政或者恶政荒政，对社会造成的后果和影响更大。故在《当官功过格》中，对涉及政务的功过计量标准，也远远高于一般用于个人修身的功过格。所列千功以上的大功德，都与关怀民生疾苦、社会治理、稳定秩序和淳化风俗有关。

至于如何视情境而裁量功过的法理依据，我在解读《积善之方》一讲中，分"深明因果报应之理""举证古今十件善行""从八维辨为善之理""种德之事十大纲要"四节，用近三万字的篇幅，论述积善的事迹、原理与方法。本篇是袁了凡一生行善积德的经验总结，将散见于各类功过格中的条文、对善恶功过的裁量依据，提炼总结为系统的理论，可谓事理兼备，为物立则。八维辨善，涉及行善动机、发心目的、受益对象、实施路径、实际效果等角度，皆当透过事相，深入到义理和心源细加分辨。其他功过格皆以外在的事相分类，袁了凡的行善十要，则从漫无边涯的外境收摄到主体发心的根源。这一路径转向，颇类似王阳明竹园格物，从向无涯的外境即物穷理转向内在的良知。法条、法理、案例，此详彼略，相互呼应，形成一个完整的体系。《了凡四训》一骑绝尘，为明清以来最有影响力的善书，自有其过人之处。

袁了凡身拥文武之才，胸怀经世济民之志，学问深入儒家五经根本，博涉佛道和诸子百家，对天文地理、经济军事乃至星相占卜等实学亦极有造诣。第三讲"立命之学

（下）：袁了凡改造命运的实践"，叙述其拜师求道、结社论学、游历边关、受学兵法等事迹，尤其是科举入仕后，在治理县政、边防献策与抗倭援朝等方面，践行士大夫内圣外王之夙志。作为一个虔诚的佛教居士，无论是当官牧民还是隐逸课子，皆把滚滚红尘当作修行菩萨道的道场。治理宝坻县政，不过是牛刀小试，已誉满朝野。然步入仕途仅五年，尚未施展平生才学和抱负，就陷入官场党争，遭同僚诬陷弹劾，削职家居，其心境之悲凉不言而喻。

《游艺塾文规》正续编，作为修习举业的参考书，提供了《了凡四训》的文献源头，要言不烦点出学术脉络和治学窍诀。此书编于袁了凡遭诬罢官，隐居课子的晚年时期。收藏于日本内阁文库的《游艺塾续文规》，应为世上现存最早的初刻本，其中卷三、卷四、卷五，后来重刻本作了增删调整，编入一些新的论学方法，也删除了一些敏感段落。读这些被删削的内容，亦可一窥袁了凡晚年境遇和悲凉不平之意，或是了解其心路历程的突破口。《谦德之效》在《了凡四训》中篇幅最短，若作为全书的总结篇，有意犹未尽之憾。我在这一讲中，插入"坦然面对顺逆境遇"一节，在阐述"满招损谦受益"原理之前，根据那些被删削的敏感文字，从四个方面略作论述：一、批评程朱理学；二、为佛教作辩护；三、历述科场坎坷；四、忍辱以明心志。

袁了凡以学林扫地僧的姿态，直言批评作为科举主流思想的程朱理学，为官方所不容，故所编著的科考辅导书屡遭封禁。宋明以降，程朱理学家斥佛教为虚无寂灭之教，几乎成为主流思想界的定论。袁了凡站位大乘的法界视域，整合世间和出世间一切法皆是根源于缘起性空的实理，绝非程朱理学家眼中的荒唐幻妄之谈。强调儒佛殊途同归，认为孔子自有出世心法，儒门乾元统天之旨，通向佛教的毗卢遮那法身，故儒门之天，在终极层面可与佛教的实相会通。况且佛门所重普贤菩萨之行，与儒门礼仪三百、威仪三千实可相通，故佛学在世间的作用实有助于纲常。袁了凡科考坎坷，然名重士林，晚年罢官家居，四方从学甚众。常在讲学著述中谈及当年科场经历，引古今贤士遭忌嫉谗毁事例以况自己的遭遇，足见其自视之高，以及不屑与小人为伍的傲骨。在重刻本中，袁了凡更以佛陀孔子等圣贤也遭人诬陷诽谤比况，表明应以佛教的忍辱精神，一切逆境皆当委之于命、责之于身，且把所有加害自己者视为推动改非进德的助缘。

佛法在世间，不离世间觉。佛教在中国的存在和传播，自然也须适应中国社会和文化的时节因缘。明代全然没有唐宋的开明气象，通过文字狱，以恐怖震慑知识分子，以《大诰》等御制作品控制社会基层，以行政手段在城乡里社中宣讲明太祖主义永乐皇帝思想。直到万历年间，社会组织和思想都呈现松动活跃景象，佛学依然被视为异学。在此社会背景下，晚明四大高僧皆援儒入佛，以儒道之说为方便，阐发佛教的义理。袁了凡作为虔诚的佛教居士，在公开场合亦是以儒生的面目应世。他在致同科进士陈颖亭《论命书》中坦露心迹，说明为何不公开宣讲佛学的苦衷。以佛教真俗不二的方法论，借助儒道思想以诠释佛学，是晚明佛教知识分子在夹缝中弘扬佛法的普遍策略。在《了凡四训》所论述的理论和事实中，我们可看到一条清晰的逻辑线索：从儒家的世间善法，进展到佛教的业力因果论思想，再提升到大乘三轮体空的般若正观。

时也命也，无论是顺境还是逆境，皆以谦德应之。孔子曰："不得中行而与之，必也狂狷乎！狂者进取，狷者有所不为也。"当大环境无可奈何转向违逆，君子坚守道义，随缘任运，有所为有所不为，绝不做同流合污的乡愿。袁了凡的立命实践，为探讨命数与业力、神灵与人间、庙堂与江湖、儒学与佛道、出世与入世、善行的动机与效果等关系，提供了大量实证资料。

最后，要感谢责任编辑刘海滨先生。因他的坚持，使我的其他著述为此书让路。也因撰著这本书，能平安度过大疫三年的不堪岁月。2022 年耶诞节前，家人纷纷中招染疫。诸行无常，人命危脆，为防不测，赶紧把 20 万字书稿发给出版社。庆幸遇到一位敬业的编辑，在审稿过程中纠正错讹，调整章节，并提示我补充部分内容。

王雷泉

2023 年 5 月 25 日于上海

目 录

第一篇　立命之学

余童年丧父，老母命弃举业[1]学医，谓可以养生[2]，可以济人，且习一艺[3]以成名，尔父夙心[4]也。

注释

[1] 举业：科举时代，读书人为考取功名所修的学业。

[2] 养生：有维持生计和保养生命二义，此指养家糊口。

[3] 艺：技艺。

[4] 夙（sù）心：平素心愿。夙，旧、平素。

后余在慈云寺[1]遇一老者，修髯[2]伟貌，飘飘若仙，余敬礼之。语余曰："子仕路[3]中人也，明年即进学[4]，何不读书？"余告以故，并叩[5]老者姓氏里居[6]。曰："吾姓孔，云南人也。得邵子皇极数[7]正传，数[8]该传汝。"

余引之归，告母。母曰："善待之。"试其数，纤悉[9]皆验。余遂启读书之念，谋之表兄沈称[10]。言："郁海谷[11]先生在沈友夫[12]家开馆[13]，我送汝寄学甚便。"余遂礼郁为师。

注释

[1] 慈云寺：位于嘉善县城西北，始建于唐大中年间，初名保安寺，宋时改现名。

[2] 修髯（rán）：髯，两腮的胡须。修，长。

[3] 仕路：科举入仕，官场之路。

[4] 进学：明清时代各县设有官学，童生次第经过县考、府考，经省提学使主持的院考，通过者获得进入官学的资格，称为生员，即秀才。

[5] 叩：询问。

[6] 里居：住处、籍贯。

[7] 邵子皇极数：邵子，即邵雍（1011－1077），字尧夫，谥号

康节，北宋理学家，与周敦颐、张载、程颢、程颐并称"北宋五子"。精通易学，对先天象数学多有发明，主要著作有《皇极经世》《伊川击壤集》《渔樵问对》等。皇极数，以《周易》六十四卦，推算三皇以来历代治乱，以证自然人事之变化，数皆前定。

[8] 数：天数、命运。

[9] 纤悉：微细详尽。

[10] 沈称：嘉靖二十三年（1544）进士，历任临江府知府和江赣兵备副使，为官清廉，有政声。

[11] 郁海谷：据《郁氏家乘》，郁海谷即郁钦。郁氏为嘉善望族，与袁氏为世交。

[12] 沈友夫：沈氏为嘉善第一大姓，沈友夫与了凡父亲袁仁是好友。袁仁曾作有《一溪歌为沈友夫作》诗："君家住枕武塘上，一水绕门春盈盈。楼台倒浸青玻璃，坐来不觉毛骨爽。"

[13] 开馆：此指民间开班授徒的私塾。

孔为余起数[1]：县考童生[2]当十四名，府考七十一名，提学考[3]第九名。明年赴考，三处名数皆合。复为卜终身休咎[4]，言：某年考[5]第几名，某年当补廪[6]，某年当贡[7]，贡后某年当选四川一大尹[8]，在任三年半，即宜告归。五十三岁八月十四日丑时，当终于正寝[9]，惜无子。余备录而谨记之。

注释

[1] 起数：占卜预测。推算命理。

[2] 童生：凡习举业的读书人，不论年龄大小，都称为童生。童生须先历经县考和府考二级考试，通过者才有资格参加省里组织的院考。

[3] 提学考：即院考。明置提学道，掌管全省学政，主持考试。院考合格者，被分配到所属府、县学中就学，获得生员（秀才）资格。

[4] 卜终身休咎：起课推算一生命运的吉凶善恶。

[5] 年考：又称岁考。由提学使主持，每年对所属府、州、县学生员进行考试，分别优劣，酌定赏罚。

[6] 补廪（lǐn）：廪，原意粮仓。此指生员经岁考和科考，成绩优秀者，增补为廪膳生员，享受官费奖励的米粮。明初廪生定额：府学四十人，州学三十人，县学二十人，其后名额有所增补。

[7] 贡：贡生。生员通过乡试中举人，称为"正途"。未中举者，经考试挑选府、州、县生员中优异者，升入京师国子监（太学）读书，称为贡生，意谓以人才贡献给皇帝。贡生，位于廪生之上、举人之下。

［8］大尹（yǐn）：对府县长官的尊称。此指以贡生资格选拔为县官。

［9］正寝：居住的正室。

自此以后，凡遇考校[1]，其名数先后，皆不出孔公所悬定[2]者。独算余食廪米[3]九十一石五斗当出贡[4]，及食米七十一石，屠宗师[5]即批准补贡。余窃疑之，后果为署印[6]杨公所驳。直至丁卯年[7]，殷秋溟[8]宗师见余场中备卷[9]，叹曰："五策[10]即五篇奏议[11]也，岂可使博洽淹贯[12]之儒老于窗下乎！"遂依县申文准贡。连前食米计之，实九十一石五斗也。余因此益信进退有命，迟速有时，澹然[13]无求矣。贡入燕都[14]，留京一年，终日静坐，不阅文字。

- -

注释

［1］考校：考核、考察。

［2］悬定：推测、预定。

［3］廪米：官府按月发给在学廪生的津贴。

［4］出贡：以优异学业升入京师国子监读书，成为贡生。

[5] 宗师：对提督学道、提督学政的尊称。

[6] 署印：代理官职。旧时官印视同官位，此指代理提学使。

[7] 丁卯年：1567 年，袁了凡是年 35 岁。

[8] 殷秋溟：殷迈（1512－1581），字时训，号秋溟，南京人。嘉靖年进士，万历初年升南京礼部右侍郎，管国子监祭酒事。性淡泊，信佛教，深研《楞严经》《金刚经》，《居士传》有传。

[9] 备卷：备选试卷。各省乡试在发榜前，考官于未录取者中选取一些尚可之卷，以供候补。

[10] 五策：五篇策论。策，科举时代的考试文体，多就政治和经济问题提供对策。

[11] 奏议：臣子向皇帝上书言事的公文。

[12] 博洽淹贯：学识渊博，见解深刻，文章写得融会贯通。博洽，广博而周遍。淹贯，透彻而贯通。

[13] 澹（dàn）然：内心恬淡平静。澹，同"淡"。

[14] 贡入燕都：取得贡生资格，入京师国子监读书。燕都，北京。

己巳[1]归游南雍[2]。未入监[3]，先访云谷会禅师[4]于栖霞山[5]中。对坐一室，凡三昼夜不瞑目。云谷问曰："凡人所以不得作圣者，只为妄念[6]相缠耳。

汝坐三日，不见起一妄念，何也?"余曰:"吾为孔先生算定，荣辱生死，皆有定数^[7]，即要妄想，亦无可妄想。"

注释

[1] 己巳:隆庆三年（1569），袁了凡是年 37 岁。

[2] 南雍:雍，辟雍，古代天子所设的太学。明初国子监设在南京，成祖朱棣迁都北京后，建京师国子监，原南京国子监依然留存。

[3] 监:即国子监，古代教育管理机构和最高学府。

[4] 云谷会禅师（1500 - 1575）:俗姓怀，法名法会，号云谷，祖籍浙江嘉善县胥山镇。为明代中兴禅宗之祖，长坐不卧 40 余年。明末四大高僧之首憨山德清，曾师从云谷。

[5] 栖霞山:又名摄山、摄岭，位于南京市栖霞区，南朝时山中建有栖霞精舍，因此得名。摄山中峰西麓有栖霞寺，寺后约二公里处有天开岩，为云谷禅师驻锡处。

[6] 妄念:虚妄不实的念头，不了解实相而产生的分别妄执、妄想。"凡夫迷实之心，起诸法相。执相施名，依名取相。所取不实，故曰妄想。"（《大乘义章》）

[7] 定数:气数、命运。宿命论者认为，人生世事的祸福吉凶，由天命或某种不可知的力量所决定。

云谷笑曰："我待汝是豪杰，原来只是凡夫。"问其故。曰："人未能无心[1]，终为阴阳[2]所缚[3]，安得无数[4]？但惟凡人有数[5]。极善之人，数固拘他不定；极恶之人，数亦拘他不定。汝二十年来被他算定，不曾转动一毫，岂非是凡夫？"

注释

[1] 心：妄念之心。即前"妄念""妄想"。

[2] 阴阳：原为儒家和道家的哲学概念，意谓宇宙间阴阳两种矛盾对立的力量，由对立双方的变化而推动万物及人生命运的轨迹。此处借用阴阳一语，说明佛教业力流转的原理，即因人心中妄念，造作种种善恶之业，从而在世间有苦乐不同的果报。

[3] 缚：捆绑。此指为烦恼业力所拘缚。

[4] 数：即命理学所讲的命运、气数。此处借用以说明凡夫起惑、造业、受苦的生命轨迹，若不思进取，听凭业力的惯性推动，则形成顽固的"定业"。

[5] 惟凡人有数：凡夫为烦恼所缚，迷惑事理，故沉沦于生死流转。凡与圣相对。圣者，通达实相真理，消除烦恼而解脱生死轮回。

余问曰:"然则数可逃乎?"曰:"命由我作,福自己求。《诗》[1]《书》[2]所称,的[3]为明训。我教典[4]中说:'求富贵得富贵,求男女得男女,求长寿得长寿。'夫妄语乃释迦大戒[5],诸佛菩萨,岂诳语[6]欺人?"

注释

[1]《诗》:即《诗经》,中国第一部诗歌总集,收入自西周初年至春秋中叶 500 多年间各国诗歌,传为孔子删削编订成 305 篇,分作风、雅、颂三部分。风,十五国的地方音乐,多为民间歌谣。雅,周王朝直辖区域的朝廷雅乐,分大雅、小雅。颂,宗庙祭祀的颂歌和史诗,分周颂、鲁颂、商颂。西汉时被尊为儒家经典,始称《诗经》。

[2]《书》:即《尚书》,中国上古历史文献汇编,保存夏商周三代特别是西周初期的重要史料。西汉初存 28 篇,用当时通行文字书写,即《今文尚书》。自汉武帝末年从孔子故居屋壁中发现一批古文《尚书》佚篇,历代迭有发现或伪造,从而引起今古《尚书》的真伪之辨。

[3] 的(dí):确实。

[4] 教典:佛教的经典。求富贵、男女、长寿等语,出自多部佛经。如《药师经》:"求长寿得长寿,求富饶得富饶,求官位得官位,求男女得男女。"

[5] 妄语乃释迦大戒：妄语，虚妄不实之语，有妄言（欺他不实之言）、绮语（华丽不实之语）、两舌（挑拨离间）、恶口（粗口骂人）等表现。为释迦牟尼佛制定的五戒之一（不杀生、不偷盗、不邪淫、不妄语、不饮酒），其中杀盗淫妄四种为根本性戒。

[6] 诳（kuáng）语：虚假骗人的话。

　　余进曰："孟子言'求则得之'[1]，是求在我者也。道德仁义，可以力求；功名富贵，如何求得？"云谷曰："孟子之言不错，汝自错解了。汝不见六祖[2]说：'一切福田[3]，不离方寸[4]；从心而觅，感[5]无不通。'求在我，不独得道德仁义，亦得功名富贵。内外双得，是求有益于得也。若不反躬内省[6]，而徒向外驰求[7]，则求之有道，而得之有命[8]矣！内外双失，故无益。"

注释

[1] 求则得之：语出《孟子·告子上》："仁义礼智非由外铄我也，我固有之也，弗思耳矣。故曰：求则得之，舍则失之。"仁

义礼智四善端，为先天固有的道德属性。小人以放逸之故，走失此四端之心，故形同禽兽。君子必须努力培育内心善的萌芽，并扩充为道德的行为。

[2] 六祖：禅宗六祖惠能（638－713），亦作慧能，俗姓卢，祖籍范阳（今北京大兴），因父贬官岭南，出生在新州（今广东新兴）。于湖北黄梅得五祖弘忍衣钵，在广东曹溪大倡顿悟法门，主张不立文字，教外别传，直指人心，见性成佛。针对当时形式主义教条和繁琐义学，用通俗简易的修持方法，直接回归佛陀的证悟境界。惠能所倡导南宗禅法，成为中国禅宗主流，其思想集录于《六祖坛经》。云谷所引六祖语，并非《坛经》原话。

[3] 福田：佛教以供养布施、行善修道，即能获得福报，犹如农夫耕田乃有收获。

[4] 方寸：指心。禅宗四祖道信说："百千妙门，同归方寸；恒沙功德，总在心源。"

[5] 感：感应。佛教认为修行者与佛菩萨之间，是上下感应的关系。感，是自下而上对佛菩萨的信靠；应，是佛菩萨自上而下对众生的救济帮助。

[6] 反躬内省：返回自身，省察自己的思想和行为。躬，自身、亲自。省，自我反省。

[7] 向外驰求：向外奔走追求。"佛向性中作，莫向身外求。"（《坛经·机缘品》）

[8] 得之有命：此指向外驰求功名富贵，纵然有好的方法和门路，也得看有没有享受福报的命。

因问："孔公算汝终身若何？"余以实告。云谷曰："汝自揣[1]应得科第[2]否？应生子否？"

余追省良久，曰："不应也！科第中人，类[3]有福相。余福薄，又不能积功累行[4]以基厚福，兼不耐烦剧[5]，不能容人，时或以才智盖人，直心直行[6]，轻言妄谈。凡此皆薄福之相也，岂宜科第哉！地之秽者多生物，水之清者常无鱼，余好洁[7]，宜无子者一。和气能育万物，余善怒，宜无子者二。爱为生生[8]之本，忍[9]为不育之根，余矜惜名节[10]，常不能舍己救人，宜无子者三。多言耗气，宜无子者四。喜饮铄精[11]，宜无子者五。好彻夜长坐，而不知葆元毓神[12]，宜无子者六。其余过恶尚多，不能悉数。"

注释

[1] 揣（chuǎi）：自忖、评估。

[2] 科第：即科举及第，科举考试中选。

［3］类：皆，大抵。

［4］积功累行：长期行善，积累功德。行（héng），修行的功夫。

［5］烦剧：繁重复杂的事务。

［6］直心直行：直心，本指心无谄曲，率性而行。此指心之所想，未经思考即贸然而说而行。

［7］好洁：指道德洁癖。

［8］生生：事物的运动变化，生命的繁衍生息。《易传·系辞上》："生生之谓易。"

［9］忍：残忍。此处指苛察、狠心，缺少悲悯之意。

［10］矜惜名节：珍惜自己的名誉节操。矜惜，怜惜，珍惜。

［11］铄（shuò）精：消损精气。铄，消损。

［12］葆元毓（yù）神：保养元气，培育元神。葆，通"保"，保持。毓，通"育"，保养。

　　云谷曰："岂惟科第哉！世间享千金之产者，定是千金人物；享百金之产者，定是百金人物；应饿死者，定是饿死人物。天不过因材而笃[1]，几曾[2]加纤毫意思？即如生子，有百世之德者，定有百世子孙保之；有十世之德者，定有十世子孙保之；有三世二世之德者，定有三世二世子孙保之；其斩[3]焉无后者，德至薄也。

注释

[1] 天不过因材而笃（dǔ）：此语引自《中庸》孔子对舜的称赞："大德必得其位，必得其禄，必得其名，必得其寿。故天之生物，必因其材而笃焉。故栽者培之，倾者覆之。"意谓天地生成万物，必因其本身的品性、材质和行为，而确认相应的吉凶祸福。遵循天道而行的有德之人，必有相应的地位名望、健康长寿等福报。违背天道的小人，必为上天抛弃而倾覆之。故成败祸福，根本在于自己的德行，上天不过根据其行为而落实对其奖惩的结果。材，材质、品性。笃，确定、落实。

[2] 几曾：何曾。

[3] 斩：断绝。

"汝今既知非，将向来不发科第，及不生子之相，尽情改刷[1]。务要积德，务要包荒[2]，务要和爱，务要惜精神。从前种种，譬如昨日死；从后种种，譬如今日生。此义理再生之身[3]也。夫血肉之身[4]，尚然有数；义理之身，岂不能格天^[5]！

注释

[1] 改刷：改正、清除。

[2] 包荒：包纳荒秽，谓度量宽大，能包容一切。

[3] 义理再生之身：指佛教所说的法身慧命，为智慧所证得的真理之身。

[4] 血肉之身：父母所生的凡俗生命。

[5] 格天：以至诚感通上天。《尚书·君奭》："在昔成汤既受命，时则有若伊尹，格于皇天。"格，感通、感应。

"《太甲》^[1]曰：'天作孽犹可违^[2]，自作孽不可活^[3]'。《诗》云：'永言配命^[4]，自求多福。'孔先生算汝不登科第、不生子者，此天作之孽，犹可得而违。汝今扩充德性，力行善事，多积阴德^[5]。此自己所作之福也，安得而不受享乎？

注释

[1]《太甲》：《尚书·太甲》篇，记载商王太甲与贤相伊尹的

故事。太甲，商朝贤君，早年失德，后得到伊尹的教导而改过自新。

[2] 天作孽犹可违：孽，灾祸；违，避免或挽回。

[3] 自作孽不可活：原文为"自作孽不可逭。"逭（huàn），逃避的意思。此二句为太甲悔悟之语，言过去自作之孽远甚于天灾。天灾犹可避免，人祸不可挽回。

[4] 永言配命：永言，常言；配命，与天命相配。引自《诗经·大雅·文王》："永言配命，自求多福。殷之未丧师，克配上帝。宜鉴于殷，骏命不易！"全句意谓：君王要以殷商亡国为鉴戒，常记住修德行仁政，以与天命相配。靠自己努力，求得更多福报。

[5] 阴德：行善而不为人知的功德。《淮南子·人间训》："有阴德者必有阳报，有阴行者必有昭名。"

"《易》为君子谋[1]，趋吉避凶。若言天命有常，吉何可趋、凶何可避？开章第一义，便说：'积善之家，必有余庆。'[2] 汝信得及[3]否？"

注释

[1]《易》为君子谋：宋儒张载："《易》为君子谋，不为小人

谋。"（《横渠易说》）《易》即《周易》，包括经和传两部分。经，相传为周文王所作，由卦和爻两种符号演化出种种卦象，据以推测自然和人事的变化。传，相传为孔子所作，由《象传》上下篇、《象传》上下篇、《系辞》上下篇、《文言》、《序卦》、《说卦》、《杂卦》构成，称为"十翼"。

[2] 语出《易经·坤卦》："积善之家，必有余庆；积不善之家，必有余殃。"意谓修善积德者，必会给自身和家族后代带来更多的吉庆；作恶损德的，必会给自身和家族后代带来更多的祸殃。

[3] 信得及：能够相信。

余信其言，拜而受教。因将往日之罪，佛前尽情发露[1]，为疏[2]一通，先求登科，誓行善事三千条，以报天地祖宗之德。

云谷出功过格[3]示余，令所行之事逐日登记，善则记数，恶则退除[4]。且教持准提咒[5]，以期必验。

语余曰："符箓[6]家有云：'不会书符，被鬼神笑。'此有秘传，只是不动念也。执笔书符，先把万缘放下，一尘不起。从此念头不动处，下一点，谓之

混沌开基[7]。由此而一笔挥成，更无思虑，此符
便灵。

注释

[1] 发露：在佛像前揭露表白过去所犯过失，无所隐覆，以求
忏悔。

[2] 疏：举行拜忏礼仪时，在佛前宣读的忏悔文疏。

[3] 功过格：记录善恶功过的簿册，对德行生活进行量化管理。

[4] 恶则退除：行为过失，视相应等级，与所行善事相抵扣。

[5] 准提咒：全称"七俱胝佛母心大准提咒"，不论在家出家，
常诵此咒有极大功德。

[6] 符箓（lù）：道教法术，为符（秘密图形或线条）和箓（施
行法术的牒文）的合称。道士依牒文画符念咒、役神驱鬼以达
到祈福禳灾、祛病救人的目的。

[7] 混沌开基：混沌，世界未开辟以前的元气未分的交融状态，
道教视为奠定修行基础的初始状态。《大成捷要》："百日十月
关中，有七次混沌开基，皆得我师心传。"

"凡祈天立命，都要从无思无虑处感格[1]。孟子
论立命之学，而曰'夭寿不贰'[2]。夫夭与寿，至

贰者也。当其不动念时，孰为夭，孰为寿？细分之：丰歉不贰，然后可立贫富之命；穷通[3]不贰，然后可立贵贱之命；夭寿不贰，然后可立生死之命。人生世间，惟死生为重，曰夭寿，则一切顺逆皆该[4]之矣。

注释

[1] 感格：感通、感应。向上天祈祷，必心无杂念，诚心祈求，则可感通一切。

[2] 夭寿不贰：夭寿，短命与长寿；不贰，专一，终无二心。语出《孟子·尽性上》："殀寿不贰，修身以俟之，所以立命也。"赵岐注："虽见前人或殀或寿，终无二心改易其道。"

[3] 穷通：困厄与显达。

[4] 该：具备、包括。

"至'修身以俟[1]之'，乃积德祈天之事。曰修，则身有过恶，皆当治而去之；曰俟，则一毫觊觎[2]，一毫将迎[3]，皆当斩绝之矣。到此地位，直造先天之境[4]，即此便是实学[5]。

[1] 俟（sì）：等待、等候。

[2] 觊觎（jì yú）：非分的期望或企图。

[3] 将迎：心念攀缘迎合外境，扰乱本心。将，送，此指外境已去，心念仍然牵挂；迎，此指外境未来，心念预先生起。《庄子·应帝王》："至人之用心若镜，不将不迎，应而不藏，故能胜物而不伤。"

[4] 直造先天之境：直达清净无染的本然境界。先天之境，丹道家视为世界开辟前的本初状态，佛教指未被人的意识所污染的世界本来面目。

[5] 实学：真实无妄的学问。

　　"汝未能无心[1]，但能持准提咒，无记无数，不令间断，持得纯熟，于持中不持，于不持中持。到得念头不动，则灵验矣。"

注释

[1] 无心：即前说无思无虑的心境，指心无妄念，亦即禅宗所持的无念法门。《坛经·般若品》："若见一切法，心不染著，

是为无念。用即遍一切处，亦不著一切处。但净本心，使六识出六门，于六尘中无染无杂，来去自由，通用无滞，即是般若三昧，自在解脱，名无念行。"

余初号学海[1]，是日改号了凡[2]。盖悟立命之说，而不欲落凡夫窠臼[3]也。从此而后，终日兢兢，便觉与前不同。前日只是悠悠放任，到此自有战兢惕厉[4]景象，在暗室屋漏[5]中，常恐得罪天地鬼神。遇人憎我毁我[6]，自能恬然容受。

注释

[1] 初号学海：号，文人于名、字之外的自称，亦叫别号。不像姓名、表字那样受宗法礼仪的限制，可以自由抒发本人志趣。学海，取"百川学海而至于海"之义，出自扬雄《法言·学行》。

[2] 了凡：了，有了断和明了二义。意谓了断、了结以往的凡俗人生，明了超凡入圣的生命道路。

[3] 窠臼（kē jiù）：门上承受转轴的门臼，比喻固有的程式或成见。

[4] 战兢（jīng）惕厉：心存敬畏，小心谨慎，如临深渊，如履

薄冰。惕，内存敬畏恐惧；厉，外现严肃之威。

[5] 屋漏：内室的西北角，古人以为此方位有神明驻守。

[6] 憎我毁我：憎，厌恶；毁，诽谤、诋毁。

到明年，礼部考科举，孔先生算该第三，忽考第一。其言不验，而秋闱[1]中式[2]矣。

然行义未纯[3]，检身[4]多误。或见善而行之不勇，或救人而心常自疑，或身勉为善而口有过言，或醒时操持[5]而醉后放逸[6]。以过折功，日常虚度。自己巳岁[7]发愿，直至己卯岁[8]，历十余年，而三千善行始完。

注释

[1] 秋闱（wéi）：闱，指称科举考场。选拔举人的乡试，秋季八月在各省省城举行，故称秋闱；选拔进士的会试，春季在京城举行，称春闱。

[2] 中式，科举考试合格，此指考取举人。《明史·选举志》："三年大比，以诸生试之直省曰乡试，中式者为举人。次年，以举人试之京师曰会试，中式者天子亲策于廷曰廷试，亦曰

殿试。"

[3] 行义未纯：行义，亦称行谊。于躬行仁义应做之事，发心杂而不纯。

[4] 检身：约束检点自身。

[5] 操持：操作持守，亦自我约束检点之义。

[6] 放逸：放纵逸乐。

[7] 己巳岁：1569 年。

[8] 己卯岁：1579 年。

时[1]，方从李渐庵[2]入关，未及回向[3]。

庚辰[4]南还，始请性空、慧空[5]诸上人[6]，就东塔禅堂[7]回向。遂起求子愿，亦许行三千善事。辛巳[8]，生汝天启[9]。

注释

[1] 时：据嘉善和宝坻两地《袁了凡年谱》："万历七年（1579）47 岁，随李渐庵入关，欲上终南山隐居，未果。"

[2] 李渐庵（1534 – 1599）：李世达，字子成，泾阳（今属陕西）人。嘉靖三十五年（1556）进士，授户部主事，历任南京太仆卿、右金都御史、浙江巡抚、南京兵部右侍郎、刑部尚书

等职。政声显赫，以耿介闻名于世。

[3] 回向：回，回转；向，趋向。回转自己所修的功德，归向自己所期望的对象，同时把一切功德和利益归于法界众生和佛教事业。

[4] 庚辰：1580 年。

[5] 慧空：嘉善县城景德寺僧。据清光绪《嘉善县志》："如谷，字日海，号慧空，思贤里人，为人端谨。初闻云谷教于栖霞，潜往参焉。后主荆山月庭讲席，名震丛林。携钵游天台，走庐山，归而闭关于景德精舍，三年道大悟而诣五台，礼文殊，不数月，安坐而逝。"

[6] 上人：上德之人，对高僧大德的尊称。

[7] 东塔禅堂：在嘉善县城景德寺内。

[8] 辛巳：1581 年。

[9] 天启：即袁天启，后改名袁俨，字若思，号素水。少承家学，博极群书。天启五年（1625）进士，知广东高要县令，以劳瘁而卒于任上。生有五子一女，著有《抱膝斋漫笔》三卷行世。

余行一事，随以笔记。汝母不能书，每行一事，辄[1]用鹅毛管，印一朱圈于历日[2]之上。或施食贫人，或买放生命[3]，一日有多至十余圈者。至癸未[4]八月，三千之数已满，复请性空辈，就家庭[5]回向。

注释

[1] 辄：就、总是。

[2] 历日：日历、历书。

[3] 买放生命：于市场购买鱼鸟等生命，用于放生。

[4] 癸未：1583 年。

[5] 家庭：家中堂前庭院。

九月十三日[1]，复起求中进士愿，许行善事一万条。丙戌登第[2]。授宝坻[3]知县。

余置空格一册，名曰"治心篇"[4]。晨起坐堂[5]，家人携付门役[6]，置案上，所行善恶，纤悉必记。夜则设桌于庭，效赵阅道[7]焚香告帝。

注释

[1] 九月十三日：此在癸未万历十一年（1583），时 51 岁。

[2] 丙戌登第：即万历十四年（1586），中进士，时 54 岁。

[3] 宝坻（dǐ）：现属天津市，邻近渤海湾。袁了凡于万历十六年（1588）授河北宝坻知县，任职五年，政声显著。

[4] 治心篇：即功过格。

[5] 坐堂：在县衙公堂审理政务。

[6] 门役：衙役。

[7] 赵阅道：即北宋名臣赵抃（biàn），字阅道，号知非子，浙江衢州人。为官公正廉明，时称"铁面御史"。笃信佛教，日所为事，夜必焚香以告于天帝。著有《赵清献公集》。

汝母见所行不多，辄颦蹙[1]曰："我前在家，相助为善，故三千之数得完。今许一万，衙中无事可行，何时得圆满乎？"

夜间偶梦见一神人，余言善事难完之故。神曰："只减粮一节，万行俱完矣。"盖宝坻之田，每亩二分三厘七毫。余为区处[2]，减至一分四厘六毫。委[3]有此事，心颇惊疑。适幻余[4]禅师自五台[5]来，余以梦告之，且问此事宜信否？师曰："善心真切，即一行可当万善，况合县减粮，万民受福乎！"吾即捐俸银，请其就五台山斋僧[6]一万而回向之。

注释

[1] 颦蹙（pín cù）：皱眉蹙额，形容忧愁不乐。

[2] 区处（chǔ）：区分处置，此指清理核实、调查上报。

[3] 委：确实。

[4] 幻余：与袁了凡一起发起倡刻《嘉兴藏》的幻余法本禅师，在万历十七年（1589），于五台山创刻《嘉兴藏》。据清《嘉善县志》："法本，字幻余，薙发大胜寺。参学于紫柏禅师，忽然有得，开讲诸方，兼通宗教。随紫柏入京，为神宗母后供养五台山妙德庵。及归，赐金字经三卷，袈裟一袭。仍住大胜寺，无疾而逝。"

[5] 五台：佛教名山，为文殊菩萨道场。位于山西省五台县东北。

[6] 斋僧：设斋供养僧众。举办斋僧法会，表达对三宝的恭敬供养，后渐融入祝贺、报恩、追善的目的。

　　孔公算予五十三岁有厄[1]，余未尝祈寿，是岁竟无恙[2]，今六十九矣。《书》曰"天难谌，命靡常"[3]，又云"惟命不于常"[4]，皆非诳语。吾于是而知，凡称祸福自己求者，乃圣贤之言；若谓祸福惟天所命，则世俗之论矣。

注释

[1] 厄：灾难。此指孔道人推算袁了凡会在 53 岁时去世。

[2] 无恙：平安无事。恙：疾病、忧愁。

[3] 天难谌（chén），命靡（mǐ）常：语出《尚书·咸有一德》，指上天的意志难于捉摸，天命也不是固定不变。谌，确信。靡，无。

[4] 惟命不于常：语出《尚书·康诰》，为周公诫康叔所作，意指天命无常，必须以德配天，使人民安定，才能保有天命。

汝之命，未知若何。即命当荣显，常作落寞想；即时当顺利，常作拂逆[1] 想；即眼前足食，常作贫窭[2] 想；即人相爱敬，常作恐惧想；即家世望重，常作卑下想；即学问颇优，常作浅陋想。远思扬祖宗之德，近思盖[3] 父母之愆[4]；上思报国之恩，下思造家之福；外思济人之急，内思闲[5] 己之邪。务要日日知非，日日改过。一日不知非，即一日安于自是；一日无过可改，即一日无步可进。天下聪明俊秀不少，所以德不加修、业不加广者，只为因循[6]二字，耽阁[7]一生。

云谷禅师所授立命之说，乃至精至邃[8]、至真至正之理，其熟玩[9]而勉行之，毋自旷[10]也。

- -

注释

[1] 拂（fú）逆：违背，失意不顺。

[2] 贫窭（jù）：贫困、艰难。

[3] 盖：遮掩、弥补。

[4] 愆（qiān）：过失、差错。

[5] 闲：约束，防范。

[6] 因循：沿袭过去习气得过且过，懈怠懒散不思振作。

[7] 耽阁：耽搁、耽误。阁，通"搁"。

[8] 邃（suì）：深远、精深。

[9] 熟玩：认真钻研，仔细体会。玩，研习、玩味。

[10] 旷：荒废、耽误。

第二篇　改过之法

春秋诸大夫，见人言动[1]，亿[2]而谈其祸福，靡不验者，《左》《国》[3]诸记可观也。大都吉凶之兆，萌乎心而动乎四体[4]。其过于厚[5]者常获福，过于薄[6]者常近祸。俗眼多翳[7]，谓有未定而不可测者。至诚合天。福之将至，观其善而必先知之矣；祸之将至，观其不善而必先知之矣。[8]

注释

[1] 言动：言谈举止。

[2] 亿：通“臆”，推测、揣度。

[3] 《左》《国》：《左》，即《左传》，左丘明为解释孔子的《春秋》而作，记述公元前 722 至前 454 年间的具体史实。

《国》，即《国语》，记录周王室和鲁、齐、晋、郑、楚、吴、越等诸侯国的历史，偏重于记述历史人物的言论。

[4] 萌乎心而动乎四体：语出《中庸》："至诚之道，可以前知：国家将兴，必有祯祥；国家将亡，必有妖孽。见乎蓍龟，动乎四体。"四体，郑玄以为龟之四足，宋以后多指人而言，意指兴亡吉凶之兆，萌发于心，通过人的行为举止而表现出来。

[5] 厚：待人诚恳宽厚。

[6] 薄：为人刻薄寡恩。

[7] 俗眼多翳（yì）：世俗之人见识短浅，如眼中生翳，无识人之明。翳，眼中生遮蔽瞳孔的薄膜。

[8] 至诚合天……必先知之矣：语出《中庸》："祸福将至，善，必先知之；不善，必先知之。故至诚如神。"意谓祸福之报将要来临时，观其善行可以预知，观其恶行也可以预知。故至诚之道如神灵一样微妙。

今欲获福而远祸，未论行善，先须改过。

但改过者，第一要发耻心。思古之圣贤，与我同为丈夫[1]，彼何以百世可师[2]，我何以一身瓦裂[3]？耽染尘情[4]，私行不义，谓人不知，傲然无愧，将日沦于禽兽[5]而不自知矣。世之可羞可耻者，莫大乎此。孟子曰："耻之于人大矣!"[6]以其得之则圣贤，失之则禽兽耳。此改过之要机[7]也。

注释

[1] 丈夫：此处泛指男子汉。

[2] 百世可师：语出《孟子·尽心下》："圣人，百世之师也，伯夷、柳下惠是也。故闻伯夷之风者，顽夫廉，懦夫有立志。闻柳下惠之风者，薄夫敦，鄙夫宽。"意谓圣人之道，可为百世之师法，使后人为其道德学问所感化，愿追随而效仿。

[3] 瓦裂：如瓦片碎裂分崩离析，比喻人之卑微如瓦砾。

[4] 耽染尘情：沾染沉溺于尘世的凡情欲望。

[5] 沦于禽兽：《孟子·离娄下》："孟子曰：人之所以异于禽兽者几希，庶民去之，君子存之。舜明于庶物，察于人伦，由仁义行，非行仁义也。"

[6] 耻之于人大矣：出自《孟子·尽性上》："耻之于人大矣!为机变之巧者，无所用耻焉。不耻不若人，何若人有?"

[7] 要机：关键、枢机。

第二要发畏心[1]。天地在上，鬼神难欺，吾虽过在隐微[2]，而天地鬼神，实鉴临[3]之。重则降之百殃^[4]，轻则损其现福^[5]，吾何可以不惧？

不惟是也^[6]。闲居^[7]之地，指视昭然^[8]，吾虽掩之甚密，文^[9]之甚巧，而肺肝早露，终难自欺，被人觑破^[10]，不值一文矣，乌得不懔懔^[11]？

不惟是也。一息尚存，弥天之恶，犹可悔改。古人有一生作恶，临死悔悟，发一善念，遂得善终者。谓一念猛厉，足以涤百年之恶也。譬如千年幽谷，一灯才照，则千年之暗俱除。故过不论久近，惟以改为贵。但尘世无常，肉身易殒^[12]，一息不属^[13]，欲改无由^[14]矣。明则千百年担负恶名，虽孝子慈孙，不能洗涤；幽则千百劫^[15]沉沦狱报^[16]，虽圣贤佛菩萨，不能援引^[17]。乌得不畏？

- -

注释

[1] 畏心：敬畏心。"君子有三畏：畏天命，畏大人，畏圣人之言。"（《论语·季氏》）

[2] 隐微：隐秘而不为人知。湛若水《格物通·审几上》："隐微者，即其不可见闻而可自知之者也。君子有以察识其几，而戒谨恐惧，敬慎以存之，则中立而和生，万物皆从此出而位育成矣。"

[3] 鉴临：如明镜照察，如在面前。鉴，审察、监视。临，到、在面前。

[4] 降之百殃：天降各种灾祸。《尚书·伊训》："作善，降之百祥；作不善，降之百殃。"

[5] 损其现福：减损现世的福报。

[6] 不惟是也：不仅仅是这些。是，此。

[7] 闲居：独居、独处。指人所不知的隐微之处。

[8] 指视昭然：语出《大学》："曾子曰：十目所视，十手所指，其严乎?"

[9] 文：文饰、掩饰。

[10] 觑（qù）破：看穿、识破。

[11] 懔懔（lǐn）：危惧、戒慎貌。《尚书·泰誓》："百姓懔懔，若崩其角。"

[12] 殒（yǔn）：死亡，丧身。

[13] 一息不属（zhǔ）：一息离身不为己有，指断气死亡。属，连属，连接。

[14] 由：门径、方法。

[15] 劫：梵语"劫波"的略称，指极长的时间单位。

[16] 沉沦狱报：堕入地狱受苦的果报。

[17] 援引：救助、接引。

第三须发勇心。人不改过，多是因循退缩。吾须奋然振作，不用迟疑，不烦[1]等待。小者如芒刺[2]在肉，速与抉剔^[3]。大者如毒蛇啮^[4]指，速与斩除，无丝毫凝滞^[5]。此风雷之所以为《益》也^[6]。

注释

[1] 不烦：不消、不必，无须烦劳。

[2] 芒刺：草木茎叶、果壳上的小刺。

[3] 抉剔：搜求剔除。

[4] 啮（niè）：咬。

[5] 凝滞：迟疑、停顿。

[6] 此风雷之所以为《益》也：来自《易经·益卦》："《象》曰：风雷，益。君子以见善则迁，有过则改。"雷动于前，风起于后，风雷激荡，相助互长，然后万物皆益。

　　具是三心^[1]，则有过斯^[2]改，如春冰遇日，何患不消乎？然人之过，有从事^[3]上改者，有从理^[4]上改者，有从心^[5]上改者，工夫不同，效验亦异。

注释

[1] 三心：指上文所讲的耻心、畏心、勇心。

[2] 斯：那么、就。

[3] 事：行事、事相。

[4] 理：道理、理体。

[5] 心：心地、心性。

如前日杀生，今戒不杀；前日怒詈[1]，今戒不怒。此就其事而改之者也。强制于外[2]，其难百倍，且病根终在，东灭西生，非究竟廓然[3]之道也。

注释

[1] 詈（lì）：责骂。

[2] 强制于外：基于他律，勉强约束压制。

[3] 廓然：空旷寂静，阻滞尽除。

善改过者，未禁[1]其事，先明其理。如过在杀生，即思曰：上帝好生，物皆恋命，杀彼养己，岂能自安？且彼之杀也，既受屠割，复入鼎镬[2]，种种痛苦，彻入骨髓。己之养也，珍膏[3]罗列，食过即空，疏[4]食菜羹，尽可充腹，何必戕[5]彼之生，损己之福哉？又思血气之属[6]，皆含灵知[7]，既有灵知，皆我一体[8]。纵不能躬修至德，使之尊我亲我，岂可日戕物命，使之仇我憾[9]我于无穷也？一思及此，将有对食痛心，不能下咽者矣。

如前日好怒，必思曰：人有不及，情所宜矜[10]。悖理相干[11]，于我何与[12]？本无可怒者。又思天下无自是[13]之豪杰，亦无尤人[14]之学问。行有不得，皆己之德未修，感未至也。吾悉以自反[15]，则谤毁之来，皆磨炼玉成[16]之地，我将欢然受赐，何怒之有？又闻谤而不怒，虽谗焰薰天，如举火焚空，终将自息。闻谤而怒，虽巧心力辩，如春蚕作茧，自取缠绵[17]。怒不惟无益，且有害也。其余种种过恶，皆当据理思之。此理既明，过将自止。

注释

[1] 禁：戒禁、禁止。

[2] 鼎镬（huò）：古代用于烹饪食物的两种器具。镬，似鼎而无足。

[3] 珍膏：珍奇肥美的食品。

［4］疏：通"蔬"，指素食。

［5］戕（qiāng）：杀害、残害。

［6］血气之属：有血有气息的生命体。《礼记·三年问》："凡生天地之间者，有血气之属，必有知；有知之属，莫不知爱其类。"

［7］灵知：灵性知觉。故有生命者，亦称含灵。

［8］皆我一体：仁者，以天地万物为一体，视天下犹一家，中国犹一人。王阳明《大学问》："君臣也，夫妇也，朋友也，以至于山川鬼神鸟兽草木也，莫不实有以亲之，以达吾一体之仁，然后吾之明德始无不明，而真能以天地万物为一体矣。"

［9］憾：怨恨。

［10］情所宜矜（jīn）：以同理心予以谅解。矜，怜惜、同情。

［11］悖理相干（gān）：有人违背情理前来冒犯。干，冒犯。

［12］与：关联。此句意谓：人之无理犯我，过错在他，于我有何相关？

［13］自是：自以为是。

［14］尤人：怨恨、指责。

［15］自反：自我反省。《孟子·离娄上》："爱人不亲，反其仁；治人不治，反其智；礼人不答，反其敬。行有不得者，皆反求诸己。"

［16］玉成：成全、促成。张载《西铭》："富贵福泽，将厚吾之生也；贫贱忧戚，庸玉女于成也。"

[17]缠绵:纠缠不已,无法解脱。

　　何谓从心而改?过有千端[1],惟心所造。吾心不动,过安从生?学者于好色、好名、好货[2]、好怒种种诸过,不必逐类寻求,但当一心为善,正念现前[3],邪念自然污染不上。如太阳当空,魍魉潜消[4],此精一[5]之真传也。过由心造,亦由心改,如斩毒树,直断其根,奚[6]必枝枝而伐,叶叶而摘哉?

注释

[1]端:头绪、种类。

[2]货:钱财。

[3]正念现前:离却一切分别妄念,与真理相应。

[4]魍魉(wǎng liǎng)潜消:魍魉,山川精怪,此处泛指妖魔鬼怪。潜消,消除隐没。

[5]精一:精诚专一。出自古文《尚书·大禹谟》:"人心惟危,道心惟微。惟精惟一,允执厥中。"

[6]奚(xī):哪里、何。

大抵最上者治心，当下清净，才动即觉，觉之即无。苟未能然，须明理以遣[1]之。又未能然，须随事以禁之。以上事[2]而兼行下功，未为失策[3]。执下而昧上[4]，则拙[5]矣。

注释

[1] 遣：遣送、祛除。

[2] 上事：上等的办法。

[3] 失策：谋划不当或不周。

[4] 执下而昧（mèi）上：执著局限于具体的事行，而不明上位的明理、治心等根本。昧，糊涂、不明白。

[5] 拙：笨、拙劣。

顾[1]发愿改过，明须良朋提醒，幽须鬼神证明。一心忏悔，昼夜不懈，经一七、二七，以至一月、二月、三月，必有效验。或觉心神恬旷[2]，或觉智慧顿开，或处冗沓[3]而触念皆通，或遇怨仇而回瞋作喜，或梦吐黑物[4]，或梦往圣先贤提携接引[5]，或梦飞步太虚[6]，或梦幢幡宝盖[7]。种种胜事[8]，皆过消罪灭之象也。然不得执此自高，画而不进[9]。

注释

[1] 顾：发语词。无实义。

[2] 恬旷：淡泊旷达，心境开阔。

[3] 冗沓：繁琐杂乱。

[4] 黑物：污秽之物。此指身口意造作恶业所形成的业障在梦中的显相。

[5] 接引：佛菩萨和高僧大德引导摄受众生。净土宗指佛菩萨引导众生往生西方净土。

[6] 太虚：空寂玄奥之境。

[7] 幢（chuáng）幡（fān）宝盖：用于帝王和宗教礼仪的仪仗物。幢，圆筒状的旌旗；幡，杆柱上所悬的长帛旗帜；宝盖，珠宝装饰的伞盖。

[8] 胜事：稀有吉祥之事。

[9] 画而不进：止步不前，不思进取。画，通"划"，划定界限。

昔蘧伯玉[1]当二十岁时，已觉前日之非而尽改之矣。至二十一岁，乃知前之所改未尽也。及二十二岁，回视二十一岁，犹在梦中。岁复一岁，递递[2]改之。行年[3]五十，而犹知四十九年之非。古人改过之学如此。

注释

[1] 蘧伯玉：蘧瑗（qú yuàn），姬姓，蘧氏，名瑗，字伯玉。春秋时代卫国的贤臣，主张以德治国，是"无为而治"的开创者。以寡过知非、德行高尚著称于世。为孔子友，奉祀于孔庙东庑第一位。

[2] 递递：连续，接连不断。

[3] 行年：经历的年岁，指当时年龄。

　　吾辈身为凡流[1]，过恶猬集[2]，而回思往事，常若不见其有过者，心粗而眼翳也。然人之过恶深重者，亦有效验：或心神昏塞[3]，转头即忘；或无事而常烦恼；或见君子而赧然消沮[4]；或闻正论[5]而不乐；或施惠而人反怨；或夜梦颠倒，甚则妄言失志[6]。皆作孽之相也。苟一类此，即须奋发，舍旧图新，幸勿自误。

注释

[1] 凡流：平凡之辈。

[2] 猬集：如刺猬毛丛集，喻众多。

[3] 昏塞（sè）：昏愦闭塞。

[4] 赧（nǎn）然消沮（jǔ）：羞愧沮丧。赧然，惭愧、羞愧；消沮，颓丧、失意。

[5] 正论：正知正见，正大光明的圣贤之论。

[6] 失志：恍惚、失去神智。此处指失态。

第三篇　积善之方

《易》曰："积善之家，必有余庆。"昔颜氏将以女妻叔梁纥[1]，而历叙其祖宗积德之长，逆知[2]其子孙必有兴者。孔子称舜之大孝，曰："宗庙飨之，子孙保之。"[3]皆至论[4]也。试以往事征[5]之。

注释

[1] 叔梁纥（hé）：孔子之父，名纥，字叔梁。娶颜氏女颜征在。

[2] 逆知：预知、逆料。

[3] 宗庙飨（xiǎng）之，子孙保之：在宗庙享用祭祀，子孙长保其功业。宗庙，古代天子、诸侯祭祀祖宗及贤人之所。飨，通"享"，以酒食供奉、犒劳。语出《中庸》："子曰：'舜其大

孝也与! 德为圣人，尊为天子，富有四海之内，宗庙飨之，子孙保之。故大德必得其位，必得其禄，必得其名，必得其寿。"

[4] 至论：高超、精辟的理论。

[5] 征：证明、验证。

　　杨少师荣[1]，建宁[2]人。世以济渡为生[3]。久雨溪涨，横流冲毁民居，溺死者顺流而下，他舟皆捞取货物，独少师曾祖及祖，惟救人，而货物一无所取，乡人嗤[4]其愚。逮[5]少师父生，家渐裕。有神人化为道者，语之曰："汝祖父有阴功，子孙当贵显，宜葬某地。"遂依其所指而窆[6]之，即今白兔坟也。后生少师，弱冠[7]登第，位至三公[8]，加曾祖、祖、父如其官。子孙贵盛，至今尚多贤者。

- -

注释

[1] 杨少师荣：杨荣，官至明太子少傅、谨身阁大学士、少师等职。古代教导帝王读书的老师有太师、太傅、太保和少师、少傅、少保，皆为君国辅弼之臣。少师地位仅次于太师。

[2] 建宁：在今福建建瓯。

[3] 世以济渡为生：累世以操渡船为生。

[4] 嗤（chī）：讥笑。

[5] 逮（dài）：到、及。

[6] 窆（biǎn）：古代用来牵引棺椁下墓穴的石头，指安葬之意。

[7] 弱冠（ruò guàn）：古时男子年至二十行冠礼，表示成年。以体犹未壮，故称弱冠。

[8] 三公：古代朝廷中三种最高官衔的合称，历代有不同配置。明代沿周制，以太师、太傅、太保为三公，作为最高荣衔。

　　鄞人杨自惩[1]，初为县吏[2]，存心仁厚，守法公平。时县宰[3]严肃，偶挞[4]一囚，血流满前，而怒犹未息。杨跪而宽解之。宰曰："怎奈此人越法悖理，不由人不怒。"自惩叩首曰："'上失其道，民散[5]久矣。如得其情，哀矜勿喜[6]。'喜且不可，而况怒乎？"宰为之霁颜[7]。

　　家甚贫，馈遗[8]一无所取。遇囚人乏粮，常多方以济之。一日，有新囚数人待哺，家又缺米，给囚则家人无食，自顾则囚人堪悯。与其妇商之，妇曰：

"囚从何来?"曰："自杭而来，沿路忍饥，菜色可掬[9]。"因撤己之米，煮粥以食囚。后生二子，长曰守陈，次曰守址，为南北吏部侍郎[10]。长孙为刑部侍郎，次孙为四川廉宪[11]，又俱为名臣。今楚亭德政[12]，亦其裔[13]也。

注释

[1] 杨自惩（1395-1451）：字复之，号梅读，浙江鄞县（今宁波市鄞州区）人。幼承家学，16岁为童子塾师。后征为鄞县狱吏，任职六年，两次应顺天乡试皆落第。景泰元年，以积功授福建泉州府仓副使。殁后以子贵，先后赠翰林院编修、侍讲学士、南京吏部右侍郎。

[2] 县吏：县衙里帮办政务的书吏。

[3] 县宰：县令的别称。

[4] 挞（tà）：鞭打。

[5] 民散：民心涣散。全句出自《论语·子张》："上失其道，民散久矣。如得其情，则哀矜而勿喜。"

[6] 哀矜勿喜：审得案情，应怜悯百姓无知而触犯法纪，不要因为破案而欣喜。

[7] 霁（jì）颜：怒气消散。霁，雨过天晴，此处指收敛。

[8] 馈遗（kuì wèi）：他人的馈赠。

[9] 菜色可掬（jū）：长期饥饿，面相青黄，如青菜之色。掬，

可以用手捧住，形容情状明显。

[10] 南北吏部侍郎：明成祖迁都北京后，于南京依然保留六部等中央官署。侍郎，为六部长官尚书的副职，明时为从二品。

[11] 廉宪：按察使，主管监察事务。宋代称廉访使，元代称肃政廉访使，明清时改为提刑按察使。

[12] 楚亭德政：即杨德政，字叔向，号楚亭，万历五年（1577）进士，授翰林院编修，官至福建按察使。

[13] 裔：后代。

昔正统[1]间，邓茂七[2]倡乱于福建，士民从贼者甚众。朝廷起鄞县张都宪楷[3]南征，以计擒贼。后委布政司[4]谢都事[5]，搜杀东路贼党。谢求贼中党附册籍[6]，凡不附贼者，密授以白布小旗，约兵至日，插旗门首，戒军兵无妄杀，全活万人。后谢之子迁[7]，中状元[8]，为宰辅[9]。孙丕[10]，复中探花[11]。

注释

[1] 正统：明英宗年号。

[2] 邓茂七：原名邓云。正统十三年（1448）在沙县聚众造反，自称铲平王，控制八闽，震动三省。次年被朝廷剿灭。

[3] 张都宪楷：张楷，字式之，浙江慈溪人。曾任都察院都御史。都宪为都御史尊称，主管全国官吏风纪、弹劾及纠举。

[4] 布政司：承宣布政使司的简称，管理全省财政、民政等事务。

[5] 谢都事：谢莹，字怀玉，号直庵，浙江余姚人。都事，为布政司的属官。

[6] 党附册籍：依附贼党的花名册。

[7] 谢之子迁：谢莹之子为谢恩，字公覩，号简庵。谢迁乃其孙，原文有误。

[8] 状元，殿试第一名。

[9] 宰辅：宰相。

[10] 孙丕：谢丕，实为曾孙，原文有误。

[11] 探花：殿试第三名，与第一名状元、第二名榜眼合称"三鼎甲"。

莆田[1]林氏，先世[2]有老母好善，常作粉团[3]施人，求取即与之，无倦色。一仙化为道人，每旦[4]索食六七团。母日日与之，终三年如一日，乃知其诚也。因谓之曰："吾食汝三年粉团，何以报汝？府后有一地，葬之，子孙官爵，有一升麻子之数。"其子依所点葬之，初世即有九人登第，累代簪缨[5]甚盛，福建有"无林不开榜"之谣[6]。

注释

[1] 莆田：在今福建省。

[2] 先世：祖先，先人。

[3] 粉团：糯米磨粉，外裹芝麻，用油煎食，又名麻团。

[4] 旦：早晨。

[5] 簪缨（zān yīng）：簪，插在头发里固定官帽的金属饰品；缨，用来绑住官帽的带子。引申为高官显宦。

[6] 谣：民谣。

　　冯琢庵[1]太史[2]之父，为邑庠生[3]。隆冬[4]早起赴学，路遇一人，倒卧雪中，扪[5]之，半僵矣。遂解己绵裘[6]衣之，且扶归救苏[7]。梦神告之曰："汝救人一命，出至诚心，吾遣韩琦[8]为汝子。"及生琢庵，遂名琦。

注释

[1] 冯琢庵：即冯琦（1558－1604），字用韫，号琢庵，祖籍临朐。明万历五年（1577）进士，历任编修、侍讲、礼部右侍郎、礼部尚书等职。

[2] 太史：三代时为史官，兼掌天文历法。至明清时，修史之事多以翰林任之，故称翰林为太史。

[3] 邑庠（xiáng）生：古时学校称庠。府、州、县学中的生员称庠生。明清时，州、县学称"邑庠"，生员入学为"在庠"。邑庠生，为秀才的别称。

[4] 隆冬：冬天最冷的时候。

[5] 扪（mén）：按、摸。

[6] 绵裘：以绵绸作面的皮袍。

[7] 苏：苏醒。

[8] 韩琦（1008－1075）：字稚圭，宋仁宗时进士，曾与范仲淹共同防御西夏，又与范仲淹、富弼等主持"庆历新政"，为北宋文武双全的一代名臣。累官至右仆射（宰相），受封为魏国公。

台州[1]应尚书[2]，壮年习业[3]于山中。夜鬼啸集，往往惊人，公不惧也。一夕闻鬼云："某妇以夫久客[4]不归，翁姑[5]逼其嫁人。明夜当缢死于此，吾得代[6]矣。"公潜[7]卖田，得银四两，即伪作其夫之书，寄银还家。其父母见书，以手迹不类，疑之。既而曰："书可假，银不可假，想儿无恙。"妇遂不嫁。其子后归，夫妇相保如初。

公又闻鬼语曰："我当得代，奈此秀才坏吾事。"旁一鬼曰："尔何不祸之？"曰："上帝以此人心好，命作阴德尚书[8]矣，吾何得而祸之？"应公因此益自努励，善日加修，德日加厚。遇岁饥，辄捐谷以赈之。遇亲戚有急，辄委曲维持。遇有横逆[9]，辄反躬自责，怡然顺受。子孙登科第者，今累累也。

注释

[1] 台州：在今浙江省。

[2] 应尚书：即应大猷（1487－1581），字邦升，号容庵，生于仙居县。明正德年进士，官至刑部尚书。

[3] 习业：攻习学业，钻研学问。

[4] 客：此处指离家外出。

[5] 翁姑：丈夫的父母，即公婆。

[6] 得代：死于非命者找到替身。

[7] 潜：暗中进行，毫不声张。

[8] 阴德尚书：因做了不为人知的大功德，故冥冥中有尚书的果报。

[9] 横逆：受到无理之侵犯。

常熟徐凤竹栻[1]，其父素[2]富，偶遇年荒，先捐租以为同邑之倡，又分谷以赈贫乏。夜闻鬼唱于门曰："千不诓[3]，万不诓，徐家秀才，做到了举人郎。"相续而呼，连夜不断。是岁，凤竹果举于乡[4]。其父因而益积德，孳孳[5]不息，修桥修路，斋僧接众[6]，凡有利益，无不尽心。后又闻鬼唱于门曰："千不诓，万不诓，徐家举人，直做到都堂[7]。"凤竹官终两浙巡抚[8]。

- -

注释

[1] 徐凤竹栻：即徐栻（1519－1581），字世寅，号凤竹。嘉靖二十六年（1547）进士，历任明江西、浙江巡抚和南京工部尚书。常熟，在今江苏省。

[2] 素：平时、向来。

[3] 诓（kuāng）：哄骗。

[4] 举于乡：通过乡试，中了举人。

[5] 孳孳（zī）：通"孜孜"，勤勉、努力不懈。

[6] 斋僧接众：供养出家人，接济穷困大众。

[7] 都堂：都察院长官的尊称；派遣至各省的总督、巡抚，亦有都御史兼衔，均通称都堂。

[8] 两浙巡抚：浙江全省的政府长官，总揽军事、吏治、刑狱、民政。两浙，指钱塘江以西三府，称为浙西；江东八府，称为浙东。

　　嘉兴屠康僖公[1]，初为刑部主事[2]，宿狱中，细询诸囚情状，得无辜者若干人。公不自以为功，密疏[3]其事，以白堂官[4]。后朝审[5]，堂官摘其语以讯诸囚，无不服者，释冤抑[6]十余人。一时辇下[7]咸颂尚书之明。公复禀曰："辇毂之下，尚多冤民，四海之广，兆民之众，岂无枉者？宜五年差一减刑官，核实而平反[8]之。"尚书为奏，允其议。

　　时公亦差减刑之列，梦一神告之曰："汝命无子，今减刑之议，深合天心，上帝赐汝三子，皆衣紫腰金[9]。"是夕，夫人有娠[10]，后生应埙、应坤、应埈[11]，皆显官。

注释

[1] 屠康僖（xī）公：即屠勋（1446－1516），字元勋，号东湖。明成化五年（1469）进士，官至刑部尚书，卒后赠太保，谥号康僖。嘉兴，在今浙江省。

[2] 主事：各部司官中的属官，官阶从六品。

[3] 疏（shū）：将复审材料分条陈述。

[4] 堂官：中央各部的主官，以在衙署大堂办公，故称。后各州县主官，亦称堂官。

[5] 朝审：明代复审死刑案件的一种制度，亦称秋审。每年霜降后，三法司（刑部、都察院、大理寺）把未决死刑案件摘要制册，送九卿各官详审，然后上呈皇帝裁决。

[6] 冤抑：冤屈难伸。

[7] 辇下：辇（niǎn），皇帝座车。故以辇下、辇毂之下指称京城。毂（gǔ），车轮中心插车轴的圆孔。

[8] 平反：核实案件，斟酌轻重处置误判的案件。平，调整畸轻畸重的判决；反，翻案。

[9] 衣紫腰金：指高官厚禄。

[10] 娠（shēn）：胎儿在母腹中微动。泛指怀孕。

[11] 应埙（xūn）：正德六年（1511）进士，官至镇江府同知，

湖广屯田副使。应坤：嘉靖二年（1523）进士，官至云南布政使司参政。应埈（jùn）：嘉靖五年（1526）进士，官至右春坊右谕德兼侍读。

嘉兴包凭[1]，字信之。其父为池阳太守[2]，生七子，凭最少。赘平湖袁氏[3]，与吾父往来甚厚。博学高才，累举不第，留心二氏之学[4]。一日东游泖湖[5]，偶至一村寺中，见观音像，淋漓露立，即解橐[6]中十金[7]，授主僧[8]，令修屋宇。僧告以功大银少，不能竣事。复取松布[9]四匹，检箧[10]中衣七件与之。内纻褶[11]系新置，其仆请已之。凭曰："但得圣像无恙，吾虽裸裎[12]何伤？"僧垂泪曰："舍银及衣布，犹非难事。只此一点心，如何易得？"

后功完，拉老父同游，宿寺中。公梦伽蓝[13]来谢曰："汝子当享世禄[14]矣。"后子汴[15]、孙柽芳[16]，皆登第，作显官。

- -

注释

[1] 包凭：即包冯。据清《嘉兴府志·嘉兴隐逸》："包冯，隐

居不仕。父鼎，为池州知府，欲弃官归，意未决。冯奉书，无他言，惟左太冲《招隐诗》而已。鼎遂归。"

[2] 池阳太守：池阳，今安徽池州市。太守，知府别称。

[3] 赘（zhuì）平湖袁氏：入赘袁氏为上门女婿。平湖，在今浙江省。

[4] 二氏之学：指佛、道两家学说。

[5] 泖（mǎo）湖：有上、中、下三泖。上承淀山湖，下流合黄浦入海。今多淤积为田。

[6] 橐（tuó）：装东西的口袋。

[7] 十金：十两银子。

[8] 主僧：佛寺的住持。

[9] 松布：松江出产的布匹。

[10] 箧（qiè）：竹箱。

[11] 纻裼（zhù xí）：纻，通"苎"，麻织物；裼，夹衣。

[12] 裸裎（chéng）：赤身露体。

[13] 伽（qié）蓝：寺院的护法神。伽蓝亦为寺院之通称。

[14] 世禄：子孙世代为官，享受俸禄。

[15] 汴：包汴，嘉靖三十八年（1559）进士，授刑部主事，历任江西司员外、云南司郎中、湖广佥事等。

[16] 柽（chéng）芳：嘉靖三十五年（1556）进士，历任礼部和刑部主事、贵州提学使、吏部郎中等。于通州盐运使判官任上，主持修筑"包公堤"。

嘉善[1]支立[2]之父，为刑房吏[3]，有囚无辜陷重辟[4]，意哀[5]之，欲求其生。囚语其妻曰："支公嘉意，愧无以报。明日延[6]之下乡，汝以身事之，彼或肯用意，则我可生也。"其妻泣而听命。及至，妻自出劝酒，具告以夫意。支不听，卒[7]为尽力平反之。

囚出狱，夫妻登门叩谢曰："公如此厚德，晚世[8]所稀。今无子，吾有弱女，送为箕帚妾[9]，此则礼之可通者。"支为备礼[10]而纳之。生立，弱冠中魁，官至翰林孔目[11]。立生高，高生禄，皆贡为学博[12]。禄生大纶[13]，登第。

注释

[1] 嘉善：在今浙江省。

[2] 支立：字可与，事母至孝。明天顺期间，由举人官翰林院孔目，精通经学，时人称为"支五经"。支立之父事迹，载清光绪《嘉善县志》。

[3] 刑房吏：县衙里的刑房书吏。县衙亦对口中央六部，分吏、户、礼、兵、工、刑等六房。

[4] 重辟（pì）：极刑、死罪。

[5] 哀：同情、怜悯。

[6] 延：邀请。

[7] 卒：终于、到底。

[8] 晚世：近世。

[9] 箕帚妾：持畚箕扫帚以操家内杂务的奴婢，借作侍妾的谦称。

[10] 备礼：礼仪周全，备聘礼迎娶。

[11] 翰林孔目：掌管翰林院文牍的属官，无品级，清代升为品官，秩从九品。

[12] 贡为学博：贡，举荐。学博，唐代府郡设置经学博士各一人，掌以五经教授学生，后泛指州县学官。

[13] 大纶：支大纶，字华平，号心易，万历二年（1574）进士，由南昌府教授擢升泉州府推官，后任奉新县知县。

凡此十条，所行不同，同归于善而已。若复精而言之，则善有真有假、有端有曲、有阴有阳、有是有非、有偏有正、有半有满、有大有小、有难有易，皆当深辨。为善而不穷理[1]，则自谓行持[2]，岂知造孽，枉费苦心，无益也。

注释

[1] 穷理：穷究事物之理。《周易·说卦》："穷理尽性，以至

于命。"

[2] 自谓行持：自夸在精勤修持。

何谓真假？昔有儒生数辈，谒[1]中峰和尚[2]，问曰："佛氏论善恶报应，如影随形。今某人善而子孙不兴，某人恶而家门隆盛，佛说无稽[3]矣。"

中峰云："凡情[4]未涤，正眼[5]未开，认善为恶，指恶为善，往往有之。不憾己之是非颠倒，而反怨天之报应有差乎？"

众曰："善恶何致相反？"中峰令试言其状。一人谓詈人殴人是恶，敬人礼人是善。中峰云未必然也。一人谓贪财妄取是恶，廉洁有守[6]是善。中峰云未必然也。众人历言其状，中峰皆谓不然。因请问。

中峰告之曰："有益于人是善，有益于己是恶。有益于人，则殴人詈人皆善也；有益于己，则敬人礼人皆恶也。"

是故人之行善，利人者公，公则为真；利己者私，私则为假。又根心[7]者真，袭迹[8]者假。又无为而为[9]者真，有为而为[10]者假。皆当自考。

注释

[1] 谒（yè）：拜见、参访。

[2] 中峰和尚：元代天目山高僧中峰明本（1263－1323），俗姓孙，自号幻住老人，世称中峰和尚，钱塘（今杭州）人。从高峰原妙嗣法，为当时禅门巨擘。著有《天目中峰和尚广录》三十卷和《天目明本禅师杂录》三卷。

[3] 无稽（jī）：没有根据。稽，查考、验证。

[4] 凡情：世人的凡情俗见。

[5] 正眼：分辨正法的智慧眼。

[6] 廉洁有守：廉，不贪；洁，清白不污；守，操守，遵循正道。

[7] 根心：出自本心、良心。

[8] 袭迹：因袭表相，做表面文章。

[9] 无为而为：无所希求而行。

[10] 有为而为：有所图谋而行。

　　何谓端曲？今人见谨愿[1]之士，类[2]称为善而取[3]之，圣人则宁取狂狷[4]。至于谨愿之士，虽一乡皆好，而必以为德之贼[5]。是世人之善恶，分明与圣人相反。推此一端，种种取舍，无有不谬。天地鬼神之福善祸淫[6]，皆与圣人同是非，而不与世俗同取舍。凡欲积善，决不可徇耳目[7]，惟从心源隐微处[8]，默默洗涤。纯是济世之心，则为端；苟有一毫媚世之心，即为曲。纯是爱人之心，则为端；有一毫愤世之心，即为曲。纯是敬人之心，则为端；有一毫玩世[9]之心，即为曲。皆当细辨。

注释

[1] 谨愿：为人谨慎而恭顺。此指貌似谨厚，实是圆滑无操守，而与流俗合污的乡愿。

[2] 类：大多、大都。

[3] 取：选取、效法、交往。

[4] 狂狷（juàn）：狂者，勇于进取而不掩小节；狷者，洁身自好而不轻举妄动。孔子曰："不得中行而与之，必也狂狷乎！狂者进取，狷者有所不为也。"（《论语·子路》）

[5] 德之贼：败坏道德者。贼，败坏、危害。语出《论语·阳货》："乡愿，德之贼也。"

[6] 淫：邪恶、奸邪。

[7] 徇（xùn）耳目：徇，随顺、依从。曲从世人耳目视听的凡情。

[8] 心源隐微处：无人能见之起心动念处。心源，佛教视心为

万法之源。

[9] 玩世：以轻浮戏弄的态度对待世事。

何谓阴阳？凡为善而人知之，则为阳善；为善而人不知，则为阴德。阴德，天报之；阳善，享世名。名，亦福也。名者造物所忌[1]，世之享盛名而实不副[2]者，多有奇祸。人之无过咎而横被[3]恶名者，子孙往往骤发[4]。阴阳之际微矣哉！[5]

- -

注释

[1] 名者造物所忌：世俗的名誉往往名不符实，若德不配位，难逃上天之鉴察。造物，上天。忌，忌讳。

[2] 副（fù）：相称，符合。

[3] 横被：意外蒙受。横，意外、无端。被，蒙受、遭受。

[4] 骤（zhòu）发：突然发达。

[5] 阴阳之际微矣哉：阴德与阳善的界限和转换之机，微妙难测。

何谓是非？鲁国之法，鲁人有赎人臣妾于诸侯[1]，皆受金于府[2]。子贡[3]赎人而不受金，孔子闻而恶[4]之曰："赐失之矣。夫圣人举事[5]，可以移风易俗，而教道[6]可施于百姓，非独适己之行[7]也。今鲁国富者寡而贫者众，受金则为不廉，何以相赎乎？自今以后，不复赎人于诸侯矣。"子路[8]拯人于溺，其人谢之以牛，子路受之。孔子喜曰："自今鲁国多拯人于溺矣。"

自俗眼观之，子贡不受金为优，子路之受牛为劣，孔子则取由而黜赐[9]焉。乃知人之为善，不论现行而论流弊[10]，不论一时而论久远，不论一身而论天下。现行虽善，而其流足以害人，则似善而实非也；现行虽不善，而其流足以济人，则非善而实是也。然此就一节论之耳。他如非义之义、非礼之礼、非信之信、非慈之慈[11]，皆当抉择。

注释

[1] 赎人臣妾于诸侯：将在邻国为奴仆侍妾的鲁人，纳赎金使他们回到鲁国。

[2] 受金于府：可在鲁国官府获得奖金。

[3] 子贡：姓端木，名赐，字子贡，卫国人。能言善辩，办事

通达，亦善于经商理财，曾任鲁、卫两国之相，列入孔门七十二贤。

[4] 恶（wù）：责备。

[5] 举事：发起善行。

[6] 教道：教化之道。

[7] 适己之行：满足、契合自己的德行。

[8] 子路：姓仲名由，字季路，鲁国人。长于政治，为人勇武，曾追随孔子周游列国，列入孔门七十二贤。

[9] 取由而黜（chù）赐：赞扬仲由（子路）而责备端木赐（子贡）。黜，贬斥、责备。

[10] 流弊：从眼前之事，洞悉未来所衍生的弊病。

[11] 非义之义、非礼之礼、非信之信、非慈之慈：表面看来，似乎是合乎义、礼、信、慈的事，其实并不符合义、礼、信、慈的准则。《孟子·离娄下》："非礼之礼，非义之义，大人弗为。""大人者，言不必信，行不必果，惟义所在。""大人者，不失其赤子之心者也。"

何谓偏正？昔吕文懿[1]公初辞相位，归故里，海内仰之，如泰山北斗[2]。有一乡人醉而詈之，吕公不动，谓其仆曰："醉者勿与较也。"闭门谢[3]之。逾年[4]，其人犯死刑入狱。吕公始悔之曰："使当时稍与计较，送公家责治，可以小惩而大戒[5]。吾当时只欲存心于厚，不谓[6]养成其恶，以至于此。"此以善心而行恶事者也。

又有以恶心而行善事者。如某家大富，值岁荒，穷民白昼抢粟于市。告之县，县不理，穷民愈肆[7]。遂私执[8]而困辱之，众始定。不然，几乱矣。故善者为正，恶者为偏，人皆知之。其以善心行恶事者，正中偏也；以恶心而行善事者，偏中正也；不可不知也。

注释

[1] 吕文懿：即吕原（1418－1462），字逢原，号介庵，浙江秀水人。明正统七年（1442）进士，历任翰林院学士、右春坊大学士等职，赠礼部左侍郎，谥号文懿。性格内刚外和，为官清廉。

[2] 泰山北斗：如泰山之尊、北斗之亮，比喻德高望重者。

[3] 谢：拒绝、不理会。

[4] 逾（yú）年：过了一年。逾，越过，超过。

[5] 小惩而大戒：语出《周易·系辞下》："小惩而大戒，此小人之福也。"意谓对小过失及时施以惩罚，以免犯更大罪过。

［6］不谓：不料。

［7］肆：放纵。

［8］私执：以私刑捕捉。执，捉拿。

何谓半满？《易》曰："善不积，不足以成名；恶不积，不足以灭身。"[1]《书》曰："商罪贯盈。"[2]如贮物于器，勤而积之则满，懒而不积则不满。此一说也。

昔有某氏女入寺，欲施而无财，止有钱二文，捐而与之，主席者亲为忏悔[3]。及后入宫富贵，携数千金入寺舍之，主僧惟令其徒回向而已。因问曰："吾前施钱二文，师亲为忏悔，今施数千金，而师不回向，何也？"曰："前者物虽薄，而施心甚真，非老僧亲忏，不足报德。今物虽厚，而施心不若前日之切，令人代忏足矣。"此千金为半，而二文为满也。

锺离[4]授丹于吕祖[5]，点铁为金，可以济世。吕问曰："终变否？"曰："五百年后，当复本质[6]。"吕曰："如此则害五百年后人矣，吾不愿为也。"曰："修仙要积三千功行[7]，汝此一言，三千功行已满矣。"此又一说也。

又为善而心不著善[8]，则随所成就，皆得圆满。心著于善，虽终身勤励，止于半善而已。譬如以财济人，内不见己，外不见人，中不见所施之物，是谓三轮体空[9]，是谓一心清净，则斗粟可以种无涯之福，一文可以消千劫之罪。倘此心未忘，虽黄金万镒[10]，福不满也。此又一说也。

注释

[1] 此句引自《周易·系辞下》："善不积，不足以成名；恶不积，不足以灭身。小人以小善为无益而弗为也，以小恶为无伤而弗去也。故恶积而不可掩，罪大而不可解。"

[2] 商罪贯盈：语出《尚书·泰誓上》："商罪贯盈，天命诛之。予弗顺天，厥罪惟钧。"意谓商纣王的恶行，多到如一串铜钱穿得满满的，故为天命所弃。今若不奉天命诛之，则逆天之命，与纣同罪。贯，串钱的绳索。盈，满。

[3] 主席者亲为忏悔：主席，寺院的住持。忏悔，在佛前或人前发露自己的过错，后演变为仪式化的忏法仪轨，此处指寺院为信众消灾祈福的宗教仪式。

[4] 锺离：锺离权，传说中的八仙之一，道教全真派北五祖之一。有些神仙传记称他生于汉代，比较可考的是唐代人，《全唐诗》收有他的《题长安酒肆壁三绝句》，并附其小传："咸阳

人，遇老人授仙诀。又遇华阳真人、上人王玄甫，传道入崆峒山，自号云房先生，后仙去。"

[5] 吕祖：即唐末五代道士吕洞宾，名岩，号纯阳子，八仙之一，道教全真派北五祖之一。河中永乐（今山西永济）人，自幼熟读经史，数次参加科举未第，遂放浪江湖。在长安遇锺离权传授道法，亦从火龙真人得授剑法。

[6] 本质：本来的质地。

[7] 功行（héng）：修行功夫、功德。

[8] 著善：心中惦念着自己所行之善。著，执著、挂碍。

[9] 三轮体空：佛教指心灵彻底无住离相的状态。以布施为例，能施之我、受施对象、所施之物为三轮，其本体皆空，一切事相不存于心。

[10] 镒（yì）：重量单位，二十两为一镒。一说二十四两为一镒。

何谓大小？昔卫仲达[1]为馆职[2]，被摄至冥司[3]，主者命吏呈善恶二录。比[4]至，则恶录盈庭，其善录一轴，仅如箸[5]而已。索秤称之，则盈庭者反轻，而如箸者反重。仲达曰："某年未四十，安得过恶如是多乎？"曰："一念不正即是，不待犯也。"因问轴中所书何事。曰："朝廷尝兴大工，修三山[6]石桥，君上疏谏之，此疏稿也。"仲达曰："某虽言，朝廷不从，于事无补，而能有如是之力？"曰："朝廷虽不从，君之一念，已在万民。向使[7]听从，善力更大矣。"故志在天下国家，则善虽少而大；苟在一身，虽多亦小。

注释

[1] 卫仲达：字达可，秀州华亭（今上海松江）人，官至吏部尚书。其事迹引自宋·洪迈《夷坚志·卫达可再生》。

[2] 馆职：任职于翰林院等馆阁。

[3] 摄至冥司：摄，拘捕。冥司，阴间。

[4] 比：及、等到。

[5] 箸（zhù）：筷子。

[6] 三山：福州城中有三座山，东有九仙山，西有闽山，北有越王山，故称福州为"三山"。

[7] 向使：假使。

何谓难易？先儒谓克己[1]须从难克处克将去。夫子论为仁，亦曰"先难"[2]。必如江西舒翁[3]，舍二年仅得之束脩，代偿官银，而全人夫妇；与邯郸张翁[4]，舍十年所积之钱，代完赎银，而活人妻子。皆所谓难舍处能舍也。如镇江靳翁[5]，虽年老无子，不忍以幼女为妾，而还之邻，此难忍处能忍也。故天降之福亦厚。凡有财有势者，其立德皆易，易而不为，是为自暴[6]。贫贱作福皆难，难而能为，斯可贵耳。

注释

[1] 克己：克制私欲，严以律己。引自《论语·颜渊》："子曰：克己复礼为仁。一日克己复礼，天下归仁焉。为仁由己，而由人乎哉？"

[2] 先难：须先从困难处下工夫。语出《论语·雍也》："仁者先难而后获，可谓仁矣。"

[3] 舒翁：事迹详载于《祈嗣真诠·积善第二》："江右舒翁，假馆于湖广二年，偕诸乡里同舟而归。途中泊舟，登岸散步，闻一妇人哭甚哀。就问其故，曰：'吾夫负官银，将鬻吾以偿。吾去，则幼儿失哺必死，是以不胜悲耳。'翁询所负几何，曰十三两有奇。翁曰：'舟中同载者，皆江西塾师也。每人一两，则足完君之事矣。'返而告诸同行，皆不应。翁遂捐两年束脩，尽与之。未至家三舍粮竭，众复拉银买米。翁囊罄无所出，众争非之。亦有怜而招之食者，翁不敢饱。及抵家语妇云：'吾

忍饥二日矣，速炊饭。'妇云：'顾安所得米乎？'翁云邻家借之。妇云：'借已频，专候汝归偿之。偿其旧可借新也。'翁告以捐金之故。妇云：'如此，则吾有寻常家饭可觅同饱也。'遂携篮往山中采苦菜，和根煮烂，同食一饱。既就枕，翁已寝，妇展转不能寐。忽闻窗外人呼云：'今宵食苦菜，明岁产状元。'遂促翁觉而告之。翁曰：'此神明告我也。'即同起披衣，向天拜谢。明年生子芬，果状元也。"

[4] 张翁：事迹载于《祈嗣真诠·积善第二》："邯郸张翁，家甚贫未有子，置一空坛，积钱十年而坛满。有邻人生三子，犯徒，拟卖其妻。翁惧妻去而子不能全活也，遂谋诸夫人，举所积钱代完赎银。不足，夫人复拔一钗辏之。是夕，梦上帝抱一佳儿送之。遂生弘轩先生，今子孙且相继登科第矣。一念之善，遂成世家。祈嗣者宜深省也。"

[5] 靳翁：事迹载于《祈嗣真诠·积善第二》："镇江靳翁，逾五十无子，训蒙于金坛。其夫人鬻钗梳，买邻女为侍妾。翁以冬至归家，夫人置酒于房，以邻女侍。告翁曰：'吾老不能生育，此女颇良，买为妾，或可延靳门之嗣。'翁颊赤俯首。夫人谓己在而翁赧也，遂出而反扃其户。翁继起，户已闭，遂逾窗而出，告夫人曰：'汝用意良厚，不特我感汝，我祖考亦感汝矣。但此女幼时，吾常提抱之，恒愿其嫁而得所，吾老又多病，不可以辱。'遂谒邻而还其女。逾年，夫人自受妊，生子贵。十七岁发解，明年登第，为贤宰相。"

[6] 自暴：自我糟蹋伤害，自甘堕落。《孟子·离娄下》："自暴者，不可与有言也；自弃者，不可与有为也。言非礼义，谓之自暴也；吾身不能居仁由义，谓之自弃也。"

随缘济众[1]，其类至繁，约言其纲，大约有十：第一与人为善，第二爱敬存心，第三成人之美，第四劝人为善，第五救人危急，第六兴建大利，第七舍财作福，第八护持正法，第九敬重尊长，第十爱惜物命。

注释

[1] 随缘济众：随顺机缘济助众生。缘，指事物形成的条件和因果关系。

何谓与人为善[1]？昔舜在雷泽[2]，见渔者皆取深潭厚泽[3]，而老弱则渔于急流浅滩之中，恻然[4]哀之。往而渔焉，见争者，皆匿[5]其过而不谈；见有让者，则揄扬[6]而取法之。期年[7]，皆以深潭厚泽相让矣。夫以舜之明哲[8]，岂不能出一言教众人哉？乃不以言教而以身转之，此良工苦心[9]也。

吾辈处末世[10]，勿以己之长而盖[11]人，勿以己之善而形[12]人，勿以己之多能而困[13]人。收敛才智，若无若虚。见人过失，且涵容而掩覆之，一则令其可改，一则令其有所顾忌而不敢纵[14]。见人有微长可取，小善可录[15]，翻然[16]舍己而从之，且为艳称[17]而广述之。凡日用间，发一言，行一事，全不为自己起念，全是为物立则[18]，此大人天下为公之度[19]也。

注释

[1] 与人为善：帮助、鼓励别人做好事。语出《孟子·公孙丑上》："子路，人告之以有过则喜；禹闻善言则拜；大舜有大焉，善与人同，舍己从人，乐取于人以为善。自耕稼陶渔以至为帝，无非取于人者。取诸人以为善，是与人为善者也。故君子莫大乎与人为善。"

[2] 雷泽：本名雷夏泽，在河南范县东南，与山东菏泽交界。传说舜帝曾在此捕鱼。

[3] 深潭厚泽：水深之处，鱼藏丰富。

[4] 恻然：同情、悲伤。

[5] 匿:隐藏、隐瞒。

[6] 揄(yú)扬:称许、赞扬。

[7] 期(jī)年:一年。

[8] 明哲:明智,洞察事理。

[9] 良工苦心:良苦用心。良工,技艺高超、善理其事者。苦心,心思缜密、善解人意。

[10] 末世:人心陷溺、风气败坏的时代。佛教指末法时代。

[11] 盖:压倒、压制。

[12] 形:对照、比较,让人相形见绌。《老子》:"长短相形,高下相倾。"

[13] 困:困厄、围困,此指故意刁难,使别人难堪。

[14] 纵:放肆。

[15] 录:采纳、记录。

[16] 翻然:迅速改变。

[17] 艳称:羡慕、称赞。

[18] 为物立则:为大众树立楷模。则,准则、法则。

[19] 度:气度、胸怀。

何谓爱敬存心[1]?君子与小人,就形迹[2]观,常易相混,惟一点存心处,则善恶悬绝[3],判然如黑白之相反。故曰："君子所以异于人者，以其存心也。"
君子所存之心，只是爱人敬人之心。盖人有亲疏贵
贱，有智愚贤不肖[4]，万品不齐，皆吾同胞，皆吾一
体，孰非当敬爱者？爱敬众人，即是爱敬圣贤。能通
众人之志，即是通圣贤之志。何者？圣贤之志，本欲
斯世斯人各得其所。吾合[5]爱合敬，而安一世之人，
即是为圣贤而安之也。

注释

[1] 爱敬存心：心中居有爱众敬贤之心。"君子所以异于人者，
以其存心也。"（《孟子·离娄下》）

[2] 形迹：形式、表象。此指外在的神色举止，及流于形式的
行为。

[3] 悬绝：悬殊，相差极远。

[4] 不肖：不才、不贤。指品行不佳，没有出息。

[5] 合：全部、处处。

何谓成人之美[1]？玉之在石，抵掷[2]则瓦砾，追
琢[3]则圭璋[4]。故凡见人行一善事，或其人志可取而

资[5]可进，皆须诱掖[6]而成就之。或为之奖借[7]，或为之维持，或为白其诬而分其谤，务使成立[8]而后已。大抵人各恶其非类[9]，乡人之善者少，不善者多。善人在俗，亦难自立。且豪杰铮铮[10]，不甚修形迹，多易指摘[11]。故善事常易败，而善人常得谤。惟仁人长者，匡直而辅翼之[12]，其功德最宏。

注释

[1] 成人之美：成全别人之好事，帮助他人实现行善之美好愿望。"君子成人之美，不成人之恶。"（《论语·颜渊》）

[2] 抵掷：投掷，随意抛掷丢弃。

[3] 追（duī）琢：雕琢、雕刻。

[4] 圭璋（guī zhāng）：两种贵重的玉制礼器。

[5] 资：资质。

[6] 诱掖（yòu yè）：引导、扶持。

[7] 奖借：称赞、劝勉。借，勉励。

[8] 成立：成就，成长自立。

[9] 恶其非类：厌恶不同品性志向者。

[10] 豪杰铮铮：智过万人者谓之英，智过千人者谓之俊，智过百人者谓之豪，智过十人者谓之杰。铮铮，金属撞击声，喻刚正不阿，与众不同。

[11] 指摘（zhāi）：挑剔错误，横加非议。

[12] 匡直而辅翼之：匡直，扶正。辅翼，辅佐。语出《孟子·滕文公上》："劳之来之，匡之直之，辅之翼之。"

何谓劝人为善？生为人类，孰无良心[1]？世路役役[2]，最易没溺[3]。凡与人相处，当方便提撕[4]，开其迷惑。譬犹长夜大梦而令之一觉，譬犹久陷烦恼而拔之清凉[5]，为惠最溥[6]。韩愈[7]云："一时劝人以口，百世劝人以书。"较之与人为善，虽有形迹[8]，然对证发药[9]，时有奇效，不可废也。失言失人[10]，当反吾智[11]。

注释

[1] 良心：天赋的仁义之心。出自《孟子·告子上》："虽存乎人者，岂无仁义之心哉？其所以放其良心者，亦犹斧斤之于木也，旦旦而伐之，可以为美乎？"

[2] 世路役役：人世间的奔走钻营，劳苦不息。

[3] 没溺（mò nì）：沉迷、堕落。

[4] 方便提撕（xī）：以灵活善巧的方法提醒开导。撕，提醒、振作。

［5］清凉：清净、寂静。佛教以烦恼为一切痛苦之源，称之热恼，故消除烦恼，即进入清凉的解脱境界。

［6］溥（pǔ）：周遍而广大。

［7］韩愈（768－824）：字退之，河南河阳（今孟州）人，自称"郡望昌黎"。强调维护自尧舜至孔孟一脉相传的道统，文名冠盖当世，为唐宋八大家之首。

［8］形迹：形式、迹象。

［9］对证发药：针对病症用药。证，通"症"，病状。

［10］失言失人：不当说而说，是谓失言；当说而不说，是谓失人。语出《论语·卫灵公》："可与言而不与之言，失人；不可与言而与之言，失言。知者不失人，亦不失言。"

［11］当反吾智：应当自我反省是否有智慧。反，反省。

　　何谓救人危急？患难颠沛[1]，人所时有。偶一遇之，当如痌瘝[2]之在身，速为解救。或以一言伸其屈抑[3]，或以多方济其颠连[4]。崔子[5]曰："惠不在大，赴人之急可也。"[6]盖仁人之言哉！

- -

注释

［1］颠沛：困苦挫折，遭遇灾难。颠，基业颠覆；沛，流离

失所。

[2] 痌瘝（tóng guān）：病痛，疾苦。

[3] 伸其屈抑：洗刷冤屈压抑。

[4] 颠连：接踵而来的困苦遭遇。

[5] 崔子：即崔铣（xiǎn）。崔铣（1478－1541），字子钟，号后渠，河南安阳人。弘治十八年（1505）进士，因得罪权臣，仕途坎坷，官至南京礼部侍郎，卒赠礼部尚书。崔铣自厉于学，言动皆有则，著有《政议》《文苑春秋》等。

[6] 出自崔铣《士翼》："惠不在大，赴人之急可也。论不在奇，当物之真可也。政不在赫，去民之疾可也。令不在数，达己之信可也。"

何谓兴建大利？小而一乡之内，大而一邑[1]之中，凡有利益[2]，最宜兴建。或开渠导水，或筑堤防患，或修桥梁以便行旅，或施茶饭以济饥渴。随缘劝导，协力兴修，勿避嫌疑[3]，勿辞劳怨[4]。

注释

[1] 一邑：指一州一县的大区域。

[2] 利益：有利于社会大众的公益事业。

［3］嫌疑：此指猜疑、诽谤。

［4］勿辞劳怨：任劳任怨。

何谓舍财作福[1]？释门万行[2]，以布施[3]为先。所谓布施者，只是舍之一字耳。达者[4]内舍六根[5]，外舍六尘[6]，一切所有，无不舍者。苟非能然，先从财上布施。世人以衣食为命，故财为最重。吾从而舍之，内以破吾之悭[7]，外以济人之急。始而勉强，终则泰然[8]，最可以荡涤私情[9]，祛除执吝[10]。

注释

［1］舍财作福：施舍钱财，以修福业。福，福德、福报。

［2］释门万行：释门，佛门。万行：佛门以六度（布施、持戒、忍辱、精进、禅定、般若）所概括的诸多修行方法。

［3］布施：施恩惠于人。"言布施者，以己财事分布于他，名之为布；惙己惠人目之为施。"（《大乘义章》卷11）佛教以布施为大乘六度之初，有财布施、法布施、无畏施。

［4］达者：通达事理者。此指通达空性智慧，福德深厚，福慧双修的上根利机者。

[5] 六根：佛教指六种认识功能，即眼、耳、鼻、舌、身、意。

[6] 六尘：佛教指六种认识对象，亦称六境，即色、声、香、味、触、法。

[7] 悭（qiān）：吝啬。

[8] 泰然：心安理得，坦坦荡荡。

[9] 荡涤私情：洗涤自私的心念。

[10] 祛（qū）除执吝：去除执著、吝啬的习气。

　　何谓护持正法？法者，万世生灵之眼目[2]也。不有正法，何以参赞天地[3]？何以裁成万物[4]？何以脱尘离缚[5]？何以经世出世[6]？故凡见圣贤庙貌[7]、经书典籍，皆当敬重而修饬[8]之。至于举扬[9]正法，上报佛恩，尤当勉励。

注释

[1] 正法：真正之道法，是引导众生开启智慧、走向觉悟的善法，与外道邪法相区别。

[2] 眼目：眼目能看清一切，以此比喻正法为人生的导师。

[3] 参赞天地：参与协助天地之造化。参，同"叁"，人与天地并立为三。赞，佐。语出《中庸》："唯天下至诚，为能尽其

性；能尽其性，则能尽人之性；能尽人之性，则能尽物之性；能尽物之性，则可以赞天地之化育；可以赞天地之化育，则可以与天地参矣。"

[4] 裁成万物：陶铸群伦，形成世界万物之秩序。

[5] 脱尘离缚：超越尘世的痛苦，解除缠绕身心的烦恼迷惑。

[6] 经世出世：经世为治理世间产业乃至治国理政之事，以泽被苍生；出世为修道解脱，以脱尘离缚，超越轮回。

[7] 庙貌：供奉宗教和世俗圣贤的庙宇及塑像。《诗经·周颂·清庙序》郑玄笺："庙之言貌也，死者精神不可得而见，但以生时之居，立宫室象貌为之耳。"

[8] 修饬（chì）：整治、整理。

[9] 举扬：推崇弘扬。

何谓敬重尊长？家之父兄，国之君长，与凡年高、德高、位高、识高[1]者，皆当加意[2]奉事。在家而奉侍父母，使深爱婉容[3]，柔声下气，习以成性[4]，便是和气格天[5]之本。出而事君，行一事，毋谓君不知而自恣[6]也；刑一人，毋谓君不知而作威[7]也。事君如天，古人格论[8]，此等处最关阴德。试看忠孝之家，子孙未有不绵远而昌盛者，切须慎之。

注释

[1] 识高：见识高超。

[2] 加意：格外留意，特别用心。

[3] 婉容：和顺的仪容。《礼记·祭义》："孝子之有深爱者必有和气，有和气者必有愉色，有愉色者必有婉容。"

[4] 习以成性：养成习惯即成本性。

[5] 格天：感动上天。

[6] 自恣（zì）：骄横放纵，不受约束。

[7] 作威：利用威权滥施刑罚。

[8] 格论：至理名言。格，模式、榜样。

何谓爱惜物命[1]？凡人之所以为人者，惟此恻隐[2]之心而已。求仁者求此，积德者积此。周礼："孟春[3]之月，牺牲[4]毋用牝[5]。"孟子谓"君子远庖厨"[6]，所以全吾恻隐之心也。故前辈有四不食之戒，谓闻杀不食，见杀不食，自养者不食，专为我杀者不食。学者未能断肉，且当从此戒之。

渐渐增进，慈心愈长。不特杀生当戒，蠢动含灵[7]，皆为物命。求丝煮茧，锄地杀虫，念衣食之由来，皆杀彼以自活。故暴殄[8]之孽，当与杀生等。至于手所误伤，足所误践者，不知其几，皆当委曲防之。古诗云："爱鼠常留饭，怜蛾不点灯。"[9]何其仁也！

注释

[1] 物命：有生命的物类。

[2] 恻隐：恻，悲伤；隐，伤痛。见人遭受不幸而产生同情之心。《孟子·告子上》："恻隐之心，仁也；羞恶之心，义也；恭敬之心，礼也；是非之心，智也。仁义礼智，非由外铄我也，我固有之也，弗思耳矣。"

[3] 孟春：农历正月。

[4] 牺牲：供祭祀用的猪牛羊等纯色家畜。

[5] 牝（pìn）：母畜。以此时母畜最易怀胎，故祭祀时不可用作牺牲，以免伤及腹内生命。以上引文出自《礼记·月令》："是月也，命乐正入学习舞，乃修祭典；命祀山林川泽，牺牲毋用牝。"《礼记》与《周礼》《仪礼》并称为三礼。

[6] 君子远庖（páo）厨：君子远离屠宰生命的厨房。《孟子·梁惠王上》："君子之于禽兽也，见其生不忍见其死，闻其声不忍食其肉。是以君子远庖厨也。"

[7] 蠢动含灵：蠢动，蠕蠕爬动的虫子。此泛指一切极小的

生命。

[8] 暴殄（tiǎn）：糟蹋物品而不爱惜。

[9] 爱鼠常留饭，怜蛾不点灯：此诗句出自苏东坡《次韵定慧钦长老邮寄八首》。

善行无穷，不能殚[1]述。由此十事而推广之，则万德可备[2]矣。

注释

[1] 殚（dān）：竭尽、完全。

[2] 万德可备：一切功德，具足圆满。备，齐全、完备。

第四篇　谦德之效

　　《易》曰[1]："天道亏盈而益谦[2]，地道变盈而流谦[3]，鬼神害盈而福谦[4]，人道恶盈而好谦[5]。"是故《谦》之一卦，六爻皆吉[6]。《书》曰："满招损，谦受益。"[7]予屡同诸公应试，每见寒士[8]将达，必有一段谦光可掬[9]。

注释

[1] 此下四句出自《易·谦卦》象辞："谦，亨。天道下济而光明，地道卑而上行。天道亏盈而益谦，地道变盈而流谦，鬼神害盈而福谦，人道恶盈而好谦。谦尊而光，卑而不可逾，君子之终也。"谦卦，由坤地卦和艮山卦合成，其卦象为地中有

山，寓意天地二气相交，能生成万物，是以得谦亨之义。谦，意指屈躬下物，先人后己，以此待物，则所在皆亨通。

[2] 天道亏盈而益谦：天道的理则，如日中则昃、月盈则食，是减损有余而补益不足，保持宇宙万物运行中的平衡。亏，减损；盈，骄满而溢出。益谦，使谦退者受益。

[3] 地道变盈而流谦：地道的理则，如水流低处，是转变满盈状态而流向低洼之处。变，变迁。流，润泽。

[4] 鬼神害盈而福谦：鬼神的理则，如明镜高悬，是惩罚暴得富贵而骄横者，造福穷困而谦逊者。害，惩罚；福，福荫。

[5] 人道恶盈而好谦：人道的理则，如普世共识，总是厌恶骄傲自大者而喜好谦虚低调者。

[6]《谦》之一卦六爻皆吉：卦象的变化，取决于爻的变化，《易》为君子谋，在全经三百八十四爻中，所缀爻辞，多为戒慎警惕之文。唯有谦卦，六爻多吉语，故以此卦，示处世重虚怀若谷之道。

[7] 满招损，谦受益：语出古文《尚书·大禹谟》："满招损，谦受益，时乃天道。"满溢骄傲招致损害，谦卑处下得到增益。此为天之常道。

[8] 寒士：家境贫困清寒的读书人。

[9] 谦光可掬：谦虚祥和的人，气质内敛，而光彩焕发于外，如双手可以捧取。

辛未[1]计偕[2]，我嘉善同袍[3]凡十人，惟丁敬宇宾[4]年最少，极其谦虚。予告费锦坡曰："此兄今年必第[5]。"费曰："何以见之?"予曰："惟谦受福。兄看十人中，有恂恂款款[6]，不敢先人，如敬宇者乎? 有恭敬顺承[7]，小心谦畏[8]，如敬宇者乎? 有受侮不答，闻谤不辩，如敬宇者乎? 人能如此，即天地鬼神犹将佑之，岂有不发者?"及开榜，丁果中式[9]。

注释

[1] 辛未：1571 年。

[2] 计偕：古指郡国选拔孝廉之士，由计吏陪同上京师，后指举人上京赴会试。计，计吏，州郡掌管簿籍的官员。偕，陪同。

[3] 同袍：典出《诗经·秦风·无衣》："岂曰无衣，与子同袍。"后用来指极有交情的友人，泛指同僚、同事、同年、同学、同乡。

[4] 丁敬宇宾：丁宾（1543－1633），字敬宇，又字礼原，号改亭。明隆庆年进士，曾官至南京工部尚书、进太子太保。

[5] 第：登科、及第。

[6] 恂恂款款：为人信实诚恳。恂恂，信实；款款，朴厚。

[7] 顺承：和顺、顺从承受。

[8] 谦畏：待人恭敬，不敢放肆。

[9] 中式：科举考试合格，此指考中进士。

　　丁丑[1]在京，与冯开之[2]同处，见其虚己敛容[3]，大变其幼年之习。李霁岩直谅益友[4]，时面攻其非[5]，但见其平怀[6]顺受，未尝有一言相报[7]。予告之曰："福有福始，祸有祸先，此心果谦，天必相[8]之，兄今年决第矣。"已而果然。

注释

[1] 丁丑：1577年。时年45岁。

[2] 冯开之（1548－1606）：名梦桢，字开之，号具区，浙江秀水人。万历五年（1577年）会试第一名，授翰林院编修，官至国子监祭酒。以文章气节相尚，著有《快雪堂集》行世。

[3] 虚己敛容：内怀谦虚，面容庄重。

[4] 直谅益友：正直诚信的益友。《论语·季氏》："益者三友，损者三友。友直、友谅、友多闻，益矣。友便辟、友善柔、友便佞，损矣。"

[5] 面攻其非：当面责备。

[6] 平怀：平心静气。

[7] 相报：此指反驳。

[8] 相（xiàng）：辅助、相助。

赵裕峰光远[1]，山东冠县人，童年举于乡，久不第。其父为嘉善三尹[2]，随之任。慕钱明吾[3]，而执文见之。明吾悉抹[4]其文，赵不惟不怒，且心服而速改焉。明年，遂登第。

注释

[1] 赵裕峰光远：赵光远，字世芳，号裕峰。官至保定知府。

[2] 三尹（yǐn）：即主簿，县衙中掌管文书档案的佐官。明朝时，知县称为大尹，县丞称为二尹，主簿称为三尹。

[3] 钱明吾：即钱吾德，字湛如，与袁了凡有亲戚关系。

[4] 悉抹：全用笔涂抹掉。

壬辰岁[1]，予入觐[2]，晤夏建所[3]，见其人气虚意下[4]，谦光逼人。归而告友人曰："凡天将发斯人也，未发其福，先发其慧。此慧一发，则浮者自实[5]，肆者自敛。建所温良若此，天启之矣。"及开榜，果中式。

注释

[1] 壬辰岁：1592年。

[2] 入觐（jìn）：地方官进京朝见皇帝。

[3] 夏建所：即夏九鼎，字台卿，浙江嘉善人。受业东林党领袖顾宪成，官至安福令，抚民如子，清操自励，卒于道，贫不能殓。

[4] 气虚意下：神色谦下，虚怀若谷。

[5] 浮者自实：有智慧者能明事理，自能转浮躁为笃实。

江阴[1]张畏岩，积学工文[2]，有声艺林[3]。甲午[4]南京乡试，寓一寺中，揭晓无名[5]，大骂试官，以为眯目[6]。时有一道者[7]在傍微笑，张遽[8]移怒道者。道者曰："相公[9]文必不佳。"张益怒曰："汝不见我文，乌知不佳？"道者曰："闻作文，贵心气和平。今听公骂詈，不平甚矣，文安得工[10]？"张不觉屈服，因就而请教焉。

道者曰："中全要命。命不该中，文虽工，无益也。须自己做个转变。"张曰："既是命，如何转变？"道者曰："造命者天，立命者我[11]。力行善事，广积阴德，何福不可求哉？"张曰："我贫士，何能为？"道者曰："善事阴功，皆由心造[12]。常存此心，功德无量。且如谦虚一节，并不费钱，你如何不自反而骂试官乎？"

张由此折节自持[13]，善日加修，德日加厚。丁酉[14]，梦至一高房，得试录一册，中多缺行。问旁人，曰："此今科试录。"问："何多缺名？"曰："科第阴间三年一考较[15]，须积德无咎者，方有名。如前所缺，皆系旧该中式，因新有薄行[16]而去之者也。"后指一行云："汝三年来持身颇慎，或当补此，幸[17]自爱。"是科果中一百五名。

注释

[1] 江阴：今江苏省无锡市所辖县级市。

[2] 积学工文：饱学之士，擅长文章。

[3] 有声艺林：享誉学林。

[4] 甲午：1594 年。

[5] 揭晓无名：公布考试录取名单，榜上无名。

［6］眯（mǐ）目：尘埃入眼，此系骂人没有眼光。

［7］道者：道人，即寺中修道的出家人。

［8］遽（jù）：遂，突然。

［9］相公：对读书人的敬称，后多指秀才。

［10］工：精彩、精致。

［11］造命者天，立命者我：造命，天地万物及运行规律，皆由上天所造，人的本性亦秉承自天命。立命，天命无常，唯有德者居之，故人必修身体道以奉天命。

［12］心造：世上一切，唯心所造。《华严经·觉林菩萨偈》："心如工画师，能画诸世间。五蕴悉从生，无法而不造。……若人欲了知，三世一切佛，应观法界性，一切唯心造。"

［13］折节自持：克制而回转平素习气，以道德操守而持身。折节，强自克制，屈己下人。

［14］丁酉：1597 年。

［15］考较：考查、考核。较，同校（jiào）。《礼记·学记》："比年入学，中年考校。"

［16］薄行：品行不端，轻薄无行。

［17］幸：希望。

由此观之，举头三尺，决有神明；趋吉避凶，断然由我。须使我存心制行^[1]，毫不得罪于天地鬼神，而虚心屈己^[2]，使天地鬼神时时怜我，方有受福之基。彼气盈者，必非远器^[3]，纵发亦无受用^[4]。稍有识见之士，必不忍自狭其量，而自拒其福也。况谦则受教有地，而取善无穷，尤修业者^[5]所必不可少者也。

古语云："有志于功名者，必得功名；有志于富贵者，必得富贵。"人之有志，如树之有根。立定此志，须念念谦虚，尘尘^[6]方便^[7]，自然感动天地，而造福由我。今之求登科第者，初未尝有真志，不过一时意兴耳。兴到则求，兴阑^[8]则止。

孟子曰："王之好乐甚，齐其庶几乎？"^[9]予于科名亦然。

注释

[1] 存心制行：心存善念，克制约束自己的行为。制，约束。

[2] 屈己：能迁就他人而委屈自己。

[3] 远器：志向远大，才能出众，堪当大任者。

[4] 纵发亦无受用：纵然发达，也不能得到长久的受用。

[5] 修业者：此指读书人。

[6] 尘尘：如无量微尘的细小之事。

[7] 方便：理正曰方，言巧称便。以善巧的方法处理一切事务，皆与实相不相违背。

[8] 兴阑（lán）：意兴残尽。阑，衰退、终尽。

[9] 语出《孟子·梁惠王下》。齐宣王曾对庄暴说喜好音乐，孟子对庄暴说："王之好乐甚，齐其庶几乎？"意谓齐宣王若能将自己的音乐爱好，扩而充之，作与民同乐之举，在治国理政上也能像好乐一样推己及人，那么齐国的国运大概就可以兴旺了。庶几（shù jī），接近、差不多。